2024年北京经济管理职业学院优质教材遴选培育与建设

新编21世纪高等职业教育精品教材·电子与信息类

数据服务实践

主　编　段晓亮　侯佳丽　马　玲
副主编　付丽琴　朱　宁　邢亚英

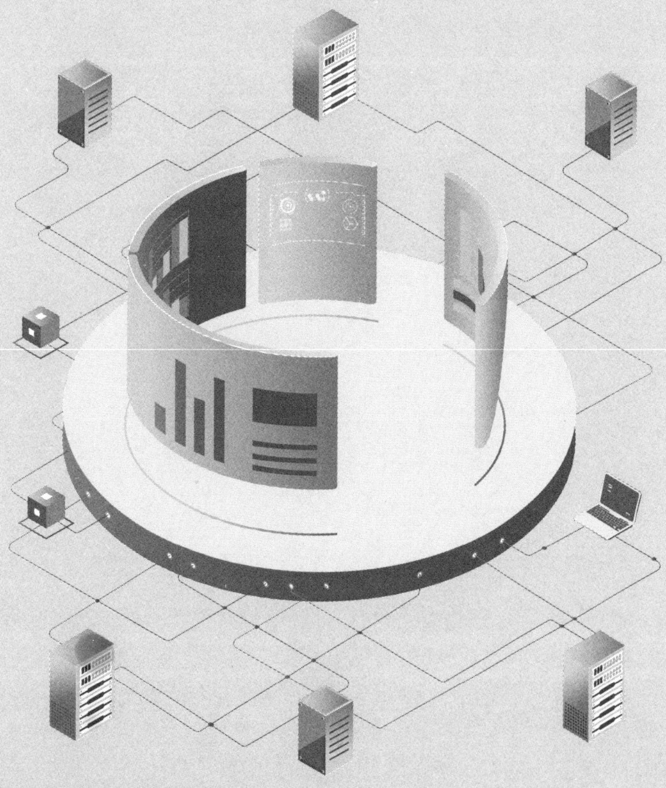

中国人民大学出版社
·北京·

前言

PREFACE

党的十九届四中全会首次将数据增列为生产要素，数据治理通过多种方法激活与释放数据要素的价值，使数据从普通资源转变为有用的生产要素。党和政府多次强调，要发挥数据的基础资源作用和创新引擎作用，加快形成以创新为主要引领和支撑的数字经济。

《中华人民共和国国民经济和社会发展第十四个五年规划和2035年远景目标纲要》中指出，迎接数字时代，激活数据要素潜能，推进网络强国建设，加快建设数字经济、数字社会、数字政府，以数字化转型整体驱动生产方式、生活方式和治理方式变革。

数据对产业的驱动主要是指形成数据采集、数据存储、数据处理、数据分析等一系列以数据为核心的新业态，并催生数据关联产业。随着人工智能、大数据、云计算、物联网等新一代信息技术的飞速发展，数字经济成为一种非常重要的经济形态，世界各国都在数字技术领域激烈竞争。我国在数字技术领域取得了突飞猛进的发展，同时数据成为非常重要的生产要素，相关企业也亟需相关工作岗位的高素质技术技能型人才。

本教材以大数据、人工智能技术应用专业学生和从事数据服务相关工作岗位的社会人员为主要对象，以项目驱动的形式对内容进行组织，主要包括数据采集服务、数据处理与清洗、数据标注服务和数据可视化服务，并通过综合案例实战，使学习者能够掌握数据服务所涉及的基本流程，从而掌握从事相关工作所必需的知识和技能。

本教材在内容设计和资源建设上，企业工程师深度参与。本教材依托商汤科技有限公司线上课程平台，基于企业数据服务岗位职责要求，将理论与实践紧密结合，项目设计遵循模块化设计和情境设计原则，各模块之间有较强的逻辑关系，从理论到实践、从课堂学习到课外拓展，同时融入课程思政元素和联系岗位实际的应用案例，在培养学习者专业能力的同时可有效提升其职业素养。本教材可作为职业院校相关专业的教学用书，也可作为从事数据服务相关业务的公司开展员工培训的参考资料，还可作为学习者考取人工智能数据处理职业技能等级证书的重要参考资料。

本教材由北京经济管理职业学院段晓亮、侯佳丽、马玲担任主编，由商汤科技有限公司朱宁和北京经济管理职业学院付丽琴、邢亚英担任副主编。虽然编写团队对内容设计和结构安排进行了反复斟酌和修正，但由于时间仓促，仍难免存在不妥之处，敬请各位专家和广大读者批评指正。

感谢所有关心和支持本教材编写和出版的人员，包括商汤科技有限公司的相关技术人员，同时感谢中国人民大学出版社的领导和编辑，他们为本书的编写和出版提供了大量的指导。本书参考了相关文献和网络资源，对这些资料的著者表示衷心感谢！

编　者

本教材概述

CONTENTS
目录

项目 1

数据服务概述

项目导入

1. 项目背景及需求

在数字化浪潮中，数据服务已成为企业与个人不可或缺的工具。它们如同现代社会的神经网络，连接着每一个节点，传递着信息与价值。数据服务不仅是技术的进步，更是思维的转变。它要求我们从数据的角度重新审视世界，用数据驱动决策，用数据创造价值。在数据驱动的时代，掌握数据服务的能力，将成为企业和个人成功的关键。

数据服务的核心在于其处理和分析海量信息的能力。无论是企业的市场分析，还是个人的健康监测，数据服务都能提供精准的洞察。通过机器学习和深度学习等人工智能技术，数据服务能够预测趋势，优化决策。

数据服务的价值不仅仅体现在其强大的分析能力上。随着数据量的不断增长，如何高效地存储、处理和传输数据成为新的挑战。云计算和边缘计算的兴起，为数据服务提供了强大的基础设施支持。通过分布式存储和计算，数据服务能够在保证数据安全的同时，实现快速响应和高效处理。

数据服务的价值不仅在于其技术能力，它们还推动了商业模式的创新。例如，基于用户数据的个性化推荐系统，不仅提升了用户体验，也增加了企业的收入。数据服务使得企业能够更有效地定位市场，优化产品和服务，从而在竞争中占据优势。

未来，随着人工智能和物联网技术的进一步发展，数据服务将变得更加智能化和自动化。从智能家居到智慧城市，数据服务将在各个领域发挥更大的作用，推动社会的全面进步。数据服务将继续演进，融入更多的智能元素。随着物联网和5G技术的发展，数据服务的应用场景将更加广泛，数据服务将无处不在，成为推动社会进步的重要力量。

大数据时代，掌握数据服务的能力，就等于掌握了未来的钥匙。无论是企业还是个人，都应积极拥抱数据服务，利用其强大的功能，开启新的可能性。

2. 项目分解

- 数字经济时代数据的重要性；
- 数据服务流程。

3. 职业岗位介绍

从事数据服务岗位工作通常需要具备如下能力：

- 对数据的重要性有清晰的认识；
- 掌握人工智能数据服务的基本流程；
- 具备数据服务岗位的基本职业素养。

项目目标

1. 知识目标

- 掌握数据服务的概念及基本流程；
- 理解数据服务在人工智能领域的重要性。

2. 技能目标

- 具备数字时代开展数据服务的技术和能力；
- 具备从事数据服务职业岗位的基本职业素养和能力。

3. 素养目标

- 具有数字经济时代的数据服务意识；
- 具有良好的职业道德和职业素养。

任务 1.1 数字经济时代数据的重要性

任务导入

在数字经济时代，数据已成为一种新的生产要素，其重要性不言而喻。数据不仅是企业决策的基石，更是推动创新和经济增长的关键动力。

任务 1.1
数字经济时代
数据的重要性

数据的价值首先体现在其能够提供前所未有的洞察力。通过分析海量数据，企业可以深入了解市场趋势、消费者行为以及内部运营效率，从而做出更为精准的决策。这种基于数据的洞察力，使得企业能够在激烈竞争的市场中占据优势，实现可持续发展。

数据为算法提供了训练的基础，使得机器能够从数据中学习，进而实现自动化和智能化。这种技术进步不仅提升了生产效率，还催生了新的商业模式和服务形态。

数据在提升用户体验方面也发挥着重要作用。通过对用户数据的分析，企业可以更好地理解用户需求，提供个性化的产品和服务。这种个性化体验不仅增强了用户黏性，还提升了用户满意度，从而为企业带来更高的市场份额和品牌忠诚度。

任务信息

项目名称	数据服务概述	任务名称	数字经济时代数据的重要性
任务目标	知识目标	1. 了解数字经济时代的特征； 2. 熟悉数据与信息的概念； 3. 了解数字经济时代数据的重要性。	
	能力目标	1. 具备区分数据与信息的基本能力； 2. 能够分析并说明掌握数字经济时代数据重要性的具体表现。	
	素养目标	具备数字经济时代的基本数字素养。	
任务描述	数据在数字经济时代具有非常重要的作用，无论是人工智能、机器学习，还是物联网、区块链技术，都离不开数据的支持。本任务的主要内容是查阅资料，了解数据在数字经济时代的重要性以及数据在不同行业领域的应用。		
任务准备	通过查阅资料，了解数据在实际生产生活中的作用，了解数据在经济社会生活中重要性的具体体现。		
实施提醒	查阅资料，列举三个实际应用场景下数据重要性的具体体现。		

知识准备

1.1.1　数据与信息

现如今，人们用大数据一词来描述和定义信息爆炸时代产生的海量数据，并命名与之相关的技术发展与创新。数据正在迅速膨胀并变大，在商业、经济及其他领域中，决策将日益基于数据和分析而作出，而并非基于经验和直觉。然而海量数据未必可以存储和传输信息。信息是数据经过加工处理之后产生的，需要经过数字化转变成数据才能存储和传输。简单来说，描述信源的数据是信息与数据冗余，即：数据＝信息＋数据冗余。

在将海量数据变为信息的过程中，我们需要对数据进行一系列的流程处理。该流程一般为：数据采集—数据预处理—数据分析与建模—数据可视化及数据报告的撰写。

随着数字经济的发展，数据成为战略性资源，成为新生产要素。数据不仅与传统产业融合，实现产业数据化，还能催生新业态，实现数据产业化。数据对产业的驱动主要是指形成数据采集、数据存储、数据处理、数据分析等一系列以数据为核心的新业态，并催生数据关联产业。

从数据的功能和价值角度来看，数据是客观世界的测量和记录，数据是对人类社会的一种描述、记录和表达。数据是人类分析和解构世界的基本角度和元素。人类社会已经从农业经济、工业经济进入数字经济时代，农业经济时代的核心生产要素是土地与劳动力，工业经济时代的核心生产要素是资本与技术，数字经济时代的核心生产要素就是数据，如图 1-1 所示。随着数据与人工智能、物联网技术的深入融合，数据为人类社会的数字化转型提供了新的动能，数据资源已经成为“智慧地球”的重要的生产要素。

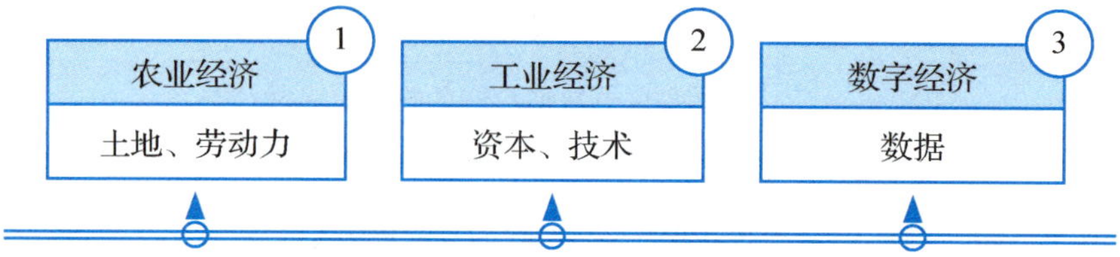

图 1-1　不同经济形态的生产要素

数据需要经过分析和加工才能释放出价值，大多数情况下，数据是比较粗糙的，不能直接产生出价值。数据一般需要经过加工、挖掘、建模、对比分析、预测等动作后才能释放出价值。

在人工智能中，数据发挥着非常重要的作用，机器的学习和训练离不开数据，数据不仅是机器学习的原料，更是人工智能发展的基石，数据的数量和有效性决定了人工智能模型的效率。数据量越大，数据的质量越高，机器学习的效率就会越高，数据能在与机器的互动中发挥出价值。

1.1.2　数字经济时代的特征

1. 数字技术成为关键生产力要素

在数字经济时代，数字技术如同工业时代的蒸汽机和电力一样，成为推动经济发展的核心动力。以大数据、云计算、人工智能、区块链等为代表的前沿数字技术，正深度融入生产、流通、消费等各个经济环节。例如，企业通过大数据分析，能够精准洞察消费者需求，实现精准营销，降低营销成本的同时提高销售转化率；人工智能技术应用于生产制造流程，可实现自动化生产、质量检测，极大提升生产效率与产品质量。

2. 数据成为重要生产资料

数据作为数字经济时代的新型生产资料，具有极高的价值。海量的数据蕴含着丰富的信息，通过挖掘和分析，能够为企业决策提供有力支撑。电商平台凭借用户的浏览、购买等行为数据，能够为商家提供市场趋势预测、消费者偏好分析等服务，助力商家优化产品设计与供应链管理。而且，数据不像传统生产资料那样会被消耗，它在使用过程中还能不断产生新的数据，形成数据的“增值效应”。

3. 平台经济与共享经济蓬勃发展

数字技术催生了大量的平台型企业，如电商平台、共享出行平台、社交媒体平台等。这些平台打破了传统的时空限制，整合了分散的资源，实现了供需双方的高效对接。以共享出行平台为例，它通过整合闲置的私家车资源，满足了用户多样化的出行需求，提高了社会资源的利用效率，同时也创造了新的就业机会。平台经济和共享经济的发展，改变了传统的商业模式，形成了全新的经济生态。

4. 经济活动的数字化、网络化、智能化

数字经济时代，经济活动全面向数字化、网络化、智能化方向发展。企业的运营管理实现数字化，办公自动化系统、企业资源计划（ERP）等软件的广泛应用，使得企业内部的沟通协作、资源调配更加高效。互联网的普及让商业活动突破地域限制，线上交易成为主流，全球贸易更加便捷。此外，智能设备与物联网技术的融合，让生产设备、家居用品等实现智能化，为人们的生活和生产带来更多便利与创新体验。

5. 创新速度加快，跨界融合趋势明显

数字经济时代的技术创新周期大幅缩短，新技术、新应用不断涌现。企业为了在激烈的市场竞争中脱颖而出，持续加大研发投入，创新商业模式与产品服务。同时，不同行业之间的界限日益模糊，跨界融合成为常态。例如，金融科技的发展，使金融行业与科技行业深度融合，产生了移动支付、数字货币、智能投顾等创新金融服务。这种跨界融合不仅创造了新的市场需求，还推动了产业升级与经济结构优化。

任务实施

1. 任务准备

提前查阅相关资料，收集素材，列出数据在实际生产生活中的作用。

2. 实施步骤

步骤一：查阅资料，列出数字经济时代有哪些数字技术及其具体应用表现，填写表 1-1。

表 1-1 数字经济时代的数字技术

序号	数字技术名称	数字技术的具体应用表现

步骤二：小组团队合作，查阅资料，针对数据的具体应用场景开展讨论，将讨论的结果记录在表 1－2 中。

表 1－2　任务记录表

序号	数据应用场景	数据在其中发挥的作用

任务工单

<table>
<tr><td>任务名称</td><td colspan="2">数字经济时代数据的重要性</td></tr>
<tr><td>任务目的</td><td colspan="2">了解数字经济时代的特征，认识数字经济时代数据的重要性，了解数据和信息的概念。</td></tr>
<tr><td>任务内容</td><td colspan="2">1. 查阅国内外关于数据要素的相关政策；
2. 列出不同场景下，数据的使用案例；
3. 列出在社会经济不同行业中数据重要性的具体体现。</td></tr>
<tr><td rowspan="2">第（　　）组</td><td>姓名</td><td></td></tr>
<tr><td>学号</td><td></td></tr>
<tr><td rowspan="7">任务实操</td><td colspan="2">列举三个实际应用场景，列出数据在其中的重要性</td></tr>
<tr><td>场景 1</td><td></td></tr>
<tr><td>数据重要性体现 1</td><td></td></tr>
<tr><td>场景 2</td><td></td></tr>
<tr><td>数据重要性体现 2</td><td></td></tr>
<tr><td>场景 3</td><td></td></tr>
<tr><td>数据重要性体现 3</td><td></td></tr>
</table>

考核评价

评价说明：本次任务完成后，采用学习过程评价与学习结果评价相结合，综合运用自我评价、小组评价及教师评价三种方式，由教师确定三种评价方式分别占总成绩的比例，并加权计算出学生 A 本次任务的考核评价分。

任务完成考核评价表			
项目名称	数据服务概述	任务名称	数字经济时代数据的重要性
班级		学生姓名	
评价方式	评价内容	分值	成绩
自我评价	任务准备完成情况	10	
	课堂讨论完成情况	10	
	任务实施过程完成情况	10	
	任务工单完成情况	40	
	对知识、技能的掌握程度	10	
	我胜任了小组内的工作	20	
	合计		
小组评价	本小组的本次任务完成质量	30	
	A 的本次任务完成质量	30	
	A 参与小组活动的态度	20	
	A 的合作精神和沟通能力	20	
	合计		
教师评价	A 所在小组的任务完成质量	30	
	A 的本次任务完成质量	30	
	A 对所在小组的参与度	20	
	A 对本次任务的贡献度	20	
	合计		
总评＝自我评价×(　　)%＋小组评价×(　　)%＋教师评价×(　　)%＝			

任务 1.2　数据服务流程

任务导入

任务 1.2
数据服务流程

在数字化浪潮的推动下，数据服务已成为现代社会的基石。无论是企业决策、市场分析，还是个人生活，数据服务都在悄然改变着我们的世界。

数据服务的核心在于其能够从海量数据中提取有价值的信息。通过先进的算法和模型，数据服务能够识别趋势、预测未来，并为决策提供科学依据。例如，在金融领域，数据服务可以帮助银行识别潜在的欺诈行为，保护客户资产；在医疗领域，数据服务可以分析患者的健康数据，提供个性化的治疗方案。

任务信息

项目名称	数据服务概述	任务名称	数据服务流程
任务目标	知识目标	1. 了解数据服务的基本概念； 2. 了解数据服务的基本流程； 3. 了解人工智能行业数据服务的特点。	
	能力目标	1. 具备开展数据预处理的能力； 2. 具备开展数据服务的基本能力。	
	素养目标	1. 具有基本的数据服务职业素养； 2. 具有数字经济时代的数据服务能力和素养。	
任务描述	针对人工智能领域中数据服务的主要流程和步骤，通过任务实施，学生能够掌握数据服务的基本流程和处理步骤。		
任务准备	针对图像、语音、文字等不同的数据类型，了解不同类型数据的特点。		
实施提醒	不同数据类型，其数据服务的方法有各自的特点，提前查阅资料加以了解。		

知识准备

数据是数字经济时代的核心资产，数据服务在其中扮演着重要的角色。

1.2.1 数据预处理

在实际生产生活中，采集到的数据杂乱无章，无法直接对数据进行分析或分析的结果不尽人意。我们将杂乱无章的数据统称为“脏数据”。

这些“脏数据”可能是在数据采集与传送过程中产生的；可能是在数据存储的过程中因人为的原因而产生，比如滥用缩写词、数据输入错误、拼写错误、使用不同的计量单位、使用过时的编码；可能是设备原因，比如数据存储失败、存储器损坏、机械故障等。

脏数据主要有以下几种：

（1）不完整：需要的数据缺值。

（2）噪声：包含错误的属性值或存在偏离期望的孤立点值。

（3）不一致：在数据的某些属性中存在差异，比如出生年月日与年龄不符。

数据预处理技术能够将“脏数据”变为可以进行分析的数据，主要表现为该技术可以去掉数据中的噪声、纠正不正确的属性值、保证数据的一致性等，以此来提高数据挖掘的效率与质量。

数据预处理有多种方法，包括数据清洗、数据集成、数据变换、数据归约等。这些数据处理技术在数据挖掘之前使用，可以大大提高数据挖掘模式的质量，降低实际挖掘所需要的时间。

1. 数据清洗

数据清洗是指发现并纠正数据文件中可识别的错误，包括填补数据记录中（各属性）的遗漏数据，识别异常数据，以及纠正数据中的不一致问题。数据清洗是对数据进行重新审查和校验的过程，目的在于删除重复信息、纠正存在的错误，并提高数据一致性。

2. 数据集成

数据集成是把不同来源、格式、特点、性质的数据在逻辑上或物理上有机地集中，将多个数据源的数据合并到一起，构成一个完整的数据集，涉及数据的选择、冲突以及不一致数据的处理，从而为企业提供全面的数据共享。

3. 数据变换

数据变换是将数据转换为另一种格式的数据，主要是对数据进行规格化操作，用于将数据转换成适合数据挖掘的形式。

4. 数据规约

数据归约是指在尽可能保持数据原貌的前提下，最大限度地精简数据量（完成该任务的必要前提是理解挖掘任务和熟悉数据本身内容）。数据归约主要有两个途径：属性选择和数据采样，分别针对原始数据集中的属性和记录。假定在公司的数据仓库中选择了数据用于分析，但在海量数据上进行复杂的数据分析和挖掘需要很长时间，使得这种分析不现实或不可行。数据归约技术可以用来得到数据集的归约表示，它虽然小，但仍大致保持原数据的完整性。这样，在归约后的数据集上挖掘将更有效，并产生相同（或几乎相同）的分析结果。

除了上述所讲到的数据预处理方法之外，数据预处理还包括以下几种：

1. 数据导入

虽然采集端本身会有很多数据库，但是如果要对这些海量数据进行有效的分析，还是应该将这些来自前端的数据导入一个集中的大型分布式数据库或者分布式存储集群，并且可以在导入基础上做一些简单的清洗和预处理工作。也有一些用户会在导入时对数据进行流式计算，来满足部分业务的实时计算需求。数据导入与预处理过程的特点和挑战主要是导入的数据量大，每秒钟的导入量经常会达到百兆，甚至千兆级别。

2. 数据统计与分析

统计与分析主要利用分布式数据库，或者分布式计算集群来对存储于其内的海量数据进行普通的分析和分类汇总等，以满足大多数常见的分析需求。统计与分析这部分的主要特点和挑战是分析涉及的数据量大，其对系统资源，特别是 I/O 会有极大的占用。

3. 数据挖掘

与前面统计与分析过程不同的是，数据挖掘一般没有什么预先设定好的主题，主要是在现有数据上进行基于各种算法的计算，从而起到预测的效果，实现一些高级别数据分析的需求。比较典型的算法有用于聚类的 Kmeans、用于统计学习的 SVM 和用于分类的 NaiveBayes 等，该过程的特点和挑战主要是用于挖掘的算法很复杂，并且计算涉及的数据量和计算量都很大。

1.2.2 人工智能数据服务流程

数据服务包括数据采集、数据清洗、数据标注、数据质检等操作。数据服务流程如图 1-2 所示。

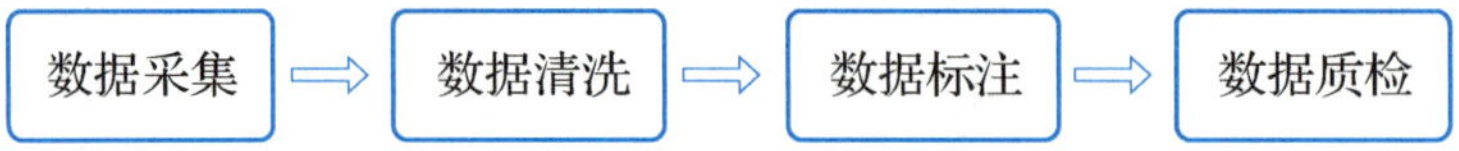

图 1-2 数据服务流程

1. 数据采集

数据采集是整个数据服务流程的首要环节。目前对于数据标注众包平台而言，其数据主要源于提出标注需求的人工智能企业。对于这些人工智能企业，它们的数据来自哪儿呢？比较常见的是通过互联网获取公开数据集与专业数据集。公开数据集是政府、科研机构等对外开放的资源，获取比较简便，而专业数据集往往更耗费人力物力，有时需通过购买所得，或者通过拍摄、截屏等自主整理所得。

至于具体的数据获取方式，既可以通过内部数据库，以 SQL 技术去完成数据提取等数据库管理工作，也可下载获取政府、科研机构、企业开放的公开数据集。此外，还可编写网页爬虫，收集互联网上多种多样的数据，例如合法爬取网站的相关数据。

值得一提的是，在进行数据采集时，不仅需要考虑采集规模与预算，同时也应注重采集数据的多样性以及是否适用于应用场景。再者，数据采集应该合法合理，通过正当的方式获取，不能侵犯个人隐私以及肖像权等个人权利，这是数据采集的前提。

数据采集可以利用多个数据库来接收发自客户端（Web、App 或者传感器形式等）的数据，并且用户可以通过这些数据库来进行简单的查询和处理工作。比如，电商会使用传统的关系型数据库 MySQL 等来存储每一笔事务数据，除此之外，Redis 和 MongoDB 这样的 NoSQL 数据库也常用于数据的采集。以下介绍线上采集与线下采集两种形式。

（1）线上采集。

第一，开放数据。开放数据指的是互联网上面向所有人公开的数据，其中包括面向特定行业公开的数据，各级政府公开的数据以及网页中相关的内容数据，例如图 1-3 所示为北京市公共数据开放平台。

获取开放类数据，可以使用爬虫技术，爬虫技术是一种可以使开发人员自动化、系统化收集互联网上相关数据的技术，但需要强调的是爬虫的安全问题，一定要遵守相关法律，不能有违反法律法规和职业伦理道德的行为。个人信息、商业秘密与国家秘密坚决不能爬取。同时要遵守职业道德，控制爬虫访问频次，不要干扰被爬取服务器的正常业务活动。另外，要遵守 robots 协议，知道什么能爬，什么不能爬。

第二，第三方平台数据。我们可以通过某第三方平台提供的 API 接口来调取相关数据，如百度地图开放 API 平台等，通过平台提供的 API 接口，完成各类数据的采集。

图 1－3　北京市公共数据开放平台

第三，物理数据。物理数据指的是用户在物理世界产生的数据，如用户使用手机时手机里的各类传感器。例如指纹传感器：记录用户指纹用于解锁手机或支付等行为；陀螺仪：通过角动量守恒原理记录角速度用于手机导航等行为以及在工业领域各类传感器采集到的数据等。

（2）线下采集。

线下采集数据的方式有很多种，例如：问卷调查、用户访谈、用户反馈等方式，比较侧重于主观数据的采集。

2. 数据清洗

在获取数据后，并不是每一条数据都能够直接使用，有些数据是不完整、不一致、有噪声的脏数据，需要通过数据清洗才能真正用于问题的分析研究。在数据清洗中，应对所有采集的数据进行筛检，去掉重复的、无关的内容，对于异常值与缺失值进行查漏补缺，同时平滑噪声数据，最大限度地纠正数据的不一致性和不完整性，将数据统一成适合于标注且与主体密切相关的标准格式，以帮助训练更为精确的模型。

数据清洗是指发现并纠正数据文件中可识别的错误，包括填补数据记录中（各属性）的遗漏数据，识别异常数据，以及纠正数据中的不一致问题。数据清洗是对数据进行重新审查和校验的过程，目的在于删除重复信息、纠正存在的错误，并提高数据一致性。

数据清洗，从名称上也看得出就是把“脏”的数据“洗掉”，是发现并纠正数据文件中可识别的错误的最后一道程序，包括检查数据一致性，处理无效值和缺失值等。因为数据仓库中的数据是面向某一主题的数据集合，这些数据从多个业务系统中抽取而来，而且包含历史数据，这样就避免不了有的数据是错误数据、有的数据相互之间有冲突，这些错误的或有冲突的数据显然是我们不想要的。我们要按照一定的规则把“脏数据”“洗掉”。数据清洗的任务是过滤那些不符合要求的数据。

3. 数据标注

数据经过清洗，即可进入数据标注的核心环节。一般在正式标注前，会由需求方的算法工程师给出标注样板，并为具体标注人员详细阐述标注需求与标注规则，经过充分讨论与沟通，以保证最终数据输出的方式、格式以及质量一步到位，这也被称为试标过程。试标后，标注工程师将按照此前沟通确认的要求进行数据标注，通过对图像、视频、语音、文本等素材进行细致的分类、标框、描点等操作，打上不同的标签，以满足不同的人工智能应用需要。

举个简单的例子，我们告诉孩子“这是一辆汽车”，并把对应的图片展示在孩子面前，帮助他记住拥有四个轮子、不同颜色、不同样式的这种日常交通工具。那么，孩子下次在大街上看到飞奔的汽车时能直呼“汽车”。类比机器学习，如果准备让机器具有同样的认知能力，我们也需要帮助机器识别相应特征，两者不同点在于，对于人来说，往往告诉他一次就能记住，下次遇到就能准确识别；对于机器来说，需要我们提取有关汽车的特征，“喂”给它大量带有汽车特征的图片，通过训练集反复学习，并通过测试集进行检查，最终准确识别汽车，而这些带有汽车特征的图片正是出自数据标注工程师。

简而言之，数据标注即通过分类、画框、标注、注释等，对图片、语音、文本等数据进行处理、标记对象的特征，以作为机器学习的基础素材。由于机器学习需要反复学习以训练模型和提高精度，同时无人驾驶、智慧医疗、语音交互等各大应用场景都需要标注数据，因此标注工程师应运而生。

无论是全职还是兼职，数据标注人员的需求量之所以屡创新高，主要归因于呈指数级增长的人工智能场景应用需求，以及随之而来的日趋多样化的数据标注应用场景。

（1）出行行业。

对于出行行业而言，数据标注除了用于汽车自动驾驶研发之外，结合物联网数据、交通网络大数据以及车载应用技术，同时能够进一步帮助规划出行路线，优化驾驶环境。数据标注常见的应用有：以矩形框或描点对车辆进行标注，以矩形框或描点标注人体轮廓；采集地址兴趣点，在地图上做出相应地理位置信息的 POI（Point of Interest）标记等。例如，在自动驾驶领域，通过提供图像标注、图像转录、分类、比较和数据收集的 API，以目标识别来标注数据集。具体而言，在传感器与 API 的融合应用下，通过对相机、激光雷达数据进行标记，对周围环境状况，包括汽车与其他物体的距离、移动速度等进行标注，生成可用于训练 3D 感知模型的标注数据。

（2）金融行业。

目前，人工智能的触角逐渐蔓延至金融领域。无论是身份验证、智能投资顾问，还是风险管理、欺诈检测等，以高质量的标注数据提高金融机构的执行效率与准确率已经成为一大趋势。其中，文字翻译、语义分析、语音转录、图像标注等都是具有代表性的重要应用。例如，对于金融合同而言，需要花费律师或贷款人员大量时间进行核对与确认，而通过经语义分析处理后的数据训练模型，原来需要 36 万个小时完成的合同审查工作，利用 AI 模型数秒即可完成检查，而且错误率大大降低。

（3）医疗行业。

在医疗行业，通过人体标框、3D 画框、骨骼点标记、病历转录等应用，机器学习能够快速完成医学编码和注释，以及在远程医疗、医疗机器人、医疗影像、药物挖掘等场景的应用，助力于提供更高效的诊断与治疗，制订更为健全的医疗保险计划。例如，为了训练 AI 筛查疾病的能力，首先需要对医疗影像数据进行处理，对病理切片进行分类和标注，以画框或描点的方式，将不同区域区别开来，并标注不同颜色以区分等级，为 AI 训练提供大量数据原料。例如通过这种方式，以深度学习预测前列腺癌的准确率已经达到 99.38%。

（4）家居行业。

智能家居在全球范围内呈现强劲的发展势头，不仅基于日渐丰富的家居场景与日趋成熟的物联网技术，同时也离不开图像识别、自然语言处理等 AI 技术。在助力智能家居发展中，数据标注主要包括应用矩形框标记人脸，进行人脸精细分割；对家居物品进行画框标记；通过描点的方式进行区域划分；采集语音并进行标注处理等。

在智能家居应用中，对于训练“懂”人类的智能对话机器人，需要大量语料库支持训练，通过对以上数据进行标注处理，即可以逐渐提升机器人回复的智能程度。

（5）安防行业。

目前，智能安防发展如火如荼。为了进一步提升安防应用的适用性，提高数据处理的速度与效率，推动安防从被动防御向主动预警发展，对数据标注的需求与日俱增。其中，人脸标注、视频分割、语音采集、行人标注等都是重要的数据标注应用。

在智能安防不断推进的过程中，生物识别技术已经越来越成熟，在日常监控、出入境管理、刑事案件侦查中都有着广泛应用。其中，对于数据标注人员而言，需要做的是对训练图片中人物的性别、年龄、肤色、表情、头发以及是否戴帽、戴眼镜等进行分类标注，或者对行人做标框处理，帮助机器获取快速识别能力。目前，动态人脸识别技术识别准确率能够达到 99.8%以上。

（6）公共服务。

对各种服务数据进行人工智能处理是提高公共服务水平与效率的重要举措。在这个过程中，确定内容是否符合描述的内容审核，对具有相同意思的语句进行归类的语义分析、将音频转化为文字的语音转录，以及查看视频是否符合要求的视频审核等都是数据标注中的常见应用。

对于内容审核而言，在人工智能技术的推动下，审核主体逐渐由人转变为机器，以帮助节约人力成本，目前国内多个内容运营平台已经把部分审核工作交由机器完成。对于这些机器而言，首先需要学习经过标注处理的语句、视频等，明确审核的标准，从而提高审核的效率和准确度。

（7）电子商务。

在电商行业，数据标注能够进一步深度挖掘数据集，建立客户全生命周期数据，预测需求趋势，优化价格与库存，最终达到精准营销的目的。对于电商数据而言，如购买量、用户评价等，标签是非常重要的数据，包括品牌、颜色、型号、价格、款式、浏览量等。同时，建立客户 360°的全景画像，包括人口属性、购物偏好，并通过智能推荐系统，标签化处理，进一步建立用户兴趣图谱与用户画像，推荐高转化的用户场景。

多样化应用场景促使数据标注产业表现出非常旺盛的生命力。目前，国内重要的互联网巨头企业如百度、腾讯、阿里巴巴、今日头条、京东、小米等都拥有自己的数据标注平台与应用，数据标注发展势头尤为强劲。

4. 数据质检

无论是数据采集、数据清洗，还是数据标注，通过人工处理数据的方式并不能保证完全准确。为了提高输出数据的准确率，数据质检成为重要一环，而最终通过质检环节的数据才算是真正过关。对于具体质检而言，可以运用排查或抽查的方式。检查时，一般设有多名专职的审核员，对数据质量进行层层把关，一旦发现提交的数据不合格，将直接交由数据标注人员返工，直至最终通过审核为止。

课堂讨论

针对不同的数据类型，讨论各类数据的处理特点，并举例说明，填写表 1－3。

表 1－3 不同数据处理的特点

序号	数据类型	数据处理特点	应用场景
1			
2			
3			
4			
5			

任务实施

1. 任务准备

提前查阅相关资料，了解人工智能领域不同数据类型有哪些分类。

2. 实施步骤

步骤一：查阅资料，了解并记录图像数据的数据服务，填写表 1－4。

表 1－4 图像数据服务记录表

数据服务步骤	数据处理方法

步骤二：查阅资料，了解并记录语音数据的数据服务，填写表 1－5。

表 1－5 语音数据服务记录表

数据服务步骤	数据处理方法

步骤三：查阅资料，了解并记录文本数据的数据服务，填写表 1－6。

表 1－6 文本数据服务记录表

数据服务步骤	数据处理方法

任务工单

任务名称	数据服务流程	
任务目的	掌握数据服务基本流程，针对不同数据类型的特点，了解不同数据的处理方法以及在不同应用场景下的具体案例。	
任务内容	1. 了解数据采集的基本概念； 2. 了解数据清洗的基本概念； 3. 了解数据标注的基本概念； 4. 了解数据标注质检的基本概念。	
第（ ）组	姓名	
	学号	
任务实操	以应用场景为例，描述数据服务的基本流程	
	场景 1	
	数据服务流程 1	
	场景 2	
	数据服务流程 2	
	场景 3	
	数据服务流程 3	

考核评价

评价说明：本次任务完成后，采用学习过程评价与学习结果评价相结合，综合运用自我评价、小组评价及教师评价三种方式，由教师确定三种评价方式分别占总成绩的比例，并加权计算出学生 A 本次任务的考核评价分。

任务完成考核评价表			
项目名称	数据服务概述	任务名称	数据服务流程
班级		学生姓名	
评价方式	评价内容	分值	成绩
自我评价	任务准备完成情况	10	
	课堂讨论完成情况	10	
	任务实施过程完成情况	10	
	任务工单完成情况	40	
	对知识、技能的掌握程度	10	
	我胜任了小组内的工作	20	
	合计		
小组评价	本小组的本次任务完成质量	30	
	A 的本次任务完成质量	30	
	A 参与小组活动的态度	20	
	A 的合作精神和沟通能力	20	
	合计		
教师评价	A 所在小组的任务完成质量	30	
	A 的本次任务完成质量	30	
	A 对所在小组的参与度	20	
	A 对本次任务的贡献度	20	
	合计		
总评＝自我评价×（ ）%＋小组评价×（ ）%＋教师评价×（ ）%＝			

项目总结

通过数字经济时代数据的重要性、数据服务流程两个任务的实施，本项目旨在让学生理解数据在数字经济时代发挥的重要作用，数据服务的基本概念及流程，培养从事数据服务岗位需要具备的基本职业素养。

项目总结记录表			
项目名称	数据服务概述		
班级		学生姓名	
任务	重要知识点记录	实施过程中遇到的问题及解决方式	
任务 1.1			
任务 1.2			
项目自我总结：			

任务拓展

以某一行业应用场景为背景，简述数据服务的基本流程。

课后习题

一、单项选择题

1. 在数字经济时代，数据作为重要生产资料，其具有的独特性质是（　　）。

A. 会在使用中被消耗　　B. 不能产生新数据

C. 在使用中可增值　　D. 与传统生产资料无异

2. 以下哪项不属于公共数据开发利用的价值导向？（　　）

A. 赋能公共治理　　B. 助推要素市场

C. 促进企业垄断　　D. 助力创新创业

3. 国家保护个人、组织与数据有关的权益，鼓励数据依法合理有效利用，保障数据依法有序自由流动，促进以（　　）为关键要素的数字经济发展。

A. 信息　　B. 数据　　C. 技术　　D. 创新

4. 在数据服务的生命周期中，数据清洗属于（　　）阶段。

A. 数据采集　　B. 数据预处理

C. 数据分析　　D. 数据可视化

5. 在数据服务中，对数据进行分类和打标签属于（　　）的工作。

A. 数据治理　　B. 数据挖掘

C. 数据备份　　D. 数据传输

二、简答题

1. 简述数据服务的一般工作流程。

2. 数据服务在企业数字化转型中扮演什么角色？

项目 2

数据采集服务

项目导入

1. 项目背景及需求

在万物互联的物联网、大数据、人工智能时代，现代智能系统对于数据的需求量越来越大，上到面向服务的数据应用层，中间的数据中台，下到基础设施层的数据仓库、数据建模、数据计算等，都离不开大数据的支持。大数据时代典型的数据特点包括数据的多样性、数据来源的广泛性、数据类型的繁杂性等。因此，对于一个大型的智能系统本身来说，建立高效的、多源的数据采集机制和通道是必不可少的一环。

数据采集技术是数据服务技术的重要组成部分，已经广泛应用于国民经济各个领域，随着大数据技术的发展和普及，数据采集技术会迎来更加广阔的发展前景。数据采集是指从传感器和智能设备、企业在线系统、企业离线系统、社交网络和互联网平台等获取数据的过程。需要采集的数据包括 RFID 数据、传感器数据、用户行为数据、社交网络交互数据及移动互联网数据等各种类型的结构化、半结构化及非结构化的海量数据。

2. 项目分解

- 数据采集基础；
- 金融资讯文本数据采集；
- 票据数据采集；
- 智能客服语音数据采集。

3. 职业岗位介绍

数据采集工程师通常需要具备如下能力：

- 运用传感器等硬件设备或爬虫类软件系统，获取原始数据；
- 进行企业相关产品数据的采集、整理、录入工作；
- 设计搭建数据中台，系统化实现数据提取、解析、调度、存储等服务；
- 根据数据对产品提出改进建议及解决方案，建立异常检测机制，保证数据质量。

项目目标

1. 知识目标

- 掌握数据采集的定义、基本流程；
- 掌握不同类型数据采集的方法和采集工具；
- 理解数据采集对智能系统的作用和意义。

2. 能力目标

- 具备使用 Python 编写爬虫采集、存储数据的能力；
- 具备使用工具或者编程对文本数据采集、存储的能力；
- 具备使用工具或者编写程序对图像数据采集、存储的能力；
- 具备使用语音采集设备采集和存储语音数据的能力。

3. 素养目标

- 具备良好的项目交流、组织、管理、协调能力；
- 具备分析问题与解决问题的能力与独立思考的能力。

任务 2.1 数据采集基础

任务导入

在数字技术飞速发展的当下，数据已然成为驱动社会进步和创新的核心要素。而数据采集作为数据获取的关键步骤，为后续的数据分析、决策以及应用开发奠定了坚实基础，其重要性不言而喻。

任务 2.1
数据采集基础

数据采集在众多领域都发挥着不可或缺的作用。在医疗领域，通过采集患者的症状、病史、检查结果等数据，医生能够更准确地做出诊断，制定个性化的治疗方案。例如，利用大数据分析患者的基因数据与疾病特征之间的关联，有助于开发更有效的靶向药物。在商业领域，企业通过采集消费者的购买行为、偏好等数据，实现精准营销。电商平台根据用户的浏览和购买历史推荐符合其口味的商品，可以大大提高销售效率和客户满意度。在科研领域，数据采集是获取研究素材的基础，从物理实验中的数据记录到社会科学调查中的问卷收集，每一项研究成果都离不开准确的数据采集。

任务信息

项目名称	数据采集服务	任务名称	数据采集基础
任务目标	知识目标	1. 了解自动驾驶数据采集任务及方法； 2. 了解网络摄像机的选型及应用方法； 3. 了解爬虫的常见术语，熟悉爬虫工作流程； 4. 掌握爬虫采集数据的提取与存储工具及应用方法。	
	能力目标	1. 能够使用硬件设备进行特定应用场景数据采集； 2. 能够应对常见的反爬机制； 3. 能够使用爬虫技术完成特定数据的采集任务。	
	素养目标	1. 具有逻辑推理能力和信息加工能力； 2. 具有一定的创新意识、创新精神及创新能力。	
任务描述	掌握数据采集的基本概念和方法。		
任务准备	1. 通过查阅资料，了解人工智能不同应用场景对数据的要求； 2. 通过查阅资料，了解数据采集的不同途径和方法。		
实施提醒	查阅资料，了解人工智能技术对数据的要求。		

知识准备

2.1.1 人工智能数据需求

人工智能作为一种机器展示的智能，可以模拟人类的行为或思维，通过模型训练可以解决特定的问题。尤其是人工智能中的机器学习和深度学习技术，使用大量数据训练的人工智能模型有能力作出智能决策。

人工智能技术已经从理论走向市场，渗透到千千万万的行业之中。作为人工智能基石的数据，发挥出越来越重要的作用，影响着人工智能场景应用的最终效果。现阶段，在各个细分应用场景的需求下，人工智能对数据的还原度、准确度提出了更高要求。

课堂讨论

什么数据才最符合人工智能精细的场景落地需求？

人工智能在新兴应用场景的数据需求有如下特征：

（1）规模性。随着技术的发展，数据量开始爆发性增长，达到 TB 甚至 PB 级别。例如，某商业网站平台平常每天的商品交易数据约 20TB（1TB=1 024GB），某社交平台的用户每天产生的日志数据超过 300TB，日志数据是记录用户操作记录的数据。

(2) 多样性。新兴的应用场景和广泛的数据来源，决定了数据形式的多样性。大体上可以分为三类，分别是结构化数据、非结构化数据、半结构化数据。

(3) 高速性。新兴应用场景数据的交换和传播是通过互联网、云计算等方式实现的，远比传统媒介的信息交换和传播速度快捷。与海量数据的重要区别，除了数据规模更大以外，对处理数据的响应速度有更严格的要求。

(4) 价值性。现实中大量的数据是无效或者低价值的，新兴应用场景数据最大的价值在于通过从大量不相关的各种类型的数据中，挖掘出对未来趋势与模式预测分析有价值的数据。

2.1.2 数据采集的概念

数据采集，又称“数据获取”，是数据分析的入口，也是数据分析过程中相当重要的一个环节，它通过各种技术手段把外部各种数据源产生的数据实时或非实时地采集并加以利用。

数据采集技术是大数据技术的重要组成部分，已经广泛应用于国民经济各个领域。随着大数据技术的发展和普及，大数据采集技术会迎来更加广阔的发展前景。传统数据采集和大数据采集的主要区别见表 2-1。

表 2-1 传统数据采集和大数据采集的主要区别

比较项目	传统数据采集	大数据采集
数据源	来源单一，数据量相对较少	来源广泛，数据量巨大
数据类型	结构单一	数据类型丰富，包括结构化、半结构化和非结构化数据
数据存储	关系数据库和并行数据仓库	分布式数据库，分布式文件系统

2.1.3 传感器数据采集

1. 自动驾驶传感器数据采集

自动驾驶技术是一种通过车载计算机系统实现无人驾驶的智能汽车系统，又称无人驾驶汽车、电脑驾驶汽车、轮式移动机器人。自动驾驶的关键技术包括环境感知、行为决策、路径规划和运动控制四大部分。自动驾驶车载传感器装置如图 2-1 所示。

(1) 自动驾驶感知传感器。

自动驾驶感知传感器包括视觉传感器、激光传感器、雷达传感器等类型。

1) 视觉传感器：即摄像头，摄像头分为单目视觉和双目（立体）视觉两类。

2) 激光传感器：分为单线和多线。每多一线，成本相应上涨，当然检测效果也相对更为出色。

图 2-1　自动驾驶车载传感器装置

3）雷达传感器：雷达传感器已经在汽车上得到广泛使用。该传感器是一种转换设备，用于将微波回波信号转变为电信号。与其他类型的传感器相比，这些传感器不受黑暗和光线的影响。这些传感器可以检测更远的距离，并且对人和动物来说是安全的。

（2）摄像头。

摄像头是自动驾驶核心传感器，是实现自动驾驶规划、控制的基础。相比于激光雷达和毫米波雷达，摄像头最大的优势在于可以识别车辆周边的环境信息和纹理信息，能够“看到”目标的类型、信号灯的颜色等，类似于人类的眼睛。

摄像头是将光学组件获得的光信号，投射到图像传感器上，完成由光信号到电信号的转换，然后再转换为数字图像信号，最后进行信号的算法处理。基于图像数据从而实现感知车辆周边路况的功能，实现如车辆、行人、车道线、交通标识物的检测、距离估计等模块。

根据摄像头的安装位置，可以分为前视、侧视、后视、内置、环视等。在高级别自动驾驶车辆上，配置的摄像头有多个甚至十多个。

1）前视摄像头：用于识别障碍物、车道线、路沿线、交通信号灯、交通标识牌、可行驶区域等。

2）侧视摄像头：用于障碍物检测、测距等盲区检测（BSD）。

3）后视摄像头：用于障碍物检测、测距等。

4）环视摄像头：用于车位检测、可行驶区域检测、低速感知等，提供车辆四周 360°的画面。

5）内置摄像头：对疲劳驾驶、不规范驾驶等危险行为进行预警。

针对车规级的摄像头，因为车辆全天候、全天时地运营，对光线、温度的变化都有较高的要求，如进出隧道等明暗反差过大的场合、北方冬天极寒场景等，且能够满足车辆振动的要求，所以要求自动驾驶中摄像头能够满足以下要求：

1）耐低温与高温：车载摄像头需要在－40℃～85℃范围内都能够正常工作，且能够适应温度的剧烈变化。

2）抗震：车辆在路面行驶时会产生较强的振动，所以车载摄像头必须能抗各种强度的振动。

3）防水：车辆需要在全天候全天时工况下运行，需要摄像头密封严实、满足在雨水中浸泡仍能正常使用。

4）使用寿命长：车载摄像头的使用寿命至少 10 年。

5）高动态低噪点：车辆需要在全天候全工时状态下运行，摄像头面对的光线环境变化剧烈且频繁，所以要求摄像头的 CMOS 具有高动态性；在光线较暗时，能够有效地抑制噪点的产生。

6）对于某些特定功能的摄像头，如侧视摄像头、环视摄像头等，需要水平视场角比较广。

2. 网络摄像机数据采集

IPC 是 IP Camera 的缩写词，IP 是网际协议，Camera 指照相机、摄影机，IP Camera 顾名思义就是网络摄像机，它是一种由传统摄像机与网络技术结合所产生的新一代摄像机。IPC 可以与路由器、交换机、NVR（网络视频录像机）等设备组建成为监控系统，不同的应用场景对 IPC 的要求可能不同。网络摄像机示意图如图 2－2 所示。

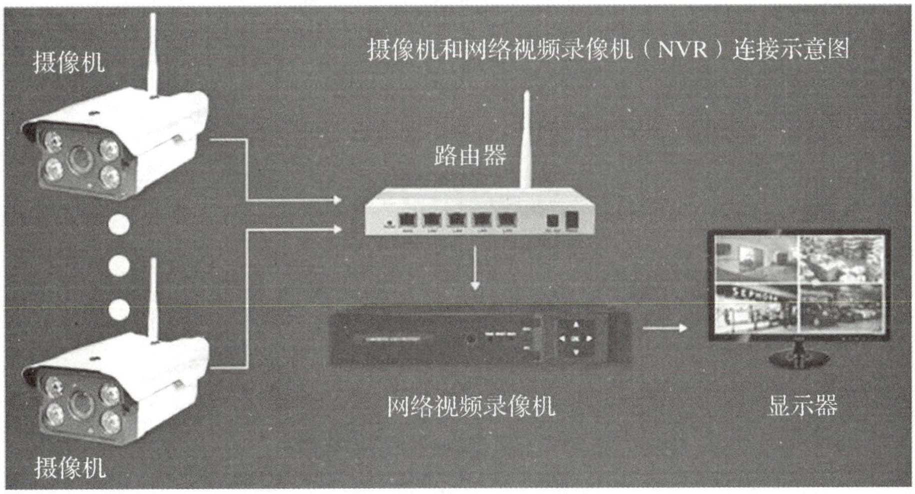

图 2－2　网络摄像机示意图

图像信号经过镜头输入及声音信号由麦克风输入后，由图像传感器和声音传感器转化为电信号，经过滤波、放大、A/D 转换器将模拟电信号转换为数字电信号输入 DSP 进行编码和图像处理。

网络摄像机除了具备一般传统摄像机所有的图像捕捉处理功能外，机内还内置了基于 WEB 的操作系统，使视频数据经压缩加密后，通过局域网、Internet 或无线网络送至终端用户。网络摄像机可以直接接入 TCP/IP 的数字化网络中，因此这种系统主要的功能就是联网，通过互联网或者内部局域网进行视频和音频的传输。控制器还可以接收报警信号及向外发送报警信号，且按要求发出控制信号。

2.1.4 网络爬虫

网络爬虫（Crawler）又被称为网页蜘蛛、网络机器人，它是一种按照一定的规则，自动抓取万维网信息的程序或者脚本。网络爬虫是搜索引擎抓取系统的重要组成部分。爬虫的主要作用是将互联网上的网页下载到本地形成一个联网内容的镜像备份。

在互联网时代，数据的价值日益凸显，而爬虫技术作为数据采集的重要手段，其发展和应用也日益广泛。然而，随着爬虫技术的普及，一些网站为了防止数据被过度抓取或滥用，采取了各种反爬虫机制。为什么会有反爬机制？原因主要有两点：

第一，在大数据时代，数据是十分宝贵的财富，很多企业不愿意让自己的数据被别人免费获取，因此，很多企业都对自己的网站采取了反爬机制，防止网页上的数据被爬走。

第二，简单低级的网络爬虫，数据采集速度快，伪装度低，如果没有反爬机制，它们可以很快地抓取大量数据，甚至因为请求过多，造成网站服务器不能正常工作，影响企业的业务开展。

课堂讨论

"爬虫"按照特定程序，模拟人工操作，从网站、应用程序等终端呈现的平台上提取和存储数据。随着大数据等技术的发展，网络爬虫的影响力逐渐增加，如果对一些网站进行强行数据采集时，会具有法律风险，可能会造成侵犯隐私权的违法行为。怎样进行数据爬取而不会违法呢？

任务实施

步骤一：摄像机选型。

1. 网络摄像机

网络摄像机的种类较多，常见类型及优缺点如表 2-2 所示。

表 2-2 摄像机类型及优缺点

摄像机类型	优点	缺点	适用场景	常用安装方式
枪机	成像质量好； 功能接口丰富； 能够更加灵活地选择不同焦距的镜头、护罩、补光灯等外设，适用场景更多。	需要客户单独购买镜头、护罩、补光灯等外设。	室内/室外； 室外的情况下，建议搭配护罩使用。	吊装（配合吊装支架）； 壁装（配合壁装支架）。

续表

摄像机类型	优点	缺点	适用场景	常用安装方式
筒机	无须另配镜头； 安装调试方便； 防尘防水。	受限于外形结构，焦距范围有限； 镜头一般不容易更换。	一般用于室外。	吊装（配合吊装支架）； 壁装（配合壁装支架）。
半球	外形美观、隐蔽性强； 无须另配镜头； 调试方便； 防尘防水。	受限于外形结构，焦距范围有限/定焦； 镜头一般不容易更换。	室内； 适合应用于办公区域、楼道、电梯等范围小且固定的室内监控场所。	吸顶装； 壁装。

2. 网络摄像头焦距

IPC 镜头焦距有 2.8mm、4mm、6mm、8mm、12mm 等多种，每个 IPC 系列均可以选择镜头焦距，可以满足室内外各种环境的拍摄需求。一般来说，焦距越大，视场角越小，而监控距离越远。例如，2.8mm 焦距适用于电梯、楼梯等较为狭小的环境，4mm 适用于会议室、商店等稍大一些的场景等，而停车场、工厂车间、庭院等更开阔的地方则可以选用 6mm 以上的镜头，具体选择可以根据需要而定。

3. 网络摄像头连接

（1）确定摄像机的安装位置和监控区域，将摄像机通过摄像机支架固定到建筑物或监控立杆上。

（2）确定后台设备（网络视频录像机和显示器）的摆放位置，网络视频录像机安装好后需要为后台设备提供电源插排。

（3）前后端都准备好之后，就需要布线，线路分为两部分：首先确认好交换机的位置，需通过网线将每个摄像机连接到交换机，还需要将网络视频录像机与交换机联通，要本着美观、安全的原则走线；其次，摄像机电源供电线布线，每个摄像头都需要一个 12V/1A 或 2A 的电源配适器，看施工环境或成本需求，可以用开关电源代替，需另配电源插头。

课堂讨论

查看生活中看到的摄像机的架设高度和角度，日常监控摄像机与交通等场景的摄像机有什么区别？摄像机关键参数有哪些？应该怎样选择监控摄像头？

步骤二：利用爬虫技术获取图片数据。

以下通过编写代码，利用网络爬虫技术实现猫图片的采集。

```
import re
import requests
from urllib import error
from bs4 import BeautifulSoup
import os
import shutil
from config.test import Find, recommend, downloadPicture


numPicture = 50
word = '可爱猫咪'

headers = {
'Accept - Language':'zh - CN, zh;q = 0.8, zh - TW;q = 0.7, zh - HK;q = 0.5, en - US;q
= 0.3, en;q = 0.2',
'Connection':'keep - alive',
'User- Agent':'Mozilla/5.0 (X11; Linux x86_64; rv:60.0) Gecko/20100101 Firefox/
60.0',
'Upgrade - Insecure - Requests':'1'}
A = requests.Session()
A.headers = headers
# ---------------------------------------------------------------------------------
url = 'https://image.baidu.com/search/flip?tn = baiduimage&ie = utf - 8&word =
'+ word + '&pn = '
tot = Find(url, A)
Recommend = recommend(url)                # 记录相关推荐
print('经过检测%s类图片共有%d张' %(word, tot))

file = "./"+ word + '文件'                # 保存路径
os.mkdir(file)

t = 0
tmp = url
while t < numPicture:
    try:
        url = tmp + str(t)
        result = A.get(url, timeout = 10, allow_redirects = False)
        print(url)
    except error.HTTPError as e:
        print('网络错误,请调整网络后重试')
        t = t + 60
    else:
        dowmloadPicture(result.text, word, file, numPicture)
        t = t + 60
print('当前搜索结束,感谢使用')
```

任务工单

任务名称	数据采集基础	
任务目的	了解数据的基本概念，掌握数据采集的方法。	
任务内容	1. 掌握利用传感器采集数据的方法； 2. 利用爬虫技术实现数据爬取、存储。	
第（ ）组	姓名	
	学号	
任务实操	数据采集的方式分为几种？列举不同方式的应用案例	
	数据采集方式 1	
	数据采集方案 1	
	数据采集方式 2	
	数据采集方案 2	
	数据采集方式 3	
	数据采集方案 3	

考核评价

评价说明：本次任务完成后，采用学习过程评价与学习结果评价相结合，综合运用自我评价、小组评价及教师评价三种方式，由教师确定三种评价方式分别占总成绩的比例，并加权计算出学生 A 本次任务的考核评价分。

任务完成考核评价表			
项目名称	数据采集服务	任务名称	数据采集基础
班级		学生姓名	
评价方式	评价内容	分值	成绩
自我评价	任务准备完成情况	10	
	课堂讨论完成情况	10	
	任务实施过程完成情况	10	
	任务工单完成情况	40	
	对知识、技能的掌握程度	10	
	我胜任了小组内的工作	20	
	合计		

续表

小组评价	本小组的本次任务完成质量	30	
	A 的本次任务完成质量	30	
	A 参与小组活动的态度	20	
	A 的合作精神和沟通能力	20	
	合计		
教师评价	A 所在小组的任务完成质量	30	
	A 的本次任务完成质量	30	
	A 对所在小组的参与度	20	
	A 对本次任务的贡献度	20	
	合计		
总评＝自我评价×(　　)%＋小组评价×(　　)%＋教师评价×(　　)%＝			

任务 2.2 金融资讯文本数据采集

任务导入

任务 2.2
金融资讯文本数据采集

随着大数据时代的到来和人工智能技术的进步，知识图谱的应用边界被逐渐拓宽，越来越多的企业开始将知识图谱作为数据的基本表现与存储形式，成为数据中台的核心基建。知识图谱的数据结构属于异质结构多关联的大数据，与人工智能领域大多数技术任务所基于的数据一样，可以为后续的机器学习和推理任务提供强有力的支持，为企业在智能搜索、智能问答、智能推荐以及大数据分析等方面提供服务。

金融行业是个数据驱动的行业，知识图谱作为人工智能时代的“知识工程”“专家工程”，可以将金融资讯大数据中的实体关系、属性等信息，用极其简单的三元组的方式聚合在一起，形成一个金融语义网络，使之承载对纷繁复杂、多源异构的金融资讯大数据面向 AI 加工整合的重任。

任务信息

项目名称	数据采集服务	任务名称	金融资讯文本数据采集
任务目标	知识目标	1. 了解知识图谱的概念； 2. 掌握文本数据的采集方法； 3. 熟悉文本数据的采集流程。	
	能力目标	1. 能够根据需求合理完成文本数据采集。 2. 能够通过编写程序解决实际文本数据采集问题。	
	素养目标	1. 通过知识图谱，掌握事物普遍联系的哲学原理； 2. 具有良好的职业道德和职业素养。	
任务描述	以金融知识图谱构建为背景，运用网络爬虫技术采集网络上的金融资讯文本数据，自动获取感兴趣的金融资讯数据。		
任务准备	1. 通过查阅资料，了解知识图谱的实际应用案例； 2. 通过查阅资料，了解网络爬虫需遵守的法律法规和道德伦理。		
实施提醒	了解知识图谱的不同应用场景。		

知识准备

2.2.1 知识图谱概述

1. 知识图谱的定义

作为一种智能、高效的知识组织方式，知识图谱能够帮助用户迅速、准确地查询到自己需要的信息，近年来取到飞速发展。尽管产业界对其内涵有了基本共识，但实际上目前尚没有一个公认的定义。

知识图谱由 Google 公司在 2012 年提出，但发布时 Google 公司并没有对这一概念做出清晰的定义。维基百科上知识图谱的词条实际是对 Google 公司搜索引擎使用的知识库功能的描述，即知识图谱是 Google 公司使用的一个知识库及服务，它利用从多种来源收集的信息提升搜索引擎返回结果的质量。

百度百科将知识图谱定义为“通过将应用数学、图形学、信息可视化技术、信息科学等学科的理论和方法与计量学引文分析、共现分析等方法结合，并利用可视化的图谱形象地展示学科的核心结构、发展历史、前沿领域以及整体知识架构，达到多学科融合的现代理论。”

综合不同的定义解释，本书给出一种通俗的定义：知识图谱是由实体、关系和属性组成的一种数据结构，也就是数据库 2.0。

2. 知识图谱的通用表示

从本质上来看，可以将知识图谱理解成一张由不同知识点相互连接形成的语义网络。任何一种网络都是由节点和边构成的，因此，知识图谱也是由节点和边构成的。节点表示实体或概念，边表示实体的属性或实体间的关系。

知识图谱中的节点分为以下两种。

（1）实体：指具有可区别性且独立存在的某种事物，如一个人、一座城市、一种商品等。某个时刻、某个地点、某个数值也可以作为实体。实体是一个知识图谱中最基本的元素，每个实体可以用一个全局唯一的 ID 进行标识。

（2）语义类：语义类指具有某种共同属性的实体的集合，如国家、民族、性别等，而概念则反映一组实体的种类或对象类型，如人物、气候、地理等。

知识图谱中的边分为以下两种。

（1）属性（值）：指某个实体可能具有的特征、特性、特点以及参数，是从某个实体指向它的属性值的“边”，不同的属性对应不同的边，而属性值是实体在某一个特定属性下的值。例如，图 2－3 所示的“类别”“首都”是不同的属性，“北京”是中国在“首都”这一属性下的属性值。

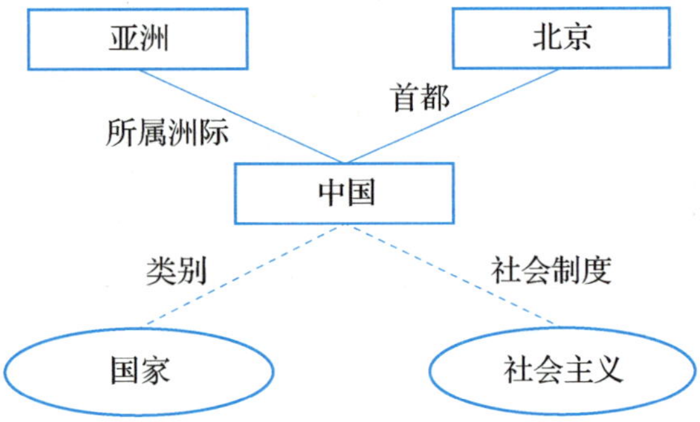

图 2－3　知识图谱示例

（2）关系：是连接不同实体的“边”，可以是因果关系、相近关系、推论关系、组成关系等。在知识图谱中，将关系形式化为一个函数。这个函数把若干个节点映射到布尔值，其取值反映实体间是否具有某种关系。

3. 知识图谱的应用

不知不觉中，知识图谱的应用已经深度融入人们的日常生活。在搜索引擎中，搜索结果给出的联想结果往往来自知识图谱技术的应用；应用软件依据用户的习惯和爱好进行的个性化推荐也来自知识图谱技术的应用，越来越多的应用场景依赖知识图谱，比如查询理解、自动问答、文档表示等。

课堂讨论

根据自己的生活体验，列举一些知识图谱的应用场景，并讨论这类数据的来源，填写表 2－3。

表 2-3　知识图谱应用场景

序号	应用场景	数据来源
1		
2		
3		
4		
5		

2.2.2　网络爬虫技术

数据采集是人工智能非常重要的组成部分，通过爬虫获取大量数据是人工智能算法的基础。下面详细介绍爬虫工具及其工作原理。

1. 网络爬虫的组成

网络爬虫按照一定的规则，能够自动抓取万维网信息的程序或者脚本。网络爬虫是搜索引擎抓取系统的重要组成部分。

在网络爬虫的系统框架中，主过程由控制器、解析器、资源库三部分组成。其中，控制器主要负责给多线程中的各个爬虫线程分配工作任务。解析器负责下载网页，进行页面处理，将一些 JavaScript 脚本标签、CSS 代码内容、空格字符、HTML 标签等内容处理掉，爬虫的基本工作由解析器完成。资源库是用来存储网页中下载的数据记录的容器，提供生成索引的目标源，例如数据库，中大型的数据库产品包括 Oracle、SQL Server 等。

2. 爬虫工作原理

网络爬虫是一个自动提取网页的程序，它为搜索引擎从万维网上下载网页，是搜索引擎的重要组成部分。如图 2-4 所示，爬虫从一个或若干个初始网页的 URL 开始，获得初始网页上的 URL，在抓取网页的过程中，不断从当前页面上抽取新的 URL 放入队列，直到满足系统的一定停止条件。

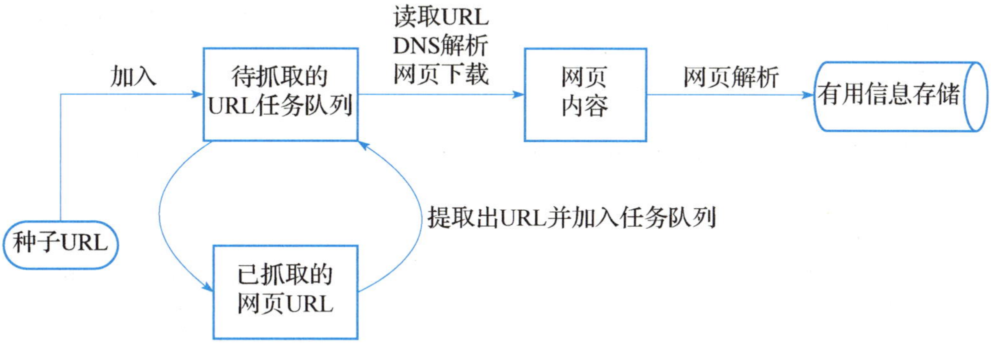

图 2-4　爬虫工作原理

课堂讨论

讨论网络爬虫有哪些应用场景，能采集到哪些数据，完成表 2－4。

表 2－4　网络爬虫应用场景和数据来源

序号	应用场景	采集的数据来源
1		
2		
3		
4		
5		

3. 常用的爬虫工具

网络爬虫在当今的许多领域得到广泛应用。它的作用是从任何网站获取特定的或更新的数据并存储下来。网络爬虫工具越来越为人们所熟知，下面介绍几种常用的爬虫工具。

（1）Python 爬虫。

Python 爬虫指的是用 Python 语言来编写爬虫程序。除 Python 外，其他语言也可以编写，比如 Java、PHP 等，不过相比较而言，Python 更为简单和实用。一方面，Python 提供了许多可以应用于爬虫的库和模块；另一方面，Python 语法简单、易读，更适合于初学者学习。因此，Python 爬虫几乎成了网络爬虫的代名词。许多公司专门设立了 Python 爬虫工程师岗位，该岗位的职责就是为公司的业务拓展提供数据支持。

（2）HTTP 工具。

HTTP 是由万维网协会和 Internet 工作小组 IETF（Internet Engineering Task Force）共同制定的规范。HTTP 的全称是“Hyper Text Transfer Protocol”，中文名叫“超文本传输协议”。HTTP 协议是用于从网络传输超文本数据到本地浏览器的传送协议，它能保证高效而准确地传送超文本内容。

HTTP 是基于“客户端/服务器”架构进行通信的，HTTP 服务器端实现程序有 httpd、Nginx 等，客户端实现程序主要是 Web 浏览器，例如 Firefox、Google Chrome、Safari、Opera 等。Web 浏览器和 Web 服务器之间可以通过 HTTP 进行通信。

一个典型的 HTTP 请求过程如下，如图 2－5 所示。

（1）用户在浏览器中输入网址，比如 https：//www. baidu. com/，浏览器向网页服务器发起请求；

（2）网页服务器接收用户访问请求，处理请求，产生响应（即把处理结果以 HTML 形式返回给浏览器）；

（3）浏览器接收来自网页服务器的 HTML 内容，进行渲染后展示给用户。

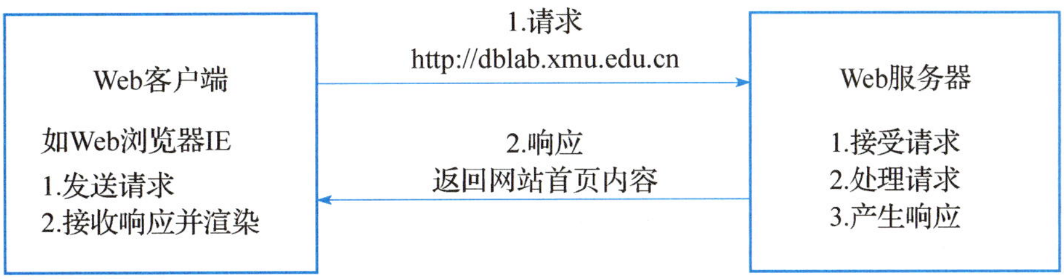

图 2－5 一个典型的 HTTP 请求过程

下面详细介绍用 Python 实现 HTTP 请求的方式。该方式中包含 urllib 模块、urllib3 模块、requests 模块，如图 2－6 所示。

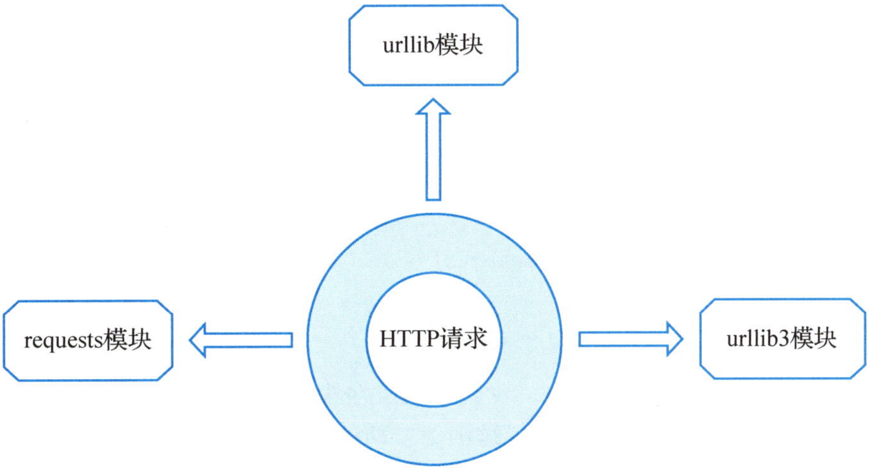

图 2－6 Python 实现 HTTP 请求示意图

（1）urllib 模块。

Urllib 是 Python 自带的模块，该模块提供了一个 urlopen（）方法，通过该方法指定 URL 发送 HTTP 请求来获取数据。urllib 提供了多个子模块，具体模块名称与功能如表 2－5 所示。

表 2－5 urllib 中的子模块

模块名称	功能
urllib. request	该模块定义了打开 URL（主要是 HTTP）的方法和类，如身份验证、重定向和 cookie 等
urllib. error	该模块中主要包含异常类，基本的异常类是 URLError
urllib. parse	该模块定义的功能分为两大类：URL 解析和 URL 引用
urllib. robotparser	该模块用于解析 robots. txt 文件

下面展示了通过 urllib. request 模块实现发送 GET 请求获取网页内容的示例。

```
import urllib.request
response = urllib.request.urlopen(http://www.baidu.com)
html = response.read()
print(html)
```

下面是通过 urllib. request 模块实现发送 POST 请求获取网页内容的示例。

```
import urllib.parse
import urllib.request
# 1.指定 url
url = 'https://fanyi.baidu.com/sug'
# 2.发起 POST 请求之前,要处理 POST 请求携带的参数
# 2.1 将 POST 请求封装到字典
data = {'kw':'苹果',}
# 2.2 使用 parse 模块中的 urlencode(返回值类型是字符串类型)进行编码处理
data = urllib.parse.urlencode(data)
# 将步骤 2.2 的编码结果转换成 byte 类型
data = data.encode()
# 3.发起 POST 请求:urlopen 函数的 data 参数表示的就是经过处理之后的 POST 请求携带的
参数
response = urllib.request.urlopen(url = url,data = data)
data = response.read()
print(data)
```

把上面 print(data) 执行的结果，拿到 JSON 在线格式校验网站（http：//www. bejson. com/）进行处理，使用“Unicode 转中文”功能可以得到如下结果：

```
b'{"errno":0, "data":[{"k": "\苹\果", "v": "\名 . apple"},{"k": "\苹\果\园", "v":
"apple grove"},{"k": "\苹\果\头", "v": "apple head"},{"k": "\苹\果\干", "v": "[\医]
dried apple"},{"k": "\苹\果\木", "v": "applewood"}]}。
```

（2）urllib3 模块。

urllib3 是一个功能强大、条理清晰、用于 HTTP 客户端的 Python 库，许多 Python 的原生系统已经使用 urllib3。urllib3 提供了很多 Python 标准库里没有的重要特性，包括：线程安全、连接池、客户端 SSL/TLS 验证、文件分部编码上传、协助处理重复请求和 HTTP 重定位、支持压缩编码、支持 HTTP 和 SOCKS 代理、100%测试覆盖率等。

在使用 urllib3 之前，需要打开一个 cmd 窗口，使用如下命令进行安装：

```
> pip install urllib3
```

下面是通过 GET 请求获取网页内容的示例。

```
>>> import urllib3
>>> # 需要一个 PoolManager 实例来生成请求,由该实例对象处理与线程池的连接以及线程安
全的所有细节,不需要任何人为操作
>>> http = urllib3.PoolManager()
>>> response = http.request('GET', http://www.baidu.com')
```

```
>>> print(response.status)
>>> print(response.data)
```

下面是通过 POST 请求获取网页内容的示例。

```
>>> import urllib3
>>> http = urllib3.PoolManager()
>>> response = http.request('POST','https://fanyi.baidu.com/sug',fileds = {'kw':
'苹果'})
>>> print(response.data)
```

（3）requests 模块。

requests 库是一个非常好用的 HTTP 请求库，可用于网络请求和网络爬虫等。在使用 requests 之前，需要打开一个 cmd 窗口，使用如下命令进行安装：

```
> pip install requests
```

以 GET 请求方式为例，打印多种请求信息的代码如下：

```
>>> import requests
>>> response = requests.get('http://www.baidu.com')   # 对需要爬取的网页发送请求
>>> print('状态码:',response.status_code)              # 打印状态码
>>> print('url:',response.url)                         # 打印请求 url
>>> print('header:',response.headers)                  # 打印头部信息
>>> print('cookie:',response.cookies)                  # 打印 cookie 信息
>>> print('text:',response.text)                       # 以文本形式打印网页源码
>>> print('content:',response.content)                 # 以字节流形式打印网页源码
```

以 POST 请求方式发送 HTTP 网页请求的示例代码如下：

```
>>> import requests
>>> # 导入模块
>>> import requests
>>> # 表单参数
>>> data = {'kw':'苹果'}
>>> # 对需要爬取的网页发送请求
>>> response = requests.post('https://fanyi.baidu.com/sug',data = data)
>>> # 以字节流形式打印网页源码
>>> print(response.content)
```

知识加油站

5 款常用的网络爬虫工具

1. Octoparse

Octoparse（八爪鱼）是一个免费且功能强大的网站爬虫工具，用于从网站上提

取需要的各种类型的数据。它有两种使用模式：向导模式和高级模式。非程序员也可以使用，可以下载几乎所有的网站内容，并保存为 EXCEL、TXT、HTML 或数据库等结构化格式，具有 Scheduled Cloud Extraction 功能，可以获取网站的最新信息。总之，Octoparse 应该能够满足用户最基本或高端的抓取需求，而无须任何编码技能。

2. Scraper

Scraper 是一款 Chrome 扩展工具，数据提取功能有限，但对于在线研究和导出数据到 Google Spreadsheets 非常有用。适用于初学者和专家，可以轻松地将数据复制到剪贴板或使用 OAuth 存储到电子表格。不提供全包式抓取服务，但对于新手也算友好。

3. Parsehub

Parsehub 是一款出色的爬虫工具，支持使用 AJAX 技术、JavaScript、cookies 等获取网页数据。它可以读取、分析网页文档然后转换为相关数据。Parsehub 的桌面应用程序支持 Windows、Mac OS X 和 Linux 等系统，或者可以使用浏览器内置的 Web 应用程序。

4. 80legs

80legs 是一款功能强大的网页抓取工具，可以根据客户要求进行配置。80legs 提供高性能的 Web 爬虫，可以快速工作并在几秒钟内获取所需的数据。

5. WebHarvy

WebHarvy 是为非程序员设计的。它可以自动从网站上爬取文本、图像、URL 和电子邮件，并以各种格式保存爬取的内容。它还提供内置的调度程序和代理支持，可以匿名爬取并防止被 Web 服务器阻止，可以选择通过代理服务器或 VPN 访问目标网站。WebHarvy Web Scraper 的当前版本允许用户将抓取的数据导出为 XML，CSV，JSON 或 TSV 文件，也可以导出到 SQL 数据库。

任务实施

步骤一：为了构建智能金融知识图谱，你认为从多数据源获取数据并进行融合需要注意哪些情境变化？开展讨论，将讨论的结果记录在表 2-6 中。

表 2-6 任务记录表

情境变化	知识图谱构建任务
金融知识图谱	构建金融知识图谱：采集实体、属性和关系

步骤二：阅读表 2－7，分析采集需求，按照需求完成数据采集。

表 2－7　金融资讯文本数据采集需求表

采集项目	金融资讯文本数据采集
采集类型	文件数据
采集数据集描述	文本数据包含金融新闻资讯，以 txt 文件存储，每个文件不大于 50K
采集数量	至少 100 条金融资讯文本
采集方法	Python 脚本网络爬取

经过详细分析采集需求，总结出下面三种不同的采集要求，分别是数据来源要求、数据格式要求、采集规则。

（1）数据来源要求。

Web 数据：金融网站公开的无版权信息；

开源数据集：公开的金融数据集。

（2）数据格式要求。

文本格式：.txt，.rtf 等通用格式；

文本存储：以 txt 格式存储。

（3）采集规则。

Web 网络数据合法，无版权；

文本数据是金融新闻资讯，包括实体、属性及关系等元素。

步骤三：通过 Python 爬虫实现指定金融新闻资讯文本采集。

定向采集新闻资讯，使用 urllib. request 和 bs4 中的 BeautifulSoup 爬取新浪财经单条资讯信息，并存储到本地 txt 文件。

```
!pip install lxml
# 导入相关的第三方库
from bs4 import BeautifulSoup
from urllib import request
# 设置要抓取的网页
url = "https://finance.sina.com.cn/money/nmetal/hjzx/2022-09-27/doc-imqm-
mtha8876138.shtml"

# 用 request 和 BeautifulSoup 处理网页
req = request.Request(url)
response = request.urlopen(req)
soup = BeautifulSoup(response, 'lxml')

# 找到标题并抓取
main_tag = soup.find('h1', "main-title")
title = main_tag.string
```

```
# 找到正文标签
tag = soup.find('div', "article")
# 存放正文内容
content = ""
# 将 <p> 标签里的内容存入 content 之中
for p in tag.findAll('p'):
    if (p.string != None):
        content = content + p.string

# 查看输出新闻标题和正文
print(title)
print(content)

# 存储为以新闻标题为命名的 txt 文件中
filename = title + '.txt'
with open(filename, 'w', encoding = 'utf8') as file_object:
    file_object.write(title)
    file_object.write(tag.get_text())
```

采集的新闻资讯内容如图 2-7 所示。

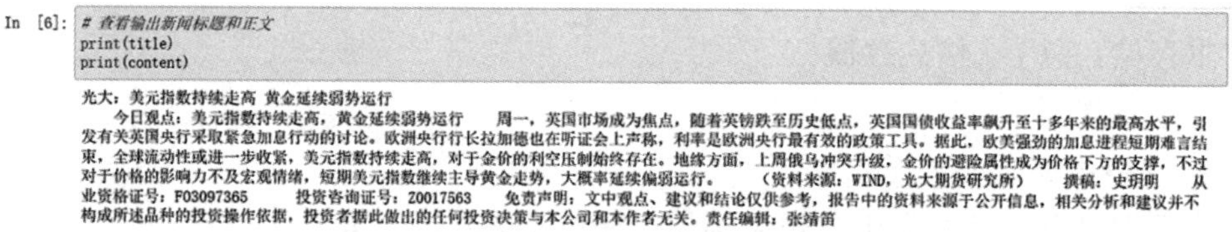

图 2-7　利用 urllib.request 等采集的新闻资讯内容

步骤四：通过 Python 爬虫实现自动金融新闻资讯文本采集。

批量自动采集实时新闻资讯，根据网页元素内容，设定爬取规则，利用 Python 脚本自动采集金融新闻资讯文本，并将采集结果以标题命名，存放在 txt 文档中。

```
# 导入相关的第三方库
from bs4 import BeautifulSoup
from urllib import request
import os

# 用 request 和 BeautifulSoup 处理网页
def requestWeb(url):
    req = request.Request(url)
    response = request.urlopen(req)
    soup = BeautifulSoup(response, 'html.parser')
    return soup

# 从网页下载标题和内容到 txt 文档
def download(title, url, y):
    soup = requestWeb(url)                      # 解析处理当前网页
    tag = soup.find('div', "article")           # 找到正文标签
```

```
    if (tag == None):                            # 判断当前正文内容是否为空,为空则返回
        return 0
    # 去除标题中的特殊符号
    title = title.replace(':', '')
    title = title.replace('“', '')
    title = title.replace('”', '')
    title = title.replace('"', '')
    title = title.replace('|', '')
    title = title.replace('/', '')
    title = title.replace('\\', '')
    title = title.replace('* ', '')
    title = title.replace(' < ', '')
    title = title.replace(' > ', '')
    title = title.replace('? ', '')
    title = title.replace('? ', '')
    # 将 < p > 标签中的内容存放在 content 中
    content = ""
    for p in tag.findAll('p'):
        if (p.string != None):                   # 将非空的内容追加到 content
            content = content + p.string
    # 将采集存储在 results 文件夹中,如果不存在,则创建该文件夹
    filefolder = r'./results/'
    if not os.path.isdir(filefolder):
        os.makedirs(filefolder)
    # 指定标题为文件名,并以 txt 格式存储
    filename = filefolder + '\\' + title + '.txt'
    with open(filename, 'w', encoding = 'utf8') as file_object:
        file_object.write(title)
        file_object.write(tag.get_text())
    print('正在爬取第', y, '个新闻', title)
    while y >= 100:                                          # 爬取前 100 个新闻
        sys.exit(0)

collection = set()                                           # 用于链接去重
alllist = set()                                              # 用于存放你需要爬取的网页
# 爬虫具体执行过程
def crawlAll(url, y):
    soup = requestWeb(url)                                   # 解析处理当前网页
    for tag in soup.findAll("a", target = "_blank"):         # 找到所有符合规则的新闻
                                                             # 资讯网页链接
        if tag.string != None:                               # 标题非空
            if len(tag.string) > 8:                          # 标题长度大于 8
                if ("finance.sina.com.cn/" in tag.attrs["href"]):
                                                             # 过滤掉非金融网页
                    alllist.append(tag.attrs["href"])
                    if ((tag.attrs["href"] not in collection)):
                                                             # 去重链接
                        collection.add(tag.attrs["href"])
```

```
                try:
                    # 从网页下载标题和内容到 txt 文档
                    download(tag.string, tag.attrs['href'], y)
                    y += 1
                except Exception:
                    print("第" + str(y) + "个新闻爬取失败")
                else:
                    crawlAll(tag.attrs['href'], y)
    return y

y = 1
alllist = ["https://finance.sina.com.cn/"]
for n in alllist:
    target_url = n
    y = crawlAll(target_url, y)
```

步骤五：下载开源文本数据集，在网上查找并下载 2 个以上可用于自然语言处理的文本开源数据集，查看数据内容，按采集要求下载对应数据集。如表 2－8 所示。同时，查看这些数据是否符合数据集采集格式要求。

表 2－8　开源文本数据集下载地址

数据集	链接地址
Amazon	https：//snap. stanford. edu/data/web－Amazon. html
Enron Email	https：//www. cs. cmu. edu/～. /enron/
Quandl	quandl. com/
WorldBank	https：//data. worldbank. org/

任务工单

任务名称	金融资讯文本数据采集	
任务目的	通过使用工具或者编写爬虫程序实现金融资讯文本数据的采集、存储	
任务内容	1. 确定和分析需要使用的工具或者编程语言； 2. 确定和分析数据的来源，考虑数据的结构和组成； 3. 实现数据爬取、存储。	
第（　　）组	姓名	
	学号	

续表

任务实操	以证券市场的业务为例，设计证券市场数据采集与处理的方案	
	业务名称 1	
	数据采集方案 1	
	数据应用 1	
	业务名称 2	
	数据采集方案 2	
	数据应用 2	

考核评价

评价说明：本次任务完成后，采用学习过程评价与学习结果评价相结合，综合运用自我评价、小组评价及教师评价三种方式，由教师确定三种评价方式分别占总成绩的比例，并加权计算出学生 A 本次任务的考核评价分。

任务完成考核评价表			
项目名称	数据采集服务	任务名称	金融资讯的文本数据采集
班级		学生姓名	
评价方式	评价内容	分值	成绩
自我评价	任务准备完成情况	10	
	课堂讨论完成情况	10	
	任务实施过程完成情况	10	
	任务工单完成情况	40	
	对知识、技能的掌握程度	10	
	我胜任了小组内的工作	20	
	合计		
小组评价	本小组的本次任务完成质量	30	
	A 的本次任务完成质量	30	
	A 参与小组活动的态度	20	
	A 的合作精神和沟通能力	20	
	合计		

续表

教师评价	A 所在小组的任务完成质量	30	
	A 的本次任务完成质量	30	
	A 对所在小组的参与度	20	
	A 对本次任务的贡献度	20	
	合计		
总评＝自我评价×（ ）%＋小组评价×（ ）%＋教师评价×（ ）%＝			

任务 2.3 票据数据采集

任务导入

任务 2.3
票据数据采集

随着企业规模的扩大，销售业务不断拓展，财务部门审票的工作量也日渐增长。每月需要处理大量的票据，如果企业使用手动录入，会导致以下几个问题：

（1）录单任务繁重、强度大，员工在高强度重复工作状态下难免会因疲劳出错；

（2）增加录单人员、设备等，会导致办公成本的增加；

（3）基础票据的采集效率低，出现统计数据滞后、周期长、报销慢等问题。

为了解决上述问题，基于 OCR 技术的票据识别功能，可以帮助企业员工快速导入票据信息，节省录单时间，提高录单准确率，增加企业效益。

任务信息

项目名称	数据采集服务	任务名称	票据数据采集
任务目标	知识目标	1. 了解 OCR 的概念以及几种应用类型； 2. 了解数据采集的几种不同方式。	

续表

任务目标	能力目标	1. 熟悉图像数据的采集流程，能根据需求合理完成数据采集； 2. 能够通过编写程序解决实际数据采集问题。
	素养目标	具备网络安全意识和创新意识。
任务描述	以票据审核为应用背景，运用网络爬虫技术采集网络上的票据图片数据，自动获取票据图像的数据。	
任务准备	查阅资料，了解 OCR 的实际应用场景。	
实施提醒	采集数据过程中注意隐私信息保护。	

知识准备

2.3.1　文字识别（OCR）概述

文字识别（Optical Character Recognition，OCR）是视觉感知中一个重要的技术，目的是从照片中提取文字信息。比如，把扫描文档转化成结构化的文字信息以方便检索。近几年，随着深度学习等技术的发展，文字识别相关技术取得了突破性进展，特别是场景文字的检测、识别和结构化技术，这些技术的发展使得文字识别在工业界受到广泛关注，比如票据识别、证件识别、文档文字识别等。

文字识别技术主要分两个部分：文本检测与文本识别。对于一张原始图像，首先根据文本检测算法得到文字所在位置区域，再将图像中的该区域裁剪下来，然后通过文本识别技术识别出裁剪区域的文字信息。文字识别技术在生活中有着广泛的应用，例如停车场的车牌识别系统、打印机的 OCR 系统、银行的票据识别、身份证与银行卡的拍照识别等。虽然文字识别技术已经看似成熟，而且可以实现商业化应用，但大都是相对识别精度较高的印刷文档、车牌、身份证、银行卡等文本字体较为常见、识别范围较容易定位检测的应用场景。在自然场景下，因拍照光线多变、背景复杂、字体样式未知等影响，自然场景中的文字识别难度更大。

文字识别流程如图 2-8 所示，首先是对输入图像进行方向上的矫正，防止出现倒立或者旋转的图像；再进行文本框检测，得到单行文本；然后对不规则文本行进行畸变矫正，形成矩形文本图片后进行文本识别，得到最终结果。

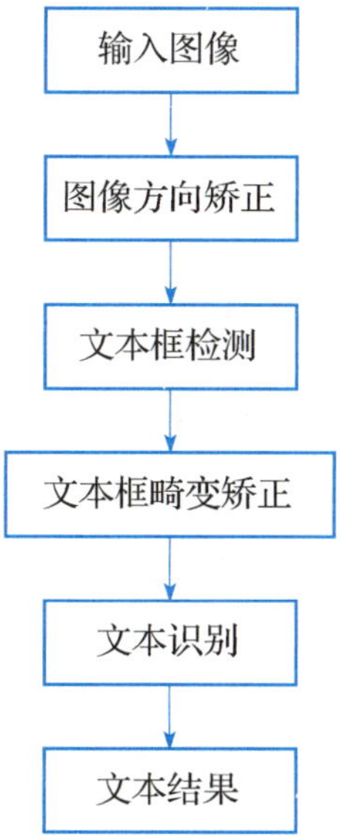

图 2-8　文字识别流程

2.3.2 OCR应用场景分类

OCR根据使用场景不同，可分为以下几种：

（1）通用类OCR：包含表格、文档等。

（2）证件类OCR：包括身份证、驾驶证、行驶证、护照。

（3）票据类OCR：包含增值税发票、机动车销售发票、医疗发票、购物小票。

（4）行业类OCR：包含物流面单、医疗化验单。

（5）自定义OCR：包含公司姓名牌、活动组织牌。

由于不同场景下的OCR文本数据并不相同，所以不能训练一个很好的OCR模型来识别所有的文本数据。从图2-9、图2-10可以看出，不同类型的数据文本，字符组成和排列结构存在很大不同。

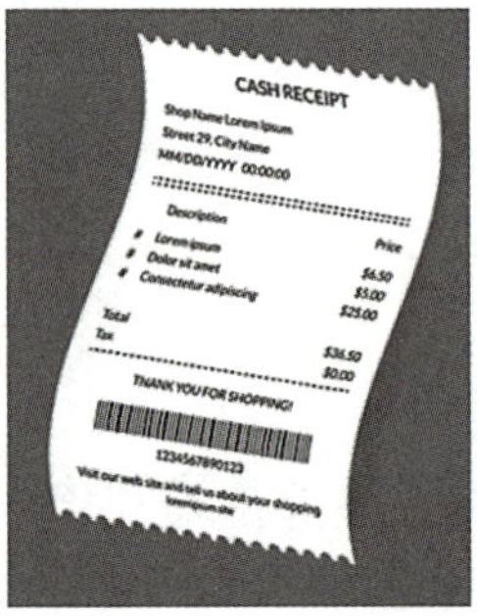

图2-9 文本展示1

图2-10 文本展示2

票据样本与其他文本样本最大的不同在于：票据上含有大量的金额数字，OCR会趋向于识别金额的准确度。随着社会的发展，越来越多的购物活动或人们的衣食住行都会产生大量的票据信息。整理账单一直都是公司和个人共同遵守的理财规则。由此也导致了人们对票据样本的依赖性越来越高。

课堂讨论

根据自己的生活体验，列举一些文字识别的应用场景，并说明文字识别给这些场景带来的价值，填写表2-9。

表2-9 文字识别应用场景

序号	应用场景	文字识别价值
1		
2		
3		
4		
5		

2.3.3　票据采集

购物小票分为很多种，例如超市购物、餐饮、商店商品购物等，但是大多数购物小票的文本结构基本相同，如图 2－11 所示，包括商品信息、对应金额以及商店名称等。

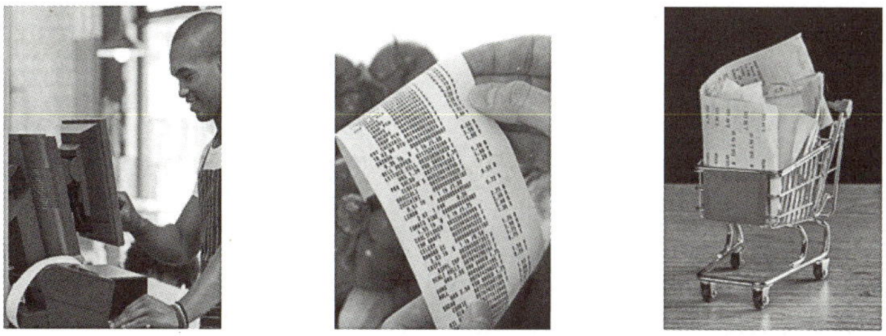

图 2－11　购物小票

英文购物票据与中文相似，其最大的不同就是商品信息是由英文字母组成。购物票据在文本内容上有如下几个特点：

（1）小票具有大量金额信息（阿拉伯数字）；

（2）普通文本每行内容较长，而小票信息多数是短字符文本；

（3）普通文本除标点符号外，很少出现特殊字符，而小票内具有大量分割符、标识符等特殊字符。

具体如图 2－12 所示。

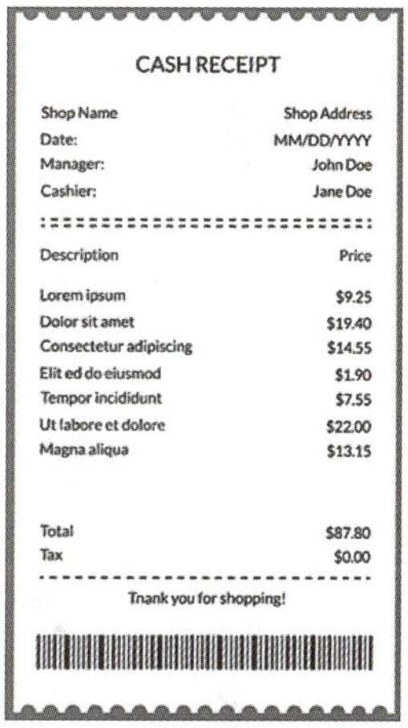

CASH RECEIPT

Shop Name	Shop Address
Date:	MM/DD/YYYY
Manager:	John Doe
Cashier:	Jane Doe
Description	Price
Lorem ipsum	$9.25
Dolor sit amet	$19.40
Consectetur adipiscing	$14.55
Elit ed do eiusmod	$1.90
Tempor incididunt	$7.55
Ut labore et dolore	$22.00
Magna aliqua	$13.15
Total	$87.80
Tax	$0.00

Thank you for shopping!

图 2－12　英文小票

下面介绍几种不同的票据数据采集方式。

（1）爬虫采集。

某平台的小票爬虫采集数据有很多，但是绝大多数存在一些噪声信息、不稳定因素等，如图 2－13 所示。

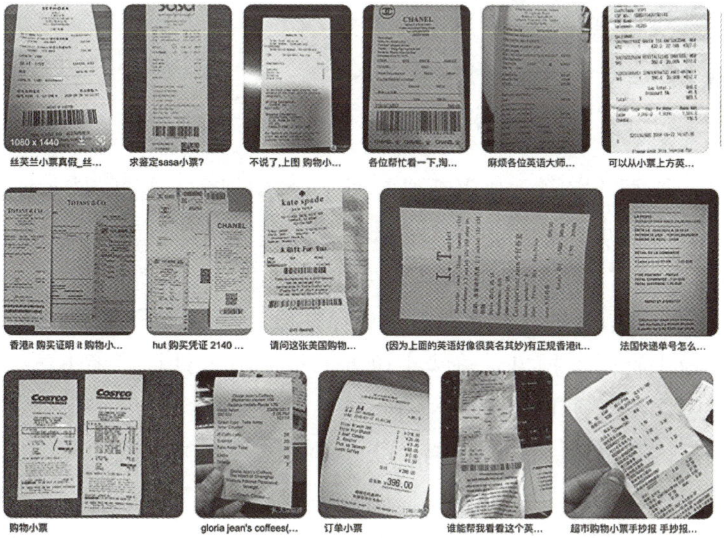

图 2－13　爬虫工具采集票据展示

由于票据识别需要准确考虑每个字符的准确度，所以模型对于数据的要求非常高。该类图像票据有以下几个问题：

- 光线不稳定，容易导致票据反光失去重要信息；
- 票据和拍摄设备之间的距离不同，距离较远导致字符像素值较低，难以识别；
- 拍摄角度不同，图像内的票据具有透视效果，失去重要信息。

（2）开源数据集。

Kaggle 网站会开源很多免费的数据集，我们可以在 Kaggle 上寻找票据数据集。

我们进入该数据集的 img 文件夹下，查看数据样本，该开源数据集内的数据样本有以下几个问题：

- 分辨率较低，文本内容模糊不清；
- 部分内容存在人为涂抹，影响标注和识别；
- 文本内容本身存在失真，不易分辨。

该数据集会影响标注和后续模型的训练精度，所以不能使用。

（3）人工拍摄或扫描。

由于其他采集方式采集的数据大多数具有噪声，以及存在数据不可用情况，所以我们可以通过自己购物的小票样本，利用手机进行拍摄或扫描数据，如图 2－14 所示。

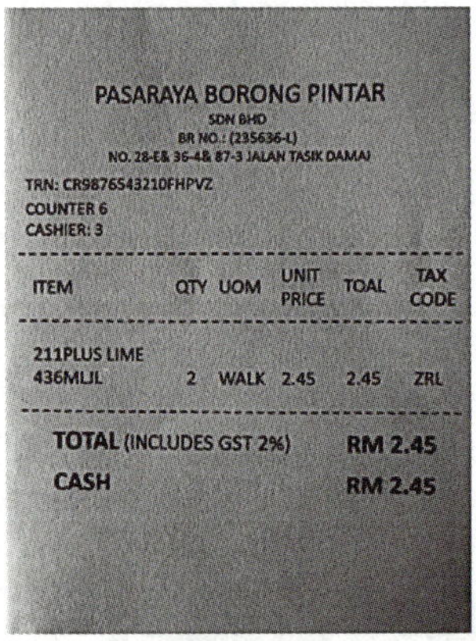
PASARAYA BORONG PINTAR
SDN BHD
BR NO.: (235636-L)
NO. 28-E& 36-4& 87-3 JALAN TASIK DAMAI
TRN: CR9876543210FHPVZ
COUNTER 6
CASHIER: 3

ITEM	QTY	UOM	UNIT PRICE	TOAL	TAX CODE
211PLUS LIME 436MLJL	2	WALK	2.45	2.45	ZRL

TOTAL (INCLUDES GST 2%) RM 2.45
CASH RM 2.45

拍摄样本（光线影响较大，拍摄时需要注意光线）

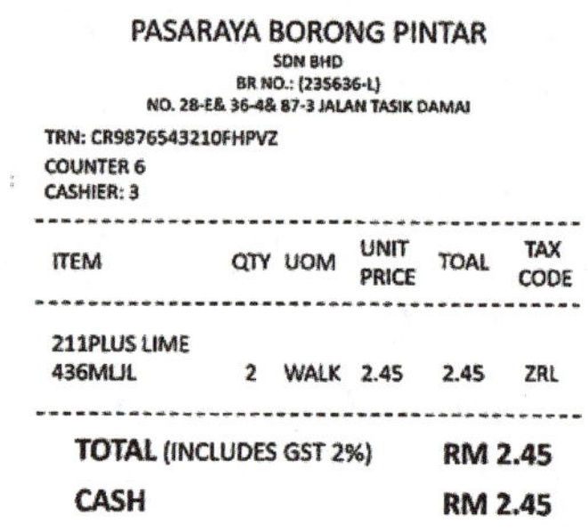
PASARAYA BORONG PINTAR
SDN BHD
BR NO.: (235636-L)
NO. 28-E& 36-4& 87-3 JALAN TASIK DAMAI
TRN: CR9876543210FHPVZ
COUNTER 6
CASHIER: 3

ITEM	QTY	UOM	UNIT PRICE	TOAL	TAX CODE
211PLUS LIME 436MLJL	2	WALK	2.45	2.45	ZRL

TOTAL (INCLUDES GST 2%) RM 2.45
CASH RM 2.45

扫描票据样本（需要注意清晰度）

图 2－14　拍摄样本和扫描票据样本

与其他数据服务项目相同，利用手机等电子设备拍摄/扫描采集数据需要有准确采集规则。我们需要图像数据样本内文字具备清晰、完整等条件，所以应注意以下情况：

- 拍摄/扫描之前需铺平样本原件，不要出现折痕，扭曲等情况；
- 拍摄/扫描之前需检查文本内容，避免存在涂抹、修改等情况；
- 拍摄：尽量垂直样本拍摄，将镜头拉近，整个镜头只有一张小票，减少光照阴影，同时避免图像出现逆光情况；
- 扫描：扫描内容清晰，每次扫描一张小票，扫描件中不能出现除小票外的其他内容，截掉不需要的部分。

任务实施

1. 需求分析

由于公司内部的票据信息会显示公司流水情况，容易泄露公司的商业机密，所以我们不能使用真实发票数据。本任务只针对超市购物小票文本信息内容进行采集，由于部分小票数据仍然存在一些敏感信息如营业额信息、客户购物流水信息、客户隐私等，所以实验所需数据集以英文购物小票为主。

2. 票据数据采集方式

认真阅读表 2－10 所示的采集要求，按照该需求完成数据采集。

表 2－10　票据 OCR 数据采集需求表

采集项目	OCR 票据识别数据采集
采集类型	英文小票
采集数据集描述	文本内容包含英文字符、阿拉伯数字、符号
采集数量	不少于 20 张票据数据
采集方法	不限

3. 票据数据采集

利用手机等智能设备，对本任务提供的文本数据进行数据采集。

(1) 下载“票据 OCR－数据集采集拍摄样本”，该样本包含 6 张英文小票数据，为自行设计样本，仅供本任务使用。

(2) 获取每张小票（打印件）清晰的图像文本样本。

(3) 采集后需要对每张图像质检，根据采集样本质量要求确定样本可用性。

任务工单

<table>
<tr><td>任务名称</td><td colspan="2">票据数据采集</td></tr>
<tr><td>任务目的</td><td colspan="2">通过收集和处理票据信息，能够实现票据信息的自动提取和统计分析。</td></tr>
<tr><td>任务内容</td><td colspan="2">1. 确定和分析票据采集的工具或者方法；
2. 确定和分析票据内容的组成和布局特点；
3. 实现票据内容的提取和分析。</td></tr>
<tr><td rowspan="2">第（　　）组</td><td>姓名</td><td></td></tr>
<tr><td>学号</td><td></td></tr>
</table>

续表

任务实操	以财务处理和分析系统为例，设计数据采集与处理的方案。	
	业务名称 1	
	数据采集方案 1	
	数据应用 1	
	业务名称 2	
	数据采集方案 2	
	数据应用 2	

考核评价

评价说明：本次任务完成后，采用学习过程评价与学习结果评价相结合，综合运用自我评价、小组评价及教师评价三种方式，由教师确定三种评价方式分别占总成绩的比例，并加权计算出学生 A 本次任务的考核评价分。

任务完成考核评价表

项目名称	数据采集服务	任务名称	票据数据采集
班级		学生姓名	
评价方式	评价内容	分值	成绩
自我评价	任务准备完成情况	10	
	课堂讨论完成情况	10	
	任务实施过程完成情况	10	
	任务工单完成情况	40	
	对知识、技能的掌握程度	10	
	我胜任了小组内的工作	20	
	合计		
小组评价	本小组的本次任务完成质量	30	
	A 的本次任务完成质量	30	
	A 参与小组活动的态度	20	
	A 的合作精神和沟通能力	20	
	合计		

续表

教师评价	A 所在小组的任务完成质量	30	
	A 的本次任务完成质量	30	
	A 对所在小组的参与度	20	
	A 对本次任务的贡献度	20	
	合计		
总评＝自我评价×(　　)%＋小组评价×(　　)%＋教师评价×(　　)%＝			

任务 2.4　智能客服语音数据采集

任务导入

任务 2.4 智能客服语音数据采集

智能客服是通过语音识别技术进行语音识别、查找、语音播报，为了实现这样一款智能客服语音系统，我们需要大量的语音数据来训练算法模型。语音数据采集是获取语音数据最简便的方法。语音数据采集一般分为语音采集以及场景采集。

任务信息

项目名称	数据采集服务	任务名称	智能客服语音数据采集
任务目标	知识目标	1. 了解智能客服语音识别任务及其应用场景； 2. 了解语音数据的采集需求及采集方案； 3. 掌握语音数据的采集方法、预清洗方法、分析方法。	
	能力目标	1. 掌握语音数据的采集流程，能根据需求合理完成数据采集； 2. 能够总结语音采集任务中出现的问题，及时记录与反馈，积极寻求解决方案； 3. 能够通过编写程序解决实际数据采集问题。	
	素养目标	1. 树立民族自信和爱国主义情怀； 2. 培养创新意识与科学钻研精神，激发科技报国的使命担当。	

续表

任务描述	通过智能客服语音数据采集，掌握语音数据采集的方法。
任务准备	查阅资料，了解语音数据的采集方法和步骤。
实施提醒	提前了解声音的产生原理以及声音的不同特征。

知识准备

2.4.1 智能客服概述

随着人工智能技术的发展，以语音识别、自然语言处理、深度学习为核心技术的人机交互模式正在逐渐改变着传统的客服行业，智能客服正在悄悄地渗透进我们的生活。

智能客服（又称智能客服机器人）是在大规模知识处理基础上发展起来的一项面向行业的应用，它涉及大规模知识处理技术、自然语言理解技术、知识管理技术、自动问答系统、推理技术等，具有行业通用性。智能客服不仅为企业提供了细粒度知识管理技术，还为企业与海量用户之间的沟通建立了一种基于自然语言的快捷有效的技术手段，同时还能够为企业提供精细化管理所需的统计分析信息。

智能客服的发展大致有四个阶段：第一阶段是基于关键词匹配的“检索式机器人”；第二阶段是运用一定的模板，支持多个词匹配，并具有模糊查询能力；第三阶段是在关键词匹配的基础上引入搜索技术，根据文本相关性进行排序；第四阶段是以神经网络为基础，应用深度学习理解意图的智能客服技术。

相较于人工客服无法多线程、全天候、快速精准解答等不足，智能客服具有如下几点优势：

（1）多线程，同时一对多进行解答；

（2）7×24 小时不间断进行解答；

（3）快速、精准查找问题并进行解答；

（4）对突发情况进行联网查找解答方案。

2.4.2 语音数据采集流程

如果你需要一款聊天机器人或者是智能语音系统，你会需要语音数据来训练算法模型。不同的语音产品需要不同程度量级的语音数据。语音数据又分为很多不同的类型，常见的类型有语音识别数据（ASR）和语音合成数据（TTS）。

采集语音数据的基本流程如图 2－15 所示。

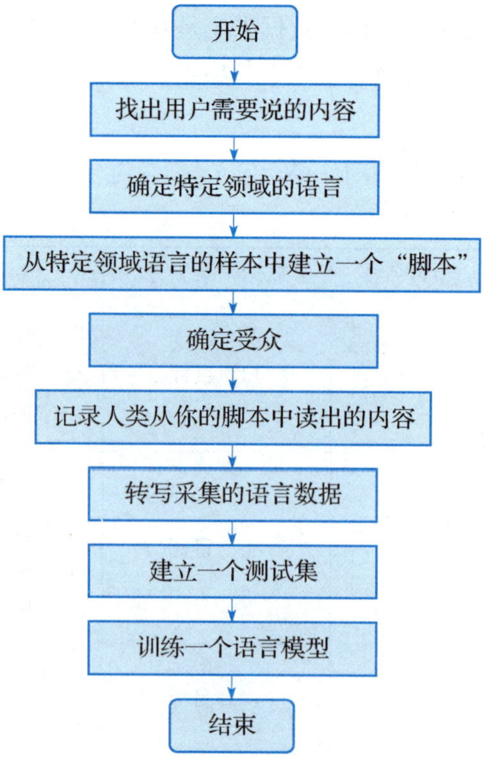

图 2－15 采集语音数据的基本流程

课堂讨论

列举生活中的语音识别场景，并说明这些场景给生活带来的价值，填写表2-11。

表2-11 语音识别应用场景

序号	应用场景	场景价值
1		
2		
3		
4		
5		

2.4.3 语音识别数据分类

语音识别数据根据不同的场景可以分为三类，分别是受控、半受控和自然。其中，受控是指脚本语音数据；半受控是基于场景的语音数据；自然是指无脚本或对话式语音数据。

1. 脚本语音数据

脚本语音数据采集通常包括语音命令、唤醒词采集或两者的一种组合形式。参与数据采集的人员通常被要求阅读一组已经设置好的唤醒词或者语音命令语句。比如说：

“小AI，请调大音量”；

“小AI，声音调大点”；

“小AI，太轻了”。

以上是表述同一个意思但不同说法的指令。这种类型的数据通常被采集用来观察同一个命令的不同表达方式而不关注采集人员说的具体内容。

2. 基于场景的语音数据

基于场景的语音数据是说话人员根据特定场景所说的一组语音命令，用于自然语音采集。采集人员会被要求在指定场景下，说出一系列命令。比如场景是：询问××地图软件如何去天安门。参与者可以说：

“××，我怎么去天安门”；

“××，给我去天安门的导航路线”；

“带我去天安门，××”。

这种类型的数据通常在针对同一场景的不同方式（命令意图）时被进行抽样采集。

3. 无脚本或对话式语音数据

无脚本或对话式语音数据是要求多个人进行对话的“自然”语音采集。采集人员可以坐在一起围绕某一话题进行讨论。比如话题是：足球。

参与者 1：今年的世界杯你觉得会是哪个足球队夺冠?

参与者 2：我觉得可能是比较冷门的那些吧。

参与者 3：韩国队你们觉得有戏吗?

参与者 4：我觉得希望不大，估计还是欧洲球队的概率大一点。

这类数据通常被应用于训练 AI 针对自然会话的多样性、训练聊天机器人等 AI 系统。

2.4.4 语音数据格式

常见的语音数据格式包括 WAV、MP3、MIDI、WMA。

1. WAV

WAV（*.WAV）是微软公司开发的一种声音文件格式，用于保存 Windows 平台的音频信息资源，被 Windows 平台及其应用程序所支持。

2. MP3

MP3 格式诞生于 20 世纪 80 年代的德国，是 MPEG 标准中的音频部分，也就是 MPEG 音频层。

3. MIDI

MIDI 格式被从事音乐的人使用，MIDI 允许数字合成器和其他设备交换数据。MIDI 文件并不是一段录制好的声音，而是记录声音的信息。

4. WMA

WMA 格式是来自微软的重量级“选手”，音质要强于 MP3 格式，是以减少数据流量但保持音质的方法来达到比 MP3 压缩率更高的目的。

课堂讨论

讨论智能语音识别的应用领域和面临的挑战，完成表 2-12。

表 2-12 智能语音识别的应用领域和面临的挑战

序号	应用领域	面临的挑战
1		
2		
3		
4		
5		

知识加油站

了解语音识别技术的发展现状与趋势

1. 语音识别技术的发展现状

（1）国外语音识别技术的发展。

美国的一些大学和实验室几十年前就开始了语音识别技术的研究，20 世纪 50 年代的 AT&T Bell 实验室研发的 Audry 系统第一个实现了可识别十个英文数字。60 年代和 70 年代，提出了线性预测分析技术（LP）等相关理论并深入研究，创造出可以实现特定人孤立语音识别系统；80 年代和 90 年代是语音识别技术应用研究发展的高潮，HMM 模型和人工神经元网络（ANN）的成功应用，使得语音识别系统的性能比以往更优异；伴随着多媒体时代的来临，微软、Apple 等公司都研发出相当成功的商业应用语音识别系统，如 Apple 的 Siri 系统、微软的 Phone Query（电话语音识别）引擎等。

（2）国内语音识别技术的发展。

我国的语音识别研究工作进展顺利，相关研究已超越国际水平。由于中国有不可忽视的庞大市场，国外对中国的语音识别技术也非常重视，汉语语音语义的特殊性也使得中文语音识别技术的研究更具有挑战。国内研究机构在进行理论研究的同时，应注重语音识别系统在商业中的应用，加快从实验室演示系统到商品的转化。如今许多用户已经能享受到语音识别技术带来的方便，比如智能手机的语音操作等。

2. 语音识别技术的发展趋势

（1）进一步提高可靠性。

目前语音识别系统很难做到排除各种声学环境因素的影响，而人类语言在日常生活中的随意性和不确定性给语音识别系统造成极大的识别困难。所以，要应用现代技术智能化语音识别系统，以达到更好的识别效果。

（2）增加词汇量。

目前语音识别系统使用的声学模型和语音模型过于局限，需要通过改进系统建模方法，提高搜索算法的效率来做到词汇量无限制和多重语言混合，减少词汇量对语音识别系统的限制。

（3）微型化并降低成本。

语音识别系统在商业上的用途相当广泛，利用先进的微电子技术，将具有先进功能和性能的语音识别应用系统固化到更加微小的芯片或模块上，可以缩减成本，更方便推广和使用。语音识别系统和微电子芯片技术的发展将引领信息技术发展到一个新的台阶。语音识别系统使人沟通更加自由，可以方便地享受到更多的社会信息资源和现代化服务，这必然会成为语音识别技术研究和应用的重要发展趋势。

任务实施

1. 任务准备

准备一支录音笔。

2. 需求分析

阅读表 2－13 中的智能客服语音数据采集需求，分析采集需求，思考如何进行数据采集。

表 2－13 智能客服语音数据采集需求表

采集项目	智能客服语音数据采集
采集类型	语音数据
采集数据集描述	需要根据文本内容录制对应的语音或者语音数据收集处理
采集数量	至少 10 个音频
采集方法	录音笔录音、视频数据提取语音数据

经过详细分析采集需求，总结出下面三种不同的采集要求，分别是数据场景要求、数据格式要求、采集规则。

(1) 数据场景要求。

- 采用智能语音客服下的语音数据；
- 根据提前准备好的文本采集正确的语音数据；
- 采集时不能有其他杂音。

(2) 数据格式要求。

- 音频时长：不超过 1 分钟；
- 音频格式：wav 格式；
- 语音采样率：16khz。

(3) 采集规则及示例。

- 相对安静的录音环境，不能有其他人说话的声音及其他噪声，无回音（避免在空旷的场地采集，例如：教室、礼堂、厕所、酒店大堂等），如果受到干扰，需要重新录制；
- 要满足普通话或英文等要求；
- 发音标准：发音清楚，避免说话不清、语速过快、有方言等现象；
- 要满足采集性别、年龄、地域等采集要求；
- 自然的复述方式，表述流利清晰，禁止压低嗓子录音，禁止用耳语方式录音，禁止用夸张语气，禁止笑着说话；
- 严禁刻意变声、模仿等说话方式；
- 语速适中，吐字清楚，不能每个字停顿地说，尽量避免结巴；

- 麦克风离嘴边距离以 20～25 厘米为宜，避免喷麦和耳机采集的情况；
- 禁止在没有朗读完毕前抢停，如出现读错字、咳嗽、偶然噪声等应暂停录制，做好准备后重新录制。

3. 录音笔采集语音

步骤一：语音采集工具准备。

（1）长按 D 中键至红灯亮起，然后放开，录音笔开机，此时进入录音准备状态，红灯恒亮。

（2）开机后在录音准备状态下，长按 D 下键，直至红灯闪烁，即放开。录音笔开始录音，三秒后红灯熄灭，但录音笔仍处于录音状态。

（3）再短按 D 中键，停止录音，录音内容已自动保存为 wav 文件。此时红灯亮起并保持恒亮，录音笔回到录音准备状态。

（4）把保存好的 wav 文件传输到电脑，并放到项目目录下的 voice 目录中，用于后续的音频分析。音频采集文件列表如图 2－16 所示。

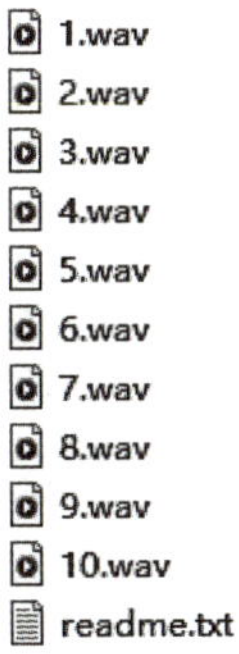

图 2－16　音频采集文件列表

步骤二：对已采集的音频文件进行筛选与查找。查看已采集的音频文件个数（见图 2－17）。

```
文件路径：智能客服数据集\1.wav
文件路径：智能客服数据集\10.wav
文件路径：智能客服数据集\2.wav
文件路径：智能客服数据集\3.wav
文件路径：智能客服数据集\4.wav
文件路径：智能客服数据集\5.wav
文件路径：智能客服数据集\6.wav
文件路径：智能客服数据集\7.wav
文件路径：智能客服数据集\8.wav
文件路径：智能客服数据集\9.wav
```

图 2－17　音频采集文件统计

```
import os

# 获取文件列表
def getFileList(path, choose_format):
    ext_len = len(choose_format)
    filelist = []
    fileCount = 0 # 保存获取文件数量
    for file in os.listdir(path):
        full_path = os.path.join(path, file)
        ext = full_path[ - ext_len:]
        if (ext == choose_format):
            fileCount += 1
            print(f"文件路径:" + full_path)
            filelist.append(full_path)
```

```
    print(f"共检测到{fileCount}个文件\n")
    return filelist

rootVoice = "dataset"          # 音频存放路径

choose_format = "wav"
filelist = getFileList(rootVoice, choose_format)
```

步骤三：分析采集的音频文件。可获取以下几种音频信息，如图 2-18 所示。

（1）查看音频名称；

（2）查看音频通道数；

（3）查看音频帧速率；

（4）查看音频时长及大小。

音频名称：1
音频通道数：2
音频帧速率：44 100
音频时长：4.0ms
音频大小：0.67mb

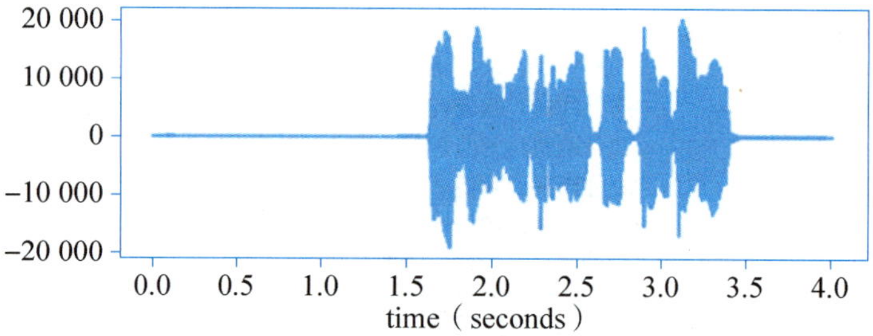

图 2-18 音频信息展示

```
# 分析一个音频文件
def analyzeWav(path, save_path):
    wf = wave.open(path, "rb")
    nframes = wf.getnframes()
    framerate = wf.getframerate()

    size = getSize(path)                              # 获取文件大小
    voice_name = getName(path)                        # 获取文件名
    duration = nframes / float(framerate)             # 获取音频时长
    print(f"音频名称:{voice_name}")
    print(f"音频通道数:{wf.getnchannels()}")
    print(f"音频帧速率:{wf.getframerate()}")
    print(f"音频时长:{round(duration, 2)}ms")
    print(f"音频大小:{round(size, 2)}mb\n")

    # 读取完整的帧数据到 str_data 中,这是一个 string 类型的数据
    str_data = wf.readframes(nframes)
```

```
        wf.close()

        # 将字符串转换为数组,得到一维的 short 类型的数组
        wave_data = np.fromstring(str_data, dtype = np.short)
        # 赋值的归一化
        wave_data = wave_data * 1.0 / (max(abs(wave_data)))
        time = np.arange(0, nframes) * (1.0 / framerate)

        # 将 wave_data 数组改为 2 列,行数自动匹配。在修改 shape 的属性时,需保持数组的总长度不变。
        wave_data.shape = - 1, 2
        # 将数组转置
        wave_data = wave_data.T
        # time 也是一个数组,与 wave_data[0]或 wave_data[1]配对形成系列点坐标
        time = np.arange(0, nframes) * (1.0 / framerate)
        # 绘制波形图
        plt.plot(time, wave_data[0])
        plt.plot(time, wave_data[1], c = "g")
        plt.xlabel("time (seconds)")
        # plt.show()

        # 音频保存的路径目录不存在新建
        if not os.path.exists(save_path):
            os.makedirs(save_path)
        plt.savefig(f"{os.path.join(save_path, voice_name)}.png", dpi = 150)
```

步骤四：音频数据的预清洗，分析和处理音频数据，如图 2－19 所示。

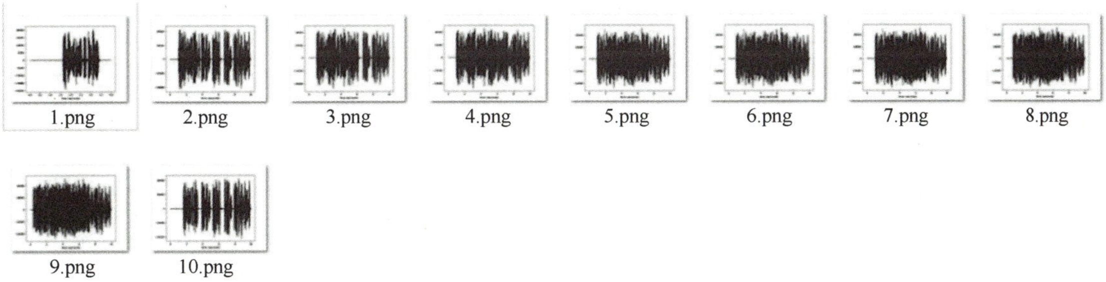

图 2－19　分析后的音频波形图像

（1）批量搜索 . wav 文件夹，对所有音频文件进行分析，在 output 文件夹下面输出所有音频的波形图像。

（2）通过观察程序运行情况，对音频文件进行质检。如果出现运行出错或者运行后保存的图片中没有波形，说明原始的音频文件有误，请删除。

```
def analyze_all_wav(filelist, save_path):
    fileCount = 0
    for file in filelist:
```

```
            fileCount += 1
            print(file)
            analyzeWav(file, save_path)
    print(f"共分析{fileCount}个文件\n")

# 自动分析当前音频文件语音数据的波形图
analyze_all_wav(filelist, save_path)
```

4. 视频文件的音频数据提取

步骤一：批量提取音频数据，如图 2 - 20 所示。

图 2 - 20　批量提取音频数据

说明：其中由于原始视频包括 mp4，mkv，flv 格式，因此需要设置 videoTypeList=["video/mp4"，"video/mkv"，"video/flv"]。

```
from moviepy.editor import *
import filetype

# 修改文件后缀例如:C:/dir/a/b.png 需要转为 C:/dir/a/b.jpg  调用函数:trAffter('C:/
dir/a/b.png', 'jpg')
def rename_format(path, type):
    a = path.split('/')
    b = a[ - 1].split('.')
    b[ - 1] = voiceType
    a[ - 1] = '.'.join(b)
    name = a[ - 1]
    return name

# 提取音频
def extract_wav(video_path, save_path):
    print("提取文件:", video_path)
    audio = VideoFileClip(video_path).audio # 获取视频的音频
    # 音频保存的路径
    voice_path = video_path.replace(video_path, save_path)
    print(voice_path)

    filename = rename_format(video_path, voiceType)
    voice_path = voice_path + "/" + filename
    print("\t 音频保存至:", voice_path)
    audio.write_audiofile(voice_path)

def isVideo(path):
```

```
    # 是否为视频文件
    if not os.path.isdir(path):
        ft = filetype.guess(path)  # 获取文件类型
        if ft is not None and (ft.mime == videoType for videoType in videoTypeList):

            return True
        return False

# 提取全部音频
def extract_all_wav(path):
    fileCount = 0
    for dir in os.listdir(path):
        file_path = path + "/" + dir
        # print(file_path)
        if isVideo(file_path):
            fileCount += 1
            extract_wav(file_path, save_path)
    print(f"共提取{fileCount}个文件\n")


# 修改这里
voiceType = "wav"                                          # 音频保存格式
videoTypeList = ["video/mp4", "video/mkv", "video/flv"]    # 视频类型,可适当增删
video_path = "./dataset"
save_path = "./output_wav"

# 音频保存的路径目录不存在新建
if not os.path.exists(save_path):
    os.makedirs(save_path)

extract_all_wav(video_path)
```

步骤二：批量搜索转化后的音频文件夹，对所有音频文件进行分析，并对音频进行质检，如图 2-21 所示。

```
def analyze_all_wav(filelist, save_path):
    fileCount = 0
    for file in filelist:
        fileCount += 1
        print(file)
        analyzeWav(file, save_path)
print(f"共分析{fileCount}个文件\n")

# 自动分析当前音频文件语音数据的波形图
analyze_all_wav(filelist, save_path)
```

步骤三：保存采集结果。汇总音频数据，新建文件夹命名为 Collect_results，将录音笔录制的音频数据与视频转化的语音放在合并文件夹“Collect_results”中，如图 2-22 所示。

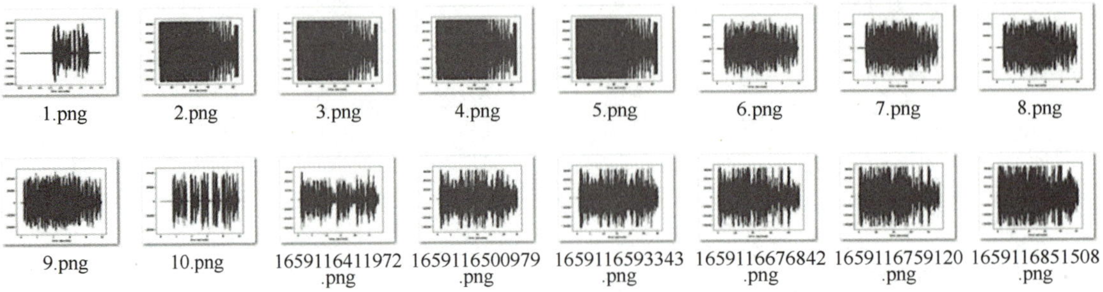

图 2-21 质检后的音频数据

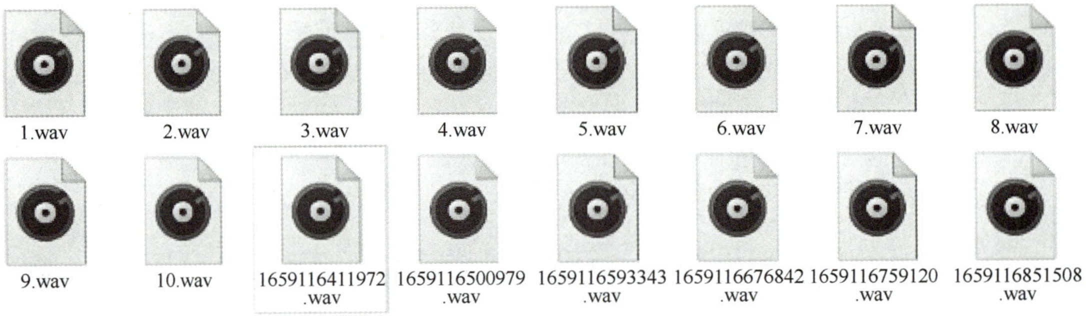

图 2-22 音频数据汇总列表

任务工单

任务名称	智能客服语音数据采集	
任务目的	通过采集和分析语音数据，实现语音客服的智能化。	
任务内容	1. 确定和分析语音收集的对象； 2. 确定和分析语音存储的格式； 3. 实现语音数据的采集和分析。	
第（ ）组	姓名	
	学号	
任务实操	以手机移动客服某一业务为例，设计数据采集与处理的方案。	
	业务名称 1	
	数据采集方案 1	
	数据应用 1	
	业务名称 2	
	数据采集方案 2	
	数据应用 2	

考核评价

评价说明：本次任务完成后，采用学习过程评价与学习结果评价相结合，综合运用自我评价、小组评价及教师评价三种方式，由教师确定三种评价方式分别占总成绩的比例，并加权计算出学生 A 本次任务的考核评价分。

任务完成考核评价表			
项目名称	数据采集服务	任务名称	智能客服语音数据采集
班级		学生姓名	
评价方式	评价内容	分值	成绩
自我评价	任务准备完成情况	10	
	课堂讨论完成情况	10	
	任务实施过程完成情况	10	
	任务工单完成情况	40	
	对知识、技能的掌握程度	10	
	我胜任了小组内的工作	20	
	合计		
小组评价	本小组的本次任务完成质量	30	
	A 的本次任务完成质量	30	
	A 参与小组活动的态度	20	
	A 的合作精神和沟通能力	20	
	合计		
教师评价	A 所在小组的任务完成质量	30	
	A 的本次任务完成质量	30	
	A 对所在小组的参与度	20	
	A 对本次任务的贡献度	20	
	合计		
总评＝自我评价×（　　）%＋小组评价×（　　）%＋教师评价×（　　）%＝			

项目总结

本项目旨在让学生理解数据采集是智能系统中必不可少的部分，对高质量实现人工智能具有重要的作用。除此之外，本项目将数据采集具体化，通过设置任务分别完成金融资讯文本数据采集、票据数据采集、智能客服语音数据采集，让学生掌握针对不同类型的数据所采用的数据采集的方法，并且了解数据的特征和数据采集的要求，能够熟练运用数据采集工具高质量地完成数据采集任务。

项目总结记录表			
项目名称	数据采集服务		
班级		学生姓名	
任务	重要知识点记录	实施过程中遇到的问题及解决方式	
任务 2.1			
任务 2.2			
任务 2.3			
任务 2.4			
项目自我总结：			

任务拓展

1. 本项目学习了智能系统中数据采集的方法和实现。假设现在要开发一个针对 IT 行业就业的智能推荐系统，该系统能够根据求职者的简历内容为其推荐合适的就业岗位，试问应该从哪些源头采集数据？采集哪些类型的数据？采用什么方法采集数据？并说出这样做的原因。

2. 视频数据采集相关内容请扫二维码学习。

视频数据采集

课后练习

1. 单项选择题

（1）下列不属于文本格式的是（　　）。

A. .txt　　B. .rtf　　C. .mov　　D. .docx

(2) 在数据表中，表的“列”称为（　　）。

A. 数据　B. 字段　C. 记录　D. 大数据

(3) 下列不属于商务数据来源的是（　　）。

A. 电子商务平台　B. 社交平台

C. O2O 数据　D. 个人数据

(4) 男女对话，男的能听清，女的听不清，性别如何选择？（　　）

A. 男　B. 女　C. 混合　D. 儿童

(5) 福建人说普通话如何标记？（　　）

A. 标签：轻口音，备注：方言　B. 标签：轻口音

C. 标签：重口音，备注：方言　D. 标签：重口音

2. 判断题

(1) 知识图谱本质上是语义网络的知识库。（　　）

(2) 百科数据属于结构化数据。（　　）

(3) 评价数据主要以图片的形式出现。（　　）

(4) 大多数互联网网页编写都是用 HTML 语言。（　　）

(5) 在采集任务中，可以通过机器进行批量音频数据标注。（　　）

(6) 对于不合格的语音段可以不加以说明和丢弃，继续进行采集。（　　）

(7) 说话人发音时一字一顿，每个停顿时间超过 1 秒，这样的语音是合适语音。（　　）

(8) 采集好的数据必须要经过质检，而且要达到一定的质检合格率。（　　）

(9) 对于票据 OCR 数据集，图像样本内文本的内容可以存在模糊。（　　）

(10) 手机拍摄小票数据时，手机和票据之间可以产生倾斜的角度。（　　）

项目 3

数据处理与清洗

项目导入

1. 项目背景及需求

想要处理大数据，首先必须对所需数据源的数据进行抽取和集成，并在数据集成和抽取的过程中对数据进行清洗，以保证数据质量及可用性。因此，高效、精准的数据抽取和集成显得至关重要。

数据在组织、存储与标注前需要进行数据审核、去重、去噪、标准化、规范化、审查、校验等系列数据整理、转换、清洗操作，目的在于删除重复信息，纠正错误，统一数据规格，实现数据一致性，这些步骤统称为数据处理。

2. 项目分解

- 数据处理基础；
- 图像数据处理；
- 智能客服语音数据处理；
- 文本数据处理。

3. 职业岗位介绍

数据处理工程师通常需要具备如下能力：

- 掌握数据处理的工作流程；
- 掌握人工智能应用任务的数据集预处理操作方法。

项目目标

1. 知识目标

- 了解数据处理的概念、常用方法；
- 掌握不同类型数据的清洗方法；
- 了解人工智能数据集的分类。

2. 技能目标

- 掌握数据处理的工作流程；
- 掌握人工智能应用任务的数据集预处理操作方法。

3. 素养目标

- 培养科技强国的爱国主义思想，树立服务社会的服务意识；
- 培养爱岗敬业、细心踏实、勇于创新的职业精神。

任务 3.1 数据处理基础

任务导入

数据处理与清洗是数据服务内容中的重要一环，主要任务是将采集到的数据样本，经过一系列的处理和清洗工作，交给下一步做标注处理，标注好的数据直接交给模型进行训练。所以一个高质量的数据集离不开数据处理，而数据处理的一种方法就是对数据做清洗，让数据更规范，数据的清洗也是数据处理工作中最耗时、工作量最大的环节。

任务 3.1
数据处理与清洗

任务信息

项目名称	数据处理与清洗	任务名称	数据处理基础
任务目标	知识目标	1. 了解数据清洗的基本概念； 2. 掌握数据清洗的基本方法； 3. 熟悉常见的数据清洗与分析工具。	
	能力目标	1. 掌握数据处理的工作流程； 2. 掌握人工智能应用任务的数据集预处理操作方法； 3. 能够通过 pandas、numpy、正则化工具进行数据清洗。	
	素养目标	1. 通过解决实际问题，培养分析问题、解决问题的科学探索精神； 2. 培养严谨细致的职业素养及遵守行业、专业法规的意识。	

续表

任务描述	数据处理与清洗是数据分析和机器学习中不可或缺的关键环节，能让杂乱无章、充满瑕疵的数据变得整洁、准确，为后续的分析和建模工作奠定坚实的基础。从提升数据分析的准确性，到优化机器学习模型性能，再到节省时间和资源，每一个方面都彰显着它的价值。
任务准备	查阅资料，了解人工智能领域数据处理与清洗的不同场景需求。
实施提醒	不同数据类型的数据处理与清洗的方法有较大的区别。

知识准备

3.1.1 常见的数据问题

想象一下，你走进一个房间，里面堆满了各种杂物，衣服扔在沙发上，书籍散落一地，桌子上堆满了零食袋和饮料瓶。在这样的环境里，你想找一件东西是不是特别困难？原始数据就像这个杂乱的房间，往往存在各种各样的问题，这时候就需要数据处理与清洗来帮忙，让数据变得有序、可用。

在实际的数据世界中，常见的数据问题有很多，主要包括以下几种情形。

1. 缺失值

这是很常见的一种数据问题，就像拼图少了几块。比如在一份电商用户数据中，年龄字段可能存在缺失值。假设我们要分析不同年龄段用户的购买偏好，如果年龄数据缺失，就会影响分析结果的准确性。缺失值可能是因为数据采集时的遗漏、数据录入错误或者某些数据本身就难以获取。

2. 重复值

重复值就好比你有两本一模一样的书，却占了两个位置。在数据集中，重复的记录会占用存储空间，增加计算量，还可能干扰分析结果。例如在一个客户信息表中，如果有重复的客户记录，会导致对客户数量的统计错误，进而影响后续的客户分析和营销策略制定。

3. 异常值

异常值就像是班级里考试成绩特别突出或者特别低的学生。在数据中，异常值是那些与其他数据点差异很大的值。异常值可能是由于数据录入错误、测量误差或者某些特殊情况导致的。它会对数据分析产生较大影响，比如计算平均工资时，如果不处理这个异常值，平均工资就会被拉高或拉低，不能真实反映普通员工的工资水平。

4. 数据格式不一致

数据格式不一致就像有的人写日期喜欢用“年-月-日”，有的人喜欢用“月/日/年”。在数据分析中，不同的数据格式会给数据处理带来麻烦。比如在一个包含日期的数据列中，有的日期是“2024-01-01”的格式，有的日期是“01/01/2024”，这会导致在按日期进行统计分析时出现错误。

这些数据问题不同程度地影响着数据分析的准确性和可靠性。在进行数据分析之前，我们必须先把这些问题找出来并解决掉，才能让数据发挥出应有的价值。

3.1.2 数据处理的概念与方法

在人工智能行业中，一般的数据处理需求主要包括清洗与处理两个部分。

课堂讨论

为什么要在需求中区分“处理”和“清洗”两个部分？

以图像数据处理为例，在视觉感知任务的数据集中，数据处理需要我们对数据集做如下操作：

（1）图像去重；

（2）删除尺寸过小样本；

（3）重新定义样本尺寸；

（4）修改图像样本格式；

（5）样本重新编号。

这些数据处理过程都可以使用程序“自动处理”。有些“内容清洗”样本，我们无法用程序来检测图像中的细节，所以只能通过“手动清洗”解决问题，如图 3-1 所示。

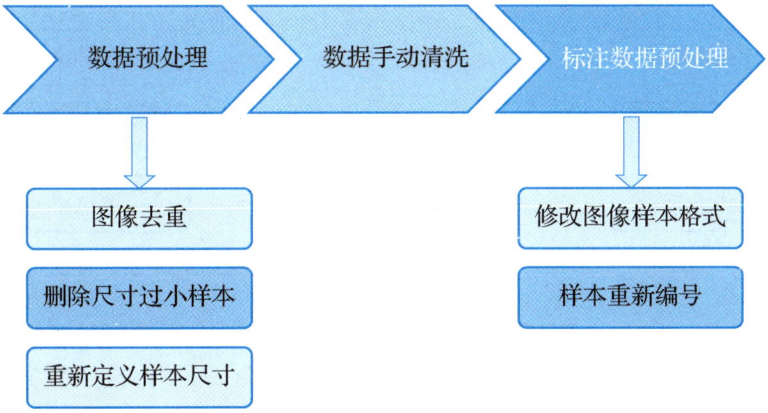

图 3-1 数据预处理

课堂讨论

通过查阅资料，说明造成脏数据的原因有哪些及为什么数据需要清理洗，并列出具体案例，填写表 3-1。

表 3-1 导致数据需要清洗的原因及场景

序号	应用场景	具体原因
1		
2		
3		
4		
5		

3.1.3 人工智能数据集

人工智能是机器产生的智能。要实现人工智能，需要把人类理解和判断事物的能力教给计算机，让计算机拥有类似人类的识别能力。计算机正是通过从带标签的数据中不断学习才能够实现自主识别。具体操作过程中，我们需要先根据具体的应用场景获取可用的数据，并通过标注的方法把计算机需要识别的数据对象赋予人类认知的标签，这一类带有标签的数据集就被称为人工智能数据集，如图 3-2 所示。

图 3-2 数据处理流程

2010—2017 年，ImangeNet 项目的成功改变了大众对人工智能的认知，从业者普遍认为数据是人工智能研究的核心，数据比算法重要得多。因此，按照数据对象分类，人工智能的任务划分为图像与计算机视觉感知任务、语音识别与合成任务、自然语言处理任务。

3.1.4 数据清洗与分析工具

1. Pandas 基础与应用

（1）Pandas 的数据结构。

Pandas 提供了强大的一维数据类型 Series 和二维表格型数据结构 DataFrame。

1）一维数据类型 Series。

Series 是一种类似于一维数组的对象，由下面两个部分组成：

values：一组数据（ndarray 类型），顾名思义就是存储 Series 里面所有元素的值，所以 values 部分可以认为是和列表等价的。

index：相关的数据索引标签，index 部分的数据就是为了能方便地定位到 values 里面的数据。

```
#一维数据类型 Series
s = Series(data = [1,2,3,'four'],index = ['a','b','c','d'])
s
```

Pandas 不仅可以从多种不同的文件格式读取数据，还有各种各样的数据处理的功能。

Series 对象的常见属性：

index 属性，查看 Series 对象的索引。

size 属性，查看 Series 的元素个数。

values 属性，将 Pandas 中的数据格式转换为 Numpy 中数组的形式，还包括 dtype 属性、name 属性等。

Series 对象常见用法：

空值判断：Series. isnull（）。

非空值判断：Series. notnull（）。

查看重复值：Series. duplicated（）。

删除重复值：Series. drop_duplicates（inplace=True）。

查看唯一值：Series. unique（）。

描述性统计分析：Series. describe（）。

重置索引：Series. reset_index（drop=True）。

2）DataFrame 是一个 m 行×n 列的二维数据（一般 m，n 都不为零）。

行索引：index；列索引：columns；值：values。如图 3－3 所示。

	张三	李四
语文	150	0
数学	150	0
英语	150	0
理综	150	0

图 3－3　DataFrame 数据

```
dic = {
    '张三':[150,150,150,150],
    '李四':[0,0,0,0]
}
df = DataFrame(data = dic,index = ['语文','数学','英语','理综'])
df
```

3）二维表格型数据结构 DataFrame

包括 values（元素）、index（索引）、columns（列名）、dtypes（类型）、size（元素个数）、ndim（维度数）、shape（形状大小尺寸）、使用 T 属性进行转置。

DataFrame 对象常见用法包括：

iloc：通过隐式索引取行；

loc：通过显示索引取行；

DataFrame 的切片操作：对行进行切片，对列进行切片：

时间数据类型的转换；

将某一列设置为行索引；

通过 drop 函数直接去掉指定的行或者列。

在实际的工作生活中，大多数统计数据都是以二维表的形式存在，类似于 Excel 表格数据。Excel 中的工作簿（含有多个 sheet 表）则可以被看作三维数据，但其本质仍是二维数据的合集。二维数据在 Pandas 中的数据类型就是 DataFrame，也常被称为数据框。

（2）Pandas 读取数据集的方法。

在 Python 还没有兴起之前，大量的数据分析是通过 Excel 完成的，所以在很多传统行业中，还有大量的数据保存在 Excel 中，读取 Excel 文件进行分析也是 Python 数据分析领域的常见任务。

1）在程序目录下创建 Excel 命名为 info，将第一个表格（sheet）添加内容。

2）读取刚才创建的表格，结果见图 3-4。

	1	1.1	1.2
0	1	1	1
1	1	1	1
2	1	1	1
3	1	1	1

图 3-4　数据读取

```
# 使用 read_excel 函数
import pandas as pd
df_info = pd.read_excel("info.xlsx")
```

3）read_csv 方法。

Pandas 模块提供了一个 read_csv 方法，可以直接读取 csv 文件，并返回 DataFrame 对象。DataFrame 对象是 pandas 模块的核心，Pandas 的所有表格都是通过 DataF Frame 对象来存储的，并且 DataFrame 还提供了非常多查看数据、修改数据的方法。

在程序目录下将下载的 csv 文件命名为 info1，将第一个表格（sheet）添加内容。

读取刚才创建的表格：

```
# 使用 pandas 模块的 read_csv 函数，读取 csv 文件。
import pandas as pd
df_rating = pd.read_csv("info1.csv")
```

（3）Pandas 数据清洗与数据标准化。

1）原始数据中会存在缺失值（空值）：判断缺失值、填充缺失值、删除缺失值。

Fillna：对缺失值进行覆盖。

None ：NoneType（对象类型）。

np. nan（NaN）：float 类型。

课堂讨论

为什么在数据分析中需要用到的是浮点类型的空而不是对象类型？

(1) 数据分析中会常常使用某些形式的运算来处理原始数据，如果原数数据中的空值为 NAN 形式，则不会干扰或者中断运算。

(2) NAN 是可以参与运算的。

(3) None 不可以参与运算。

在 Pandas 中如果遇到 None 形式的空值，则 Pandas 会将其强转成 NAN 的形式，建立带有空值的数据，如图 3-5 所示。

	0	1	2	3	4
0	23	67	72.0	72.0	78.0
1	37	26	28.0	44.0	19.0
2	0	69	90.0	NaN	28.0
3	76	67	15.0	15.0	50.0
4	54	52	NaN	69.0	53.0
5	38	85	0.0	80.0	NaN
6	86	98	88.0	70.0	84.0

图 3-5　NAN 数据类型

```
import pandas as pd
from pandas import DataFrame
import numpy as np

df = DataFrame(data = np.random.randint(0,100,size = (7,5)))
df.iloc[2,3] = None
df.iloc[4,2] = np.nan
df.iloc[5,4] = None
```

处理空值：

方式 1：对空值进行过滤，删除空值所在的行数据，如图 3-6 所示。

	0	1	2	3	4
0	23	67	72.0	72.0	78.0
1	37	26	28.0	44.0	19.0
3	76	67	15.0	15.0	50.0
6	86	98	88.0	70.0	84.0

图 3-6　删除空值所在的行数据

技术：isnull，notnull，any，all。

```
# 获取空值对应的行数据
df.loc[df.isnull().any(axis = 1)]                # 获取空对应行数据的行索引
indexs = df.loc[df.isnull().any(axis = 1)].index
df.drop(labels = indexs,axis = 0)
```

方式 2：

dropna：可以直接将缺失的行或者列进行删除，如图 3－7 所示。

Fillna：对缺失值进行覆盖，如图 3－8 所示。

```
df.dropna(axis=0)
```

	0	1	2	3	4
0	23	67	72.0	72.0	78.0
1	37	26	28.0	44.0	19.0
3	76	67	15.0	15.0	50.0
6	86	98	88.0	70.0	84.0

图 3－7 删除缺失的行或者列

```
df.fillna(axis=0,method='bfill')
```

	0	1	2	3	4
0	47	7	49.0	13.0	15.0
1	61	25	22.0	95.0	88.0
2	75	53	56.0	87.0	62.0
3	67	63	71.0	87.0	4.0
4	61	13	99.0	89.0	50.0
5	14	98	99.0	85.0	28.0
6	50	78	31.0	58.0	28.0

图 3－8 缺失值覆盖

2）处理重复数据：检测重复值、删除重复值。

建立带有重复值的数据，如图 3－9 所示。

```
df = DataFrame(data=np.random.randint(0,100,size=(8,6)))
df.iloc[1] = [1,1,1,1,1,1]
df.iloc[3] = [1,1,1,1,1,1]
df.iloc[5] = [1,1,1,1,1,1]
df
```

	0	1	2	3	4	5
0	3	29	47	11	69	7
1	1	1	1	1	1	1
2	6	43	65	79	52	82
3	1	1	1	1	1	1
4	2	67	90	8	96	76
5	1	1	1	1	1	1
6	38	6	56	50	71	30
7	9	16	12	67	32	0

图 3－9 重复数据

删除所有重复行数据，如图 3－10 所示。

```
df.drop_duplicates(keep=False)
```

	0	1	2	3	4	5
0	89	23	56	76	0	61
2	19	9	37	62	7	30
4	0	21	92	58	0	21
6	11	18	42	28	85	78
7	85	42	73	63	84	8

图 3－10 删除重复行数据

3）处理异常数据：判断异常值、替换异常值、删除异常值。

（4）数据标准化。

数据标准化操作是指将数据按比例缩放，使之落入一个小的特定区间，这样的操作在机器学习中是比较常用的，具体方法见表 3－2。

表 3－2　数据标准化

3σ 原则	(u－3 * σ,u＋3 * σ)
离差标准化	(x－min)/(max－min)
标准差标准化	(x－X)/σ
小数定标标准化	X^{*} =X/(10^n),n=($\log_{10}$(|x|. max))向上取整

1）离差标准化。

离差标准化是对原始数据的一种线性变换，结果是将原始数据的数值映射到区间［0，1］，转换公式为：

$$X^{*}=(X-min)/(max-min)$$

其中 max 为样本数据的最大值，min 为样本数据的最小值，max－min 为极差。离差标准化保留了原始数据值之间的联系，是消除量纲和数据取值范围影响最简单的方法。

数据的整体分布情况并不会随离差标准化而发生改变，原先取值较大的数据，在做完离差标准化后的值依旧较大。当数据和最小值相等的时候，通过离差标准化可以发现数据变为 0。若数据极差过大，就会出现数据在离差标准化后，数据之间的差值非常小的情况。同时，还可以看出离差标准化的缺点：若数据集中某个数值很大，则离差标准化的值就会接近于 1，且相互之间差别不大。若将来遇到超过目前属性［min，max］取值范围的时候，会引起系统出错，这时便需要重新确定 min 和 max。

2）标准差标准化。

标准差标准化也叫零均值标准化或分数标准化，是当前使用最广泛的数据标准化方法。经过该方法处理的数据均值为 0，标准差为 1，转化公式如下：

$$X^{2}*=(x-X)/\sigma$$

其中 X 为原始数据的均值，σ 为原始数据的标准差。标准差标准化后的值区间不局限于［0，1］，并且存在负值。同时也不难发现，标准差标准化和离差标准化一样不会改变数据的分布情况。

3）小数定标标准化。

通过移动数据的小数位数，将数据映射到区间［－1，1］，移动的小数位数取决于数据绝对值的最大值。转化公式如下：

$$X^{*}=X/(10\hat{}n)$$

其中 n=($\log_{10}$(|x|. max))向上取整。

离差标准化方法简单，便于理解，标准化后的数据限定在区间［0，1］。标准差标准化受到数据分布的影响较小。小数定标标准化方法的适用范围广，并且受到数据分布的影响较小，相比较于前两种方法，该方法适用程度适中。

2. 正则化工具：文本数据处理

自然语言处理任务的第一步工作也是文本（数据）准备或叫文本（数据）预处理，如图 3－11 所示。

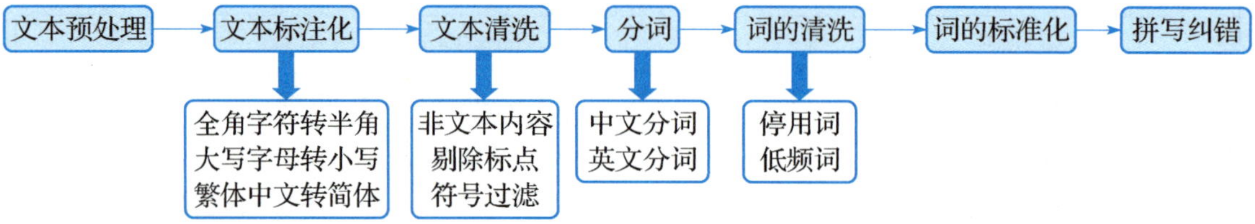

图 3－11 文本数据预处理

Python 中提供了 re 模块，可以处理正则表达式并对文本进行处理，见表 3－3。

表 3－3 正则表达式常用符号

模式	描述	模式	描述
^	匹配字符串的开头	\S	匹配任意非空字符
$	匹配字符串的结尾	\w	匹配包括下划线的任意字符
.	匹配除了换行符以外的任意字符	\W	匹配任意非字符
|	匹配竖线左边或者竖线右边的字符	[...]	匹配一组指定的字符，例如 [abc] 匹配 a、b 或 c
*	匹配前一个字符 0 次或无限次	()	匹配括号内的表达式
?	匹配前一个字符 0 次或 1 次	\D	匹配一个非数字字符
+	匹配前一个字符 1 次或无限次	{m}	m 是一个非负整数，匹配确定的 m 次。例如，'o{2}' 不能匹配 "job" 中的 'o '，但是能匹配 " food" 中的两个 o
\d	匹配任意数字，[0－9]	{m,}	m 是一个非负整数，至少匹配 m 次，如 11 位的电话号码可以使用 “\d{11}” 进行匹配
\D	匹配任意非数字的字符	{m，n}	m 和 n 都是非负整数，其中 m 小于或等于 n，表示最少匹配 m 次，最多匹配 n 次
\s	匹配任意空白字符		

Findall：获取匹配到的所有数据。

Match：从起始位置开始匹配，匹配成功返回一个对象，未匹配成功返回 None。

Search：浏览整个字符串去匹配第一个，未匹配成功返回 None。

Sub：替换匹配成功的位置。

Split：根据匹配成功的位置分割。

finditer()：在输入字符串中找到所有匹配内容，如果匹配成功，则返回可迭代的对象。

compile()：函数将一个字符串编译为字节代码。

3. Numpy 应用

Numpy 中的 ndarray 的创建有多种方式，不同的创建方式适用于不同的场合。

（1）从已有的列表中创建：使用 np. array 函数可以将 Python 的列表转换为 Numpy 的 ndarray。

```
from pandas import Series
from pandas import DataFrame
import numpy as np

a = [1,3,5,7]
arr = np.array(a)
print(arr, type(arr))
```

（2）生成 0 到 n 的一个 ndarray。

使用 np. arange 函数，传入参数 n，可以直接生成一个 n 个元素的 ndarray。

```
arr1 = np.arange(10)
print(arr1, type(arr1))
```

ndarray 提供了一些基本的属性可以获得数组的相关信息。

1）ndim：获取数组的维度数，比如是一维还是二维。

2）shape：获取数组的形状，具体就是每一维的元素个数。

3）size：获取数组的总元素个数。

Numpy 数组索引：

1）一维数组索引：一维数组的索引方式和普通的 Python 列表一致，直接使用 [] 即可。

2）多维数组索引：多维数组的索引和一维数组的索引类似，只需要我们将每一维的索引都写在中括号中，并用逗号隔开即可。比如 a [3，1，0] 代表访问了 a 数组的第 4 个元素（对应索引 3），这个元素是一个二维数组，然后访问这个二维数组的第 2 个元素（对应索引 1），这个元素是一个一维数组，然后访问了这个一维数组的第 1 个元素（对应索引 0）。

4. Numpy 图像处理

（1）图像处理步骤包括：

- 图像预处理，包括高斯滤波、图像去噪、图像增强等；
- 图像分割；
- 孔洞填充；

- 连通域标记；
- 特征提取；
- 结果输出。

(2) 图像预处理包括：

- 图像显示与存储原理；
- 图像增强的目标；
- 点运算：基于直方图的对比度增强；
- 形态学处理；
- 空间域处理、卷积；
- 卷积的应用（平滑、边缘检测、锐化等）；
- 频率域处理：傅里叶变换、小波变换。

(3) 如果样本的尺度不一致，通过图像标准化可以得到一致的输入数据。例如，如果采用不同的相机采集的图片，或者是来源不同的图片，由于明暗、对比度等各种问题，会出现尺度不一的图片。有些数值过大会影响收敛的结果。此时进行标准化以后可以加速收敛速度，可在一定程度上提高收敛精度。

图像标准化是将数据通过去均值实现中心化的处理，根据凸优化理论与数据概率分布相关知识，数据中心化符合数据分布规律，更容易取得训练之后的泛化效果，数据标准化是数据预处理的常见方法之一。

(4) 图像归一化是指对图像进行一系列标准的处理变换，使之变换为一个固定标准形式的过程，该标准图像称作归一化图像。原始图像在经历一些处理后可以得到多种副本图像，这些图像在经过相同参数的图像归一化处理后能够得到相同形式的标准图像，如图 3－12 和图 3－13 所示。

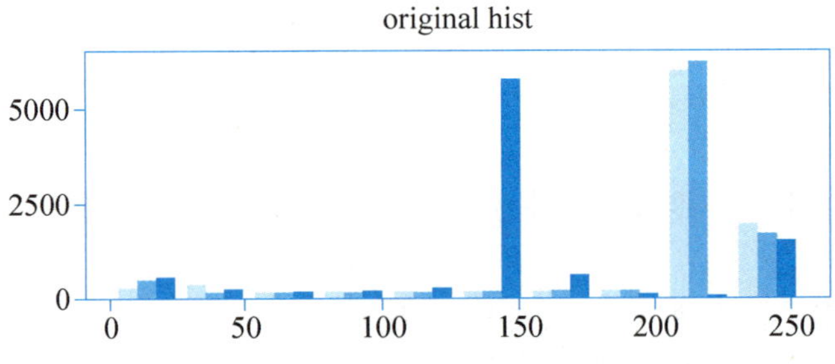

图 3－12 图像初始直方图

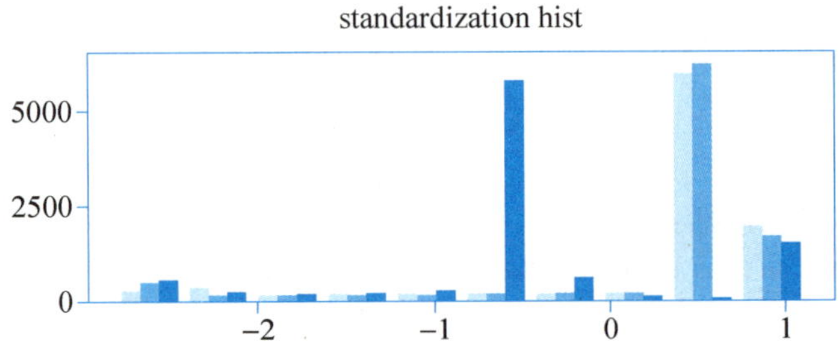

图 3－13 图像归一化直方图

任务实施

1. 任务准备

提前安装任务实施所需要的 Python 库。

2. 任务实施

（1）数据读取。

```
from pandas import Series
from pandas import DataFrame
!pip install openpyxl

# 使用 pandas 读取 excel 文件
# 使用 read_excel 函数,读取 info.xlsx 的内容并存储在 df_info 变量中
import pandas as pd
df_info = pd.read_excel("info.xlsx")
# 不用 print,直接将 df_info 放在最后一行,让 notebook 用表格形式打印
df_info

# 使用 pandas 模块的 read_ csv 函数,读取 csv 文件。并将结果存在 df_rating 变量中
import pandas as pd
df_rating = pd.read_csv("info1.csv")
# 打印 df_rating 变量
print("df_rating:")
print(df_rating)
# 打印 df_rating 变量的类型
print("df_rating type:")
print(type(df_rating))
```

（2）pandas 处理空值操作。

pandas 处理空值操作：对空值进行过滤（删除空值所在的行数据）

```
import pandas as pd
from pandas import DataFrame
import numpy as np

df = DataFrame(data = np.random.randint(0,100,size = (7,5)))
df.iloc[2,3] = None
df.iloc[4,2] = np.nan
df.iloc[5,4] = None
df

df.isnull()
# 哪些行中有空值
# any(axis = 1)检测哪些行中存有空值
df.isnull().any(axis = 1)            # any 会作用 isnull 返回结果的每一行
```

```
# true 对应的行就是存有缺失数据的行

# 获取空对应的行数据
df.loc[df.isnull().any(axis = 1)]
# 获取空对应行数据的行索引
indexs = df.loc[df.isnull().any(axis = 1)].index
indexs
df.drop(labels = indexs,axis = 0)

# 直接将缺失的行或者列进行删除
# 对缺失值进行覆盖
df.dropna(axis = 0)

# 使用空的近邻值进行填充
# method = ffill 向前填充,bfill 向后填充
df.fillna(axis = 0,method = 'bfill')
```

（3）处理重复数据。

```
df = DataFrame(data = np.random.randint(0,100,size = (8,6)))
df.iloc[1] = [1,1,1,1,1,1]
df.iloc[3] = [1,1,1,1,1,1]
df.iloc[5] = [1,1,1,1,1,1]
df

df.drop_duplicates(keep = False)
```

（4）处理异常数据。

自定义一个 1 000 行 3 列（A，B，C）取值范围为 0～1 的数据源，然后将 C 列中的值大于其两倍标准差的异常值进行清洗。

```
df = DataFrame(data = np.random.random(size = (1000,3)),columns = ['A','B','C'])
# 制定判定异常值的条件
twice_std = df['C'].std() * 2
twice_std
df.loc[~(df['C'] > twice_std)]
```

（5）离差标准化。

```
import pandas as pd
import numpy as np

def minmax_sca(data):
    """
离差标准化
    param data:传入的数据
    return:标准化之后的数据
```

```
    """
    new_data = (data - data.min())/(data.max() - data.min())
    return new_data
```

（6）标准差标准化。

```
import pandas as pd
import numpy as np
def stand_sca(data):
    """
标准差标准化
    :param data:传入的数据
    :return:标准化之后的数据
    """
    new_data = (data - data.mean())/data.std()
    return new_data
```

（7）小数定标标准化。

```
import pandas as pd
import numpy as np
def deci_sca(data):
    """
自实现小数定标标准化
    :param data:传入的数据
    :return:标准化之后的数据
    """
    new_data = data/(10* * (np.ceil(np.log10(data.abs().max()))))
    return new_data
```

3. 正则化工具

（1）re. match() 函数。

re. match 尝试从字符串的起始位置匹配一个模式，如果不是起始位置匹配成功的话，match() 就返回 None。

函数语法为：re. match (pattern, string, flags=0)，其中 pattern 表示要匹配的正则表达式，string 表示要匹配的字符串，flags 表示标志位，用于控制正则表达式的匹配方式。

```
import re
s1 = 'www.XXXX.com'                 # www 在字符串开头
s2 = 'http://www.XXXX.com'          # www 不在字符串开头
b1 = re.match('www',s1)             # 用 match 方法匹配字符串 s1 中 www
b2 = re.match('www',s2)             # 用 match 方法匹配字符串 s2 中 www
print('对 s1 进行匹配:',b1)
print('对 s2 进行匹配:',b2)
print('解析匹配内容:',b1.group())
print('匹配位置:',b1.span())
```

(2) re. search() 函数。

re. search 扫描整个字符串并返回第一个成功的匹配，如果匹配失败则返回 None。

函数语法为：re. search (pattern，string，flags=0)

```
import re
s1 = 'http://www.XXXX.com'                # 网址里面只有一个 www
s2 = 'http://www.XXXwwwXX.com'            # 网址里面含有两个 www
b1 = re.search('www',s1)                  # 用 search 方法对 s1 进行匹配
b2 = re.search('www',s2)                  # 用 serach 方法对 s2 进行匹配
print('对 s1 进行匹配',b1)
print('对 s2 进行匹配:',b2)
print('解析匹配内容:',b2.group())
print('匹配位置:',b2.span())
```

search() 方法弥补了 match() 方法中只能匹配起始位置的情况，但是从上述案例中可以看出，search() 方法只返回一个匹配的值，即第一次出现的位置。

(3) re. findall() 函数。

在字符串中找到正则表达式所匹配的所有子串，并返回一个列表，如果没有找到匹配的，则返回空列表。

```
import re
s1 = 'http://www.XXXwwwXX.com'            # 含有两个 www 的字符串
s2 = '488dfgnff78545frths75g'
b2 = re.findall('www',s1)                 # 用 findall 方法对 s 进行匹配
b2 = re.findall('\d + ',s2)               # 匹配所有的数字
print(b1)
print(b2)
```

(4) re. compile() 函数。

complie 方法编译正则表达式 pattern，然后返回一个正则表达式对象。使用预编译的代码对象比直接使用字符串要快，因为解释器在执行字符串形式的代码前都必须把字符串编译成代码对象。

```
import re
res = re.compile(r'\d + ')                # 至少匹配一个数字
s = 'one123fqgr7849s65g'
b1 = re.match(res,s)                      # 使用 match 方法
b2 = re.search(res,s)                     # 使用 search 方法
b3 = re.findall(res,s)                    # 使用 findall 方法
print(b1)
print(b2)
print(b3)
```

(5) re. sub() 函数。

Python 的 re 模块提供了 re. sub 用于替换字符串中的匹配项。其语法格式为：

re. sub（pattern，repl，string，count＝0，flags＝0）。其中 pattern 表示正则表达式，repl 表示替换的字符串，string 表示被查找替换的字符串，count 表示替换的最大次数，默认为 0 替换所有的匹配。

```
import re
date = '2020 - 10 - 30'                                    # 这是一个日期
res = re.compile(r' - ')
print('使用字符串函数进行替换:',date.replace(' - ','/'))  # 使用字符串函数进行替换
date_new = re.sub(res,'/',date)                            # 将 - 替换为/
print('替换之后:',date_new)
```

（6）re. split() 函数。

split 方法按照能够匹配的子串将字符串分割后返回列表，它的使用形式如：re. split（pattern，string，maxsplit＝0，flags＝0]），其中 maxsplit＝1 表示分割一次，若为 0 表示不限次数。

将日期格式“××××-××-××”中按照“-”将年、月、日进行分割，如下所示：

```
import re
res = re.compile(r' - ')
date = '2020 - 10 - 30'
print('使用字符串分割方法进行分割:',date.split(' - '))
date_new = re.split(res,date)                              # 分割操作
print(date_new)
```

4. 文本字符处理

（1）匹配文本中的 shangtang，可用于计算字符串中某个字符出现的次数。

```
import re
text = "你好 shangtang,欢迎 shangtang 可以遨游 shangtng"
data_list = re.findall("shangtang",text)
print(data_list)                # ['shangtang','shangtang']
```

（2）[abc]，匹配 a 或 b 或 c 字符。

```
import re
text = "你好 shangtang,欢迎 shangtangbc,可以遨游 shangtng"
data_list = re.findall("[abc]",text)
```

（3）[^abc]，匹配除了 abc 以外的其他字符。

```
import re
text = "你好 shangtang,欢迎 shangtangbc,可以遨游 shangtng"
data_list = re.findall("[^abc]",text)
print(data_list)
# [你',好,'s','h','n','g','t,'n','g',',',欢,迎,'s','h','n','g','t,'n','g','',
',,可',以,'遨,'游','s','h','n','g','t,'n','g']
```

(4) [a—z]，匹配 a～z 的任意字符（[0—9] 也可以）。

```
import re
text = "shangtangkeji"
data_list = re.findall("t[a - z]",text)
print(data_list) # ['ta']
```

(5) 代指除换行符以外的任意字符。
（贪婪匹配" r. ＋o" ）/（非贪婪匹配" r. ＋? o" ）

```
import re
text = "shangtangkejirootadmin"
data_list = re.findall("r.o", text)
print(data_list) # ['roo']
```

(6) \w 代指字母或数字或下画线（汉字）。

```
import re
text = "商汤 shangtangkeji"
data_list = re.findall("商\w + t", text)
print(data_list) # ['商汤 shangt']
```

(7) \d 代指数字。

```
import re
text = "root - ad32min - add3 - admd1in"
data_list = re.findall("d\d", text)
print(data_list) # ['d3', 'd3', 'd1']
```

(8) \s 代指任意的空白符，包括空格、制表符等。

```
import re
text = "root admin add admin"
data_list = re.findall("a\w + \s\w + ", text)
print(data_list) # ['admin add']
```

5. Numpy 图像处理

由于图像在计算机中表示为 numpy 数组，对数组进行操作便是处理这些数字图像的基础。将外部的一张图片加载到 numpy 数组中，然后尝试改变数组元素的数值查看对原始图片的影响。

显示原图片，如图 3-14 所示。

```
import matplotlib.pyplot as plt
img_arr = plt.imread('./1.jpg')          # 返回的数组，数组中装载的就是图片内容
plt.imshow(img_arr)                      # 将 numpy 数组进行可视化展示
```

图 3－14　原图片

图片左右翻转，如图 3－15 所示。

```
img_arr.shape  # (1124, 1100, 3)
plt.imshow(img_arr[:,::-1,:]) # img_arr[行,列,颜色]
# img_arr[行,列,颜色]
```

图片上下翻转，如图 3－16 所示。

```
img_arr.shape
# 图片上下翻转
plt.imshow(img_arr[::-1,:,:])
```

图 3－15　图片左右翻转

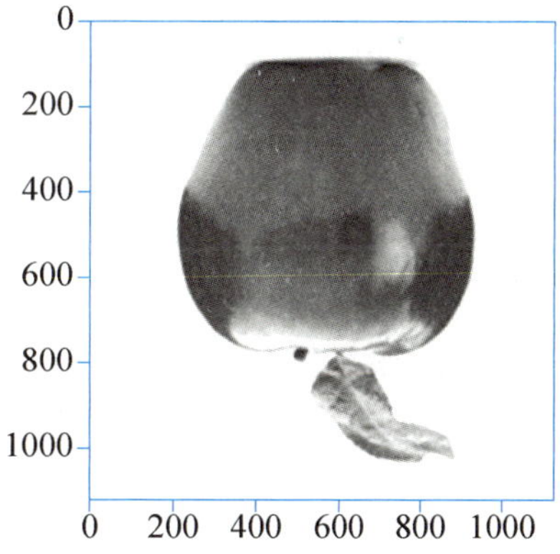

图 3－16　图片上下翻转

图片裁剪的功能：可以对图像 numpy 数组直接进行行列截取，完成简单的图像裁剪，或者通过重新赋值来改变像素。如图 3－17 所示。

```
plt.imshow(img_arr[500:800,400:800,:])
```

将多个 numpy 数组进行横向或者纵向的拼接，如图 3－18 所示。

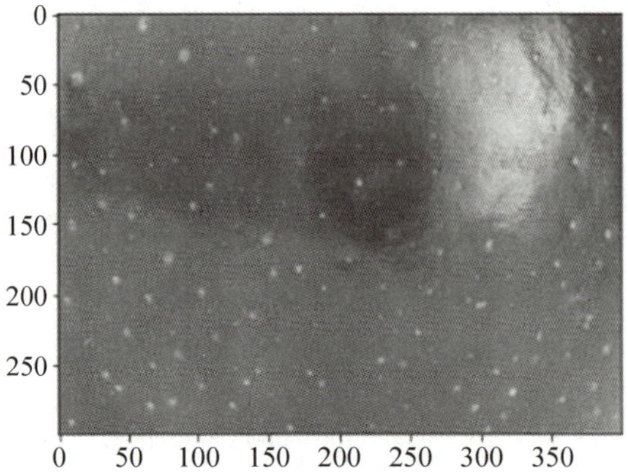

图 3-17　图片裁剪

图 3-18　图片横向纵向拼接

```
arr_3 = np.concatenate((img_arr,img_arr,img_arr),axis = 0)
plt.imshow(arr_3)

arr_3 = np.concatenate((img_arr,img_arr,img_arr),axis = 1)
plt.imshow(arr_3)
```

转换为灰度图：灰度图的数据可以看成是二维数组，元素取值为 0 ～ 255，其中，0 为黑色，255 为白色。从 0 到 255 逐渐由暗色变为亮色，如图 3-19 所示。

```
import cv2
import matplotlib.pyplot as plt
import numpy as np
#灰度图像读取
apple_gray1 = cv2.imread("1.jpg",0)
#灰度图像显示
plt.imshow(apple_gray1,cmap = 'gray')
plt.show()
```

图 3 - 19　图像灰度图

三个通道的彩图：显示 RGB 图像，需要提供三个通道，如图 3 - 20 所示。

图 3 - 20　图像通道

```
img = cv2.imread("1.jpg")
B_img = cv2.imread("1.jpg")
B_img[:,:, [0,1]] = 0

R_img = cv2.imread("1.jpg")
```

```
R_img[:,:, [0,2]] = 0

G_img = cv2.imread("1.jpg")
G_img[:,:, [2,1]] = 0

fig,ax = plt.subplots(2,2)

ax[0,0].imshow(img[:,:,::- 1])
ax[1,1].imshow(R_img[:,:,::- 1])
ax[1,0].imshow(G_img[:,:,::- 1])
ax[0,1].imshow(B_img[:,:,::- 1])
fig.set_size_inches(15, 15)
plt.tight_layout()
plt.show()
```

任务工单

<table>
<tr><td>任务名称</td><td colspan="2">数据处理基础</td></tr>
<tr><td>任务目的</td><td colspan="2">了解数据清洗的基础应用和工具的使用。</td></tr>
<tr><td>任务内容</td><td colspan="2">1. 掌握数据清洗的主要操作步骤和方法；
2. 掌握数据清洗与分析工具 Pandas、Numpy；
3. 掌握数据标准化的基本方法；
4. 掌握正则化工具的使用方法。</td></tr>
<tr><td rowspan="2">第（　　）组</td><td>姓名</td><td></td></tr>
<tr><td>学号</td><td></td></tr>
<tr><td rowspan="8">任务实操</td><td colspan="2">数据清洗的工具和常用操作</td></tr>
<tr><td>Pandas</td><td></td></tr>
<tr><td>Pandas 功能</td><td></td></tr>
<tr><td>正则表达式</td><td></td></tr>
<tr><td>正则表达式功能</td><td></td></tr>
<tr><td>Numpy</td><td></td></tr>
<tr><td>Numpy 功能</td><td></td></tr>
</table>

考核评价

评价说明：本次任务完成后，采用学习过程评价与学习结果评价相结合，综合运用自我评价、小组评价及教师评价三种方式，由教师确定三种评价方式分别占总成绩的比例，并加权计算出学生 A 本次任务的考核评价分。

任务完成考核评价表			
项目名称	数据处理与清洗	任务名称	数据处理基础
班级		学生姓名	
评价方式	评价内容	分值	成绩
自我评价	任务准备完成情况	10	
	课堂讨论完成情况	10	
	任务实施过程完成情况	10	
	任务工单完成情况	40	
	对知识、技能的掌握程度	10	
	我胜任了小组内的工作	20	
	合计		
小组评价	本小组的本次任务完成质量	30	
	A 的本次任务完成质量	30	
	A 参与小组活动的态度	20	
	A 的合作精神和沟通能力	20	
	合计		
教师评价	A 所在小组的任务完成质量	30	
	A 的本次任务完成质量	30	
	A 对所在小组的参与度	20	
	A 对本次任务的贡献度	20	
	合计		
总评＝自我评价×(　　)%＋小组评价×(　　)%＋教师评价×(　　)%＝			

任务 3.2 图像数据处理

任务导入

任务 3.2
图像数据处理 1

某商场疫情期间严格遵守防疫政策，顾客每天出入商场必须全程佩戴口罩，但有的顾客在进入商场后摘掉口罩。鉴于此，商场负责人想利用人工智能技术检测商场内的顾客是否佩戴口罩，通过商场内部安装的监控摄像头拍摄视频，检测视频图像内是否有人没有佩戴口罩或没有正确佩戴口罩，如果发现会及时提醒或者通知工作人员。在此任务中，为口罩检测模型的训练提供可用的图像数据，用于训练模型。完成图像处理与清洗等一系列操作，掌握实际项目中应对新需求的能力。

任务信息

项目名称	数据处理与清洗	任务名称	图像数据处理
任务目标	知识目标	1. 了解图像数据清洗的必要性； 2. 掌握图像数据处理的基本步骤； 3. 了解图像数据集的去重、尺寸变换、格式转换、图像重命名等操作； 4. 了解图像二值化、图像去噪、图像矫正等操作。	
	能力目标	1. 能够根据需求文档总结自己的工作内容与可能遇到的问题； 2. 能够进行图像数据处理的常见操作，并能迁移至其他项目。	
	素养目标	1. 培养服务意识以及尊重劳动、热爱劳动的优良品质； 2. 通过解决实际项目中遇到的问题，培养分析问题、解决问题的科学探索精神。	
任务描述	为口罩检测模型的训练提供可用的图像数据，用于成功训练模型。		
任务准备	查阅资料，了解图像数据的预处理特点和注意事项。		
实施提醒	提前了解图像数据的特点。		

知识准备

3.2.1 图像数据集的应用任务

有些“内容清洗”样本，我们无法用程序来检测图像中的细节，所以只能通过“手动清洗”解决问题。利用 Python 编写的程序脚本，可以解决大部分数据集内存在的格式问题，并且还可以利用程序自动筛选尺寸、重复数据等图像样本。

但是对于图像数据的某些样本来说，样本内的内容和实际项目并不符合，我们还需要对该类样本进行筛选。所以我们要手动删除数据集内的“内容不匹配”样本，对自动处理后的数据做“手动清洗”。

由于采集途径的不同，导致数据内容质量存在不稳定性。即使有些数据具有高质量的内容，但是内容却与项目主体内容无关。“内容质量”指的是图像内的实例主体是否与项目所需内容相符，是否具有清晰的主体信息，图 3－21 中人脸戴口罩，主体清晰，属于高质量正样本。图 3－22 中图像内同样存在清晰口罩，但与项目所需条件不符，该类样本为口罩项目的“内容无关样本”。

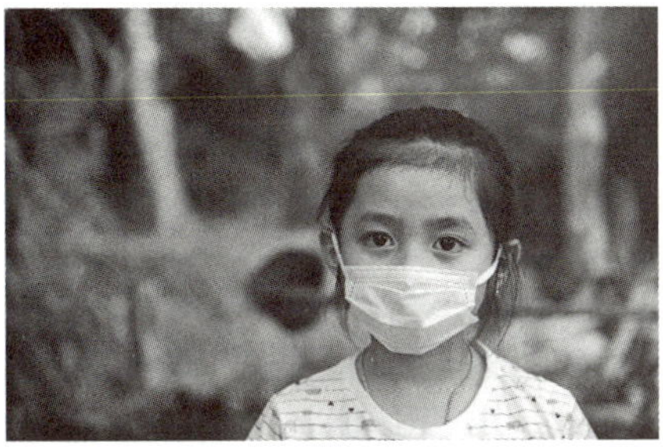

图 3－21　高质量正样本

图 3－22　内容无关样本

清除了主体内容无关样本之后，虽然剩下样本都符合“人脸口罩”检测要求，但同样存在“低质量”样本。首先是针对数据样本内“主体人物过多”样本，该类样本有两个特点：

（1）很难建立统一的标注标准。

（2）标注误差导致算法精度降低。

除“主体人物过多”样本之外，我们注意到在清洗规则里，存在“人脸主体像素区域过小”的样本。该类样本有如下特点：

（1）人脸像素区域面积很小。

（2）肉眼无法准确判断是否佩戴口罩。

像素区域小同样会导致我们无法建立统一的标注标准，不同的人会判定为不同的目标类别。该类样本同样属于“内容低质量”。

3.2.2　图像数据处理步骤

任务 3.2
图像数据处理 2

1. 图像去重与尺寸修改

采集的口罩样本中，我们需要检查每个图像之间的样本相似度，达到去除重复样本的目的，图 3－23 所示为重复样本。

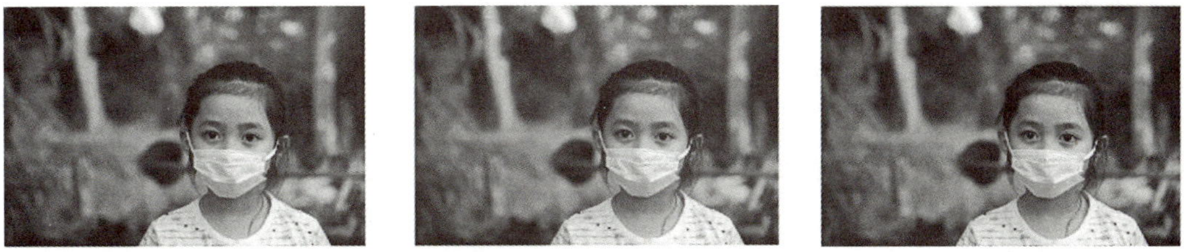

图 3－23　重复样本

图像去重原理：

（1）对比数据集内每张图像和其他图像的像素尺寸，如果尺寸相同，需做进一步判断。

（2）用 OpenCV 计算相同尺寸图像的灰度直方图，根据直方图之间的距离判断图像相似度。

（3）删除图像尺寸相同、相似度较高的样本，重新遍历数据集。

图像尺寸修改：过大的像素具有更多的信息，即使在缩小尺寸之后仍然具备足够的内容信息。过小的像素本身就不具备丰富的内容信息，即使放大尺寸之后仍然会导致内容模糊。所以，数据集内小尺寸样本应该删除。

我们用智能手机拍摄的图像样本存在像素分辨率较大的情况。分辨率较大会存在两种问题：第一，训练成本较高；第二，内存占用空间大。

同时，爬虫脚本采集到的图像数据也会存在像素过小的情况。过小的像素虽然会使用更小的内存空间，但是同样也会丢失样本的主体信息。

课堂讨论

针对大像素样本或者小像素样本，我们应该如何处理？

COCO 和 VOC 数据集是目前学术界最常用开源数据集，许多新算法都以其准确率高低决定算法质量。观察两个开源数据集的图像数据像素情况，它们具有的共同特点是统一的最长边像素值。所以我们需要将不同图像数据的尺寸调整到统一大小，既可以便于存储，又可以加快模型训练速度。

2. 格式转换与重命名

课堂讨论

观察我们采集到的图像，具有几种数据格式类型？

（1）格式转换。

常见的图像数据存储格式为“png”和“jpg”，如果是通过网络爬虫爬取到的数据，则数据格式还有 webp、bmp 两种，但是 webp、bmp 或者其他除 png 和 jpg 之外的数据格式并不是常用格式，并且我们的算法并不能识别该种数据存储类型，所以我们需要将其他数据类型统一转化为“jpg”后缀格式。

（2）重命名。

由于采集途径的不同，导致采集样本的名称多种多样，并且经过我们清洗之后，有序样本变为无序样本；数据的名称不规范，可能是汉字、长串字符和字母、数字等，这样虽然可以标注，但是模型在训练需要读取图像名称时，会出现不必要的 bug（故障）。所以我们需要先对数据集内的图像样本进行重新编号，并按照数字顺序进行排序。

（3）图像二值化。

图像二值化（Image Binarization）是指将像素点的灰度值设为 0 或 255，使图像呈现明显的黑白效果。二值化一方面减少了数据维度，另一方面通过排除原图中噪声带来的干扰，可以凸显有效区域的轮廓结构。OCR 效果很大程度上取决于该步骤，高质量的二值图像可以显著提升识别的准确率。设置一个灰度阈值，对图像内的所有灰度值做判断，大于阈值像素设为 255，小于阈值设为 0。图 3－24 所示为一张彩色 RGB 图像，去除彩色信息后转换为灰度图像，然后再设置二值化阈值后将图像转换为二值图像。

原图像　　灰度图像　　二值图像

图 3－24　图像二值化处理

（4）图像去噪。

我们在采集小票数据的过程中，可能会出现票据图像样本具有部分干扰信息，这类信息会给模型的识别带来很大的困难，我们称这类干扰信息为图像的噪声。

图像噪声是指存在于图像数据中不必要的或多余的干扰信息，产生于图像的采集、量化或传输过程，对图像的后处理、分析均会产生极大的影响。

对于存在噪声的图像我们需要进行图像去噪，常见的图像去噪的方法是空间滤波，不同的滤波方法会有不同的效果。常见的空间滤波去噪方法包括：平滑线性滤波、中值滤波、高斯滤波、双边滤波，需根据实际情况确定合适的滤波方法。

（5）图像矫正。

我们在采集数据时，很容易使拍摄的小票文本出现角度偏移的情况。旋转角度过大的样本会出现以下几个问题：

1）会影响后续算法训练时的特征提取操作。

2）会加大后续标注工作的困难度。

3）算法检测的是文本矩形框，需要尽量让文本水平。

我们需要对样本进行角度矫正，霍夫变换（Hough Transform）是目前图像预处理领域常用的检测文本倾斜角度的算法。霍夫变换只能检测出文本的直线与水平方向的夹角，确定偏移角度。如果想要旋转图像，我们需要确定旋转中心点，利用仿射变换进行图像旋转矫正，如图 3－25 所示。

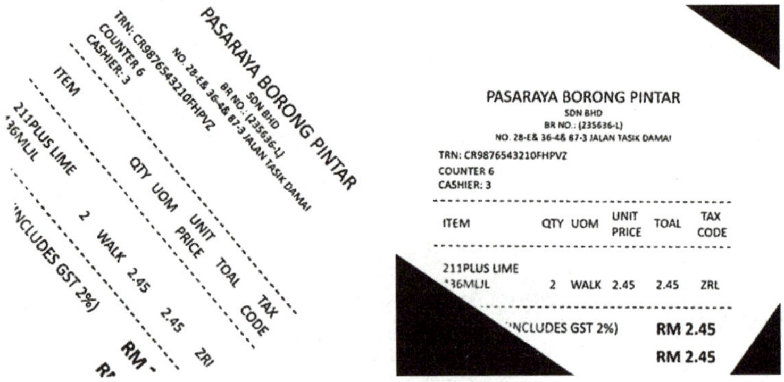

旋转图像　　角度矫正后的图像

图 3-25　图像矫正处理

任务实施

步骤一：　打开商汤课程平台，进行图像去重与尺寸修改，删除采集数据集内的重复样本。

```
# 加载本项目所需要的库
import os
import cv2
import numpy as np
from PIL import Image
import shutil

# 利用灰度直方图计算图像之间的相似度 classify_gray_hist,删除完全相同的重复样本。
img_list = os.listdir(img_path) # img_path 为待处理与清洗图像地址

remove_list = []
i = 0
def classify_gray_hist(image1, image2, size = (256, 256)):
    # 先计算直方图 几个参数必须用方括号括起来
    # 这里直接用灰度图计算直方图,所以是使用第一个通道,
    # 也可以进行通道分离后,得到多个通道的直方图 bins 取为 16
    image1 = cv2.resize(image1, size)
    image2 = cv2.resize(image2, size)
    hist1 = cv2.calcHist([image1], [0], None, [256], [0.0, 255.0])
    hist2 = cv2.calcHist([image2], [0], None, [256], [0.0, 255.0])
    # 计算直方图的重合度
    degree = 0
    for i in range(len(hist1)):
        if hist1[i] != = hist2[i]:
            degree = degree + (1 - abs(hist1[i] - hist2[i]) / max(hist1[i], hist2[i]))
    else:
```

```
            degree = degree + 1
        degree = degree / len(hist1)
        return degree


    list_shape = []
    for a in range(len(img_list)):
        img = cv2.imread(img_path + img_list[a])
        list_shape.append(img.shape)

    while (i < len(img_list)):
        j = i + 1
        while (j < len(img_list)):
            # 对比数据集内每张图像和其他图像的像素尺寸
            if list_shape[i] == list_shape[j]:
                img1 = cv2.imread(img_path + img_list[i])
                img2 = cv2.imread(img_path + img_list[j])
                # 利用 OpenCV 计算相同尺寸图像的灰度直方图,根据直方图之间的距离判断图像
相似度
                degree = classify_gray_hist(img1, img2)
                if degree < 0.1:
                    if img_list[j] not in remove_list:
                        remove_list.append(img_list[j])
                        print(img_list[i], img_list[j], degree)


            j = j + 1
        i = i + 1

    # 删除相同图像
    for i in range(len(remove_list)):
        os.remove(img_path + remove_list[i])
    print('共删除重复图像%s 张'%(len(remove_list)))
```

尺寸修改，将图像最长边像素值小于设定值的图像样本删除。

要求：

（1）根据需求文档设定删选尺寸参数；将长边像素小于参数值的图像样本删除；

（2）观察删除前后样本数量变化。

```
# 尺寸过滤
# 设定需要尺寸过滤的数据集路径 image_file；设定需要删除图像的最长边像素值参数:num
# 数据集路径
image_file = img_path
# 设定参数值(将图像最长边像素值小于设定值的图像样本删除)
num = 100

image_list = os.listdir(image_file)
Del_num = 0
```

```
for n in range(len(image_list)):
    orignal_img = Image.open(image_file + image_list[n])
    npimage = np.array(orignal_img)
    if npimage.shape[0] < = num and npimage.shape[1] < = num:
        os.remove(image_file + image_list[n])
        Del_num += 1
        n = n - 1
    else:
        n = n + 1
print('尺寸过滤完成!,共删除%s 张尺寸小于%s 的图像样本'%(Del_num,num))
```

运行“尺寸变换”代码块；利用平台上的尺寸变换代码程序，对数据集做尺寸变换。要求：

（1）根据需求文档设定尺寸变换参数；修改程序文件参数值，将数据集图像最长边像素统一到固定值。

（2）检验尺寸变换结果，观察数据集内图像数据像素值变化情况。

```
# 尺寸变换
# 设定尺寸变换参数:num,尺寸变换的结果,图像像素的最长边为该参数的值。
# num 为我们要统一像素变长的像素值
num = 400
output_image_file_path = "/space/maskprocess/resize_img_out/"
if os.path.exists(output_image_file_path) == False :
    os.makedirs(output_image_file_path)


image_list = os.listdir(img_path)
for i in range(len(image_list)):
    img = cv2.imread(img_path + image_list[i])
    print(image_list[i], img.shape)
    if img.shape[0] == num and img.shape[1] < = num:
        cv2.imwrite(output_image_file_path + image_list[i], img)
    elif img.shape[1] == num and img.shape[0] < = num:
        cv2.imwrite(output_image_file_path + image_list[i], img)
    # 两边有一边超过 num px 的,长边 缩放至 num px
    elif img.shape[0] > num or img.shape[1] > num:
        if img.shape[0] > = img.shape[1]:
            h = num
            w = int(num / img.shape[0] * img.shape[1])
            img = cv2.resize(img, (w, h))
            cv2.imwrite(output_image_file_path + image_list[i], img)
        else:
            w = num
            h = int(num / img.shape[1] * img.shape[0])
            img = cv2.resize(img, (w, h))
            cv2.imwrite(output_image_file_path + image_list[i], img)
    # 两边均不足 num px 的，较长边 放大至 num px
```

```
    elif img.shape[0] < num and img.shape[1] < num:
        if img.shape[0] <= img.shape[1]:
            w = num
            h = int(num / img.shape[1] * img.shape[0])
            img = cv2.resize(img, (w, h))
            cv2.imwrite(output_image_file_path + image_list[i], img)
        else:
            h = num
            w = int(num / img.shape[0] * img.shape[1])
            img = cv2.resize(img, (w, h))
            cv2.imwrite(output_image_file_path + image_list[i], img)

    i = i + 1
print('尺寸变换完成')
```

步骤二：格式转换与重命名。

```
# 手动清洗后的数据文件夹地址(根据实际情况修改)
image_file_path = "/space/maskprocess/JPEGImages/"

image_list = os.listdir(image_file_path)

for i in range(len(image_list)):
    if image_list[i].split(".")[1] == 'png':
        img = cv2.imread(image_file_path + image_list[i], 0)
        print(img.shape)
        w, h = img.shape[0], img.shape[1]
        infile = image_file_path + image_list[i]
        outfile = image_list[i].split(".")[0] + ".jpg"
        img = Image.open(infile)
        if len(img.split()) == 4:
            r, g, b, a = img.split()
            img = Image.merge("RGB", (r, g, b))
            img.convert('RGB').save(image_file_path + outfile,quality = 70)
            os.remove(image_file_path + image_list[i])
        else:
            img.convert('RGB').save(image_file_path + outfile,quality = 70)
            os.remove(image_file_path + image_list[i])

    elif image_list[i].split(".")[1] == 'bmp':
        img = cv2.imread(image_file_path + image_list[i], - 1)
        outfile = image_list[i].split(".")[0] + ".jpg"
        cv2.imwrite(image_file_path + outfile, img)
        os.remove(image_file_path + image_list[i])

    elif image_list[i].split(".")[1] == 'webp':
        img = Image.open(image_file_path + image_list[i]).convert("RGB")
        newname = image_file_path + image_list[i].replace(".webp", ".jpg")
```

```
        img.save(newname, 'jpeg')
        os.remove(image_file_path + image_list[i])

print('格式转换结束。')

# 样本重新编号
# 输入图像路径
image_file_path = "/space/maskprocess/JPEGImages/"
# 输出图像路径
output_image_file = "/space/maskprocess/rename_img_out/"

if os.path.exists(output_image_file):
    shutil.rmtree(output_image_file)
shutil.copytree(image_file_path,output_image_file)

filename_list = os.listdir(output_image_file)

a = 0
for i in filename_list:
    print(i)
    old_name = output_image_file + i
    if a < 10:
        new_name = output_image_file + "0000" + str(a) + ".jpg"
    elif 10 < = a < 100:
        new_name = output_image_file + "000" + str(a) + ".jpg"
    elif 100 < = a < 1000:
        new_name = output_image_file + "00" + str(a) + ".jpg"
    elif 1000 < = a < 10000:
        new_name = output_image_file + "0" + str(a) + ".jpg"
    else:
        pass
    os.rename(old_name, new_name)
    a = a + 1
print("待标注数据重新编号完成...")
```

步骤三：图像二值化与去噪。

实现测试样本的图像二值化。

（1）了解图像二值化的转换流程。

（2）了解二值化算法的技术原理以及阈值的作用。

（3）掌握阈值化处理的函数以及参数使用技巧。

```
import cv2
from matplotlib import pyplot as plt
import numpy as np
import math

# 将样本 img/1.jpg,观察二值化后的图像特点
```

```
# 二值化图像路径
image_path = "/home/sensestudy/work/current/img/1.jpg"

# opencv 读取图像
image = cv2.imread(image_path)
print("图像的大小:",image.shape)

# 将输入图像转为灰度图
gray = cv2.cvtColor(image, cv2.COLOR_BGR2GRAY)

# 绘制灰度图
plt.figure(figsize = (10,6), dpi = 200)
plt.subplot(121)
plt.imshow(gray, "gray")
plt.title("gray image"), plt.xticks([]), plt.yticks([])

# 二值化图像,th1 为返回的二值图像
ret1, th1 = cv2.threshold(gray, 0, 255, cv2.THRESH_OTSU)
print("图像的大小:",th1.shape)

# cv2.imwrite('erzhi.jpg',th1) # 保存图像

# 绘制二值图
plt.subplot(122), plt.imshow(th1, "gray")
plt.title("output image"), plt.xticks([]), plt.yticks([])
plt.show()
```

打开平台，运行图像去噪代码块，观察图像去噪的结果。

（1）了解不同滤波器的函数名称。

（2）观察不同滤波器的滤波效果。

常见的图像去噪的方法是空间滤波，空间滤波是一种采用滤波处理的影像增强方法。主要运用到的理论知识是空间卷积，其效果包括去除高频噪声与干扰、影像边缘增强、线性增强以及去模糊等，其需要一个滤波器作为窗口在图像上滑动，完成滤波运算。

```
# 读取去噪图像
img = cv2.imread('/home/sensestudy/work/current/img/2.jpg')

# 平滑线性滤波
img_mean = cv2.blur(img, (5,5))
img_mean = cv2.cvtColor(img_mean,cv2.COLOR_BGR2RGB)

# 高斯滤波
img_Guassian = cv2.GaussianBlur(img,(5,5),0)
img_Guassian = cv2.cvtColor(img_Guassian,cv2.COLOR_BGR2RGB)

# 中值滤波
img_median = cv2.medianBlur(img, 5)
```

```
img_median = cv2.cvtColor(img_median,cv2.COLOR_BGR2RGB)

# 双边滤波
img_bilater = cv2.bilateralFilter(img,9,75,75)
img_bilater = cv2.cvtColor(img_bilater,cv2.COLOR_BGR2RGB)

# 将 4 种滤波之后的图像显示出来
plt.figure(figsize = (10,6), dpi = 130)
plt.subplot(221)
plt.imshow(img_mean)
plt.subplot(222)
plt.imshow(img_Guassian)
plt.subplot(223)
plt.imshow(img_median)
plt.subplot(224)
plt.imshow(img_bilater)
plt.show()
```

课堂讨论

图像二值化和滤波以后有何变化?

步骤四：图像矫正。

完成样本图像的矫正。

(1) 理解图像旋转矫正操作流程。

(2) 掌握霍夫变换检测直线的技术原理。

```
import cv2
import os
from matplotlib import pyplot as plt
import numpy as np
import math
import shutil

# 图像旋转矫正
# 利用霍夫变换检测图像(img/3.jpg)旋转角度,并进行矫正。

# 旋转函数,参数为待旋转的图像、旋转角度、旋转中心、变化尺寸
def rotate(image, angle, center = None, scale = 0.8):
    (w, h) = image.shape[0:2]
    if center is None:
        center = (w // 2, h // 2)
    wrapMat = cv2.getRotationMatrix2D(center, angle, scale)
    return cv2.warpAffine(image, wrapMat, (h, w),(255,255,255))
```

```
# 具有角度倾斜的旋转图像
fileName = "./img/3.jpg"
img = cv2.imread(fileName)
gray = cv2.cvtColor(img, cv2.COLOR_RGB2GRAY)  # 把输入图像灰度化

# 图像处理(腐蚀、膨胀)
kernel = np.ones((5, 5), np.uint8)
erode_Img = cv2.erode(gray, kernel)
eroDil = cv2.dilate(erode_Img, kernel)

# 边缘检测
canny = cv2.Canny(eroDil, 50, 150)

# 霍夫变换得到线条
lines = cv2.HoughLinesP(canny, 0.8, np.pi / 180, 90, minLineLength = 100, maxLin-
eGap = 10)
hImg = img.copy()

# 画出线条
l_x = []
l_y = []
for line in lines:
    x1, y1, x2, y2 = line[0]
    l_x.append(x1)
    l_x.append(x2)
    l_y.append(y1)
    l_y.append(y2)
    cv2.line(hImg, (x1, y1), (x2, y2), (0, 0, 255), 1, lineType = cv2.LINE_AA)
min_x = min(l_x)
max_x = max(l_x)
center_x = int((max_x + min_x)/2)

min_y = min(l_y)
max_y = max(l_y)
center_y = int((max_y + min_y)/2)

"""
计算角度,因为 x 轴向右,y 轴向下,所有计算的斜率是常规下斜率的相反数,我们就用这个斜率
(旋转角度)进行旋转
"""
k = float(y1 - y2) / (x1 - x2)
thera = np.degrees(math.atan(k))

"""
旋转角度大于 0,则逆时针旋转,否则顺时针旋转
"""
# 打印旋转角度
print(thera)
```

```
# 获取旋转后的图像
rotateImg = rotate(img, thera, (center_x, center_y))
rotateImg = cv2.cvtColor(rotateImg, cv2.COLOR_BGR2RGB)

# 显示旋转后的图像
plt.figure(figsize = (10, 6), dpi = 200)
plt.imshow(rotateImg, 'gray')
plt.show()

img_path = './OCR_data/'
img_name = os.listdir(img_path)

res_img_path = '/space/OCR_data_out/'
if not os.path.exists(res_img_path):
    # 创建文件夹
    os.makedirs(res_img_path)

for i in img_name:
    image_path = img_path + i

    # imread 读取
    image = cv2.imread(image_path)

    # 将输入图像转为灰度图
    gray = cv2.cvtColor(image, cv2.COLOR_BGR2GRAY)

    # 转换为二值图像
    ret1, th1 = cv2.threshold(gray, 0, 255, cv2.THRESH_OTSU)
    res_path = res_img_path + i
    # 利用 imwrite 函数保存新的二值化图像样本
    cv2.imwrite(res_path, th1)
```

任务工单

<table>
<tr><td>任务名称</td><td colspan="2">图像数据处理</td></tr>
<tr><td>任务目的</td><td colspan="2">掌握图像数据清洗的常见步骤和方法。</td></tr>
<tr><td>任务内容</td><td colspan="2">1. 掌握图像清洗的标准。
2. 掌握图像去重与尺寸修改。
3. 掌握图像去噪方法与图像矫正。</td></tr>
<tr><td rowspan="2">第（　　）组</td><td>姓名</td><td></td></tr>
<tr><td>学号</td><td></td></tr>
</table>

续表

任务实操	图像数据处理的主要步骤	
	图像去重与尺寸修改	
	格式转换与重命名	
	图像二值化	
	图像去噪	
	图像矫正	

考核评价

评价说明：本次任务完成后，采用学习过程评价与学习结果评价相结合，综合运用自我评价、小组评价及教师评价三种方式，由教师确定三种评价方式分别占总成绩的比例，并加权计算出学生 A 本次任务的考核评价分。

任务完成考核评价表			
项目名称	数据处理与清洗	任务名称	图像数据处理
班级		学生姓名	
评价方式	评价内容	分值	成绩
自我评价	任务准备完成情况	10	
	课堂讨论完成情况	10	
	任务实施过程完成情况	10	
	任务工单完成情况	40	
	对知识、技能的掌握程度	10	
	我胜任了小组内的工作	20	
	合计		
小组评价	本小组的本次任务完成质量	30	
	A 的本次任务完成质量	30	
	A 参与小组活动的态度	20	
	A 的合作精神和沟通能力	20	
	合计		
教师评价	A 所在小组的任务完成质量	30	
	A 的本次任务完成质量	30	
	A 对所在小组的参与度	20	
	A 对本次任务的贡献度	20	
	合计		
总评＝自我评价×（ ）%＋小组评价×（ ）%＋教师评价×（ ）%＝			

任务 3.3 智能客服语音数据处理

任务 3.3
智能客服语音数据处理

任务导入

智能客服是通过语音识别技术进行语音识别、查找、语音播报，为了实现一款智能客服语音系统，我们需要大量的语音数据来训练算法模型，通过语音数据清洗处理，为语音识别模型的训练提供可用的语料，成功训练出模型。在此任务中掌握语音数据读取、语音文件处理、语音分帧等一系列操作。

任务信息

<table>
<tr><td>项目名称</td><td>数据处理与清洗</td><td>任务名称</td><td>智能客服语音数据处理</td></tr>
<tr><td rowspan="3">任务目标</td><td>知识目标</td><td colspan="2">1. 了解语音数据集的应用任务；
2. 了解语音文件的处理方法；
3. 了解语音频谱、分帧的概念、操作方法；
4. 掌握语音数据集的处理方法与分析方法。</td></tr>
<tr><td>能力目标</td><td colspan="2">1. 知道语音数据集的处理流程，能根据应用任务需求合理规划处理流程，高质量完成语音数据集的处理；
2. 能总结语音数据集处理中出现的问题，及时记录与反馈，积极寻求解决方案；
3. 通过对 ASR 语音识别任务的学习，能迁移至其他语音识别任务，为其他任务提供数据处理解决方案；
4. 掌握 Python 编程方法，并能通过编写程序解决实际语音数据处理问题。</td></tr>
<tr><td>素养目标</td><td colspan="2">1. 培养严谨、精益、专注等精神，以及认真负责、踏实敬业的工作态度和一丝不苟的工作作风；
2. 培养团队合作精神和社会服务意识。</td></tr>
<tr><td>任务描述</td><td colspan="3">1. 完成音频文件语音数据的读取，掌握 Python 编程和音频文件的读取和查看方法；
2. 完成语音数据的自动化清洗，掌握音频文件清洗方法；
3. 完成语音数据的格式转换；
4. 完成语音分帧。</td></tr>
</table>

续表

任务准备	查阅资料，提前了解语音识别技术与语音合成技术。
实施提醒	了解语音识别与语音合成的区别。

知识准备

3.3.1　语音识别技术

1. 语音识别发展史

1952 年，贝尔研究所研究成功了世界上第一个能识别 10 个英文数字发音的试验系统。20 世纪 80 年代，语音识别各种算法被提出，其中突出成就包括 HMM 模型、人工神经网络等。90 年代，语音识别技术开始应用于全球市场，著名科技互联网公司相继推出应用产品。1997 年，IBM Viavoice 首个语音听写产品问世。

21 世纪初，语音识别技术研究重点转变为即兴口语和自然对话以及多种语种的同声翻译。

2. 语音识别技术原理

语音识别技术就是让机器通过识别和理解把语音信号转变为相应的文本或命令的技术，也被称为自动语音识别（ASR）或是语音转文本识别（STT）等。语音识别技术与其他自然语言处理技术如机器翻译及语音合成技术相结合，可以构建出更加复杂的应用，例如语音到语音的翻译。语音识别技术所涉及的领域包括：信号处理、模式识别、概率论和信息论、发声机理和听觉机理、人工智能等，文字对应语音波形如图 3－26 所示。

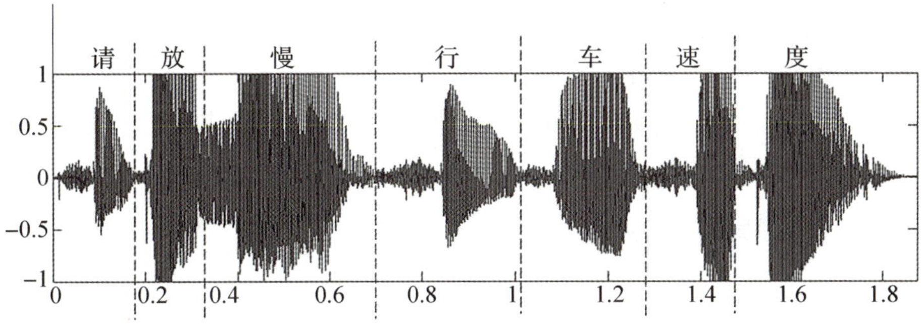

图 3－26　文字对应语音波形

语音识别处理流程如图 3－27 所示。

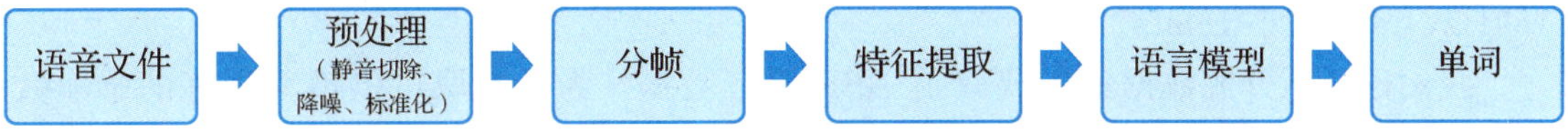

图 3－27　语音识别处理流程

3.3.2 语音合成技术

语音合成技术，又称文语转换（Text-to-Speech）技术，能将任意文字信息转化为相应语音朗读出来。语音合成涉及声学、语言学、数字信号处理、计算机科学等多个学科技术，是中文信息处理领域的一项前沿技术。为了合成出高质量的语言，除了依赖于各种规则，包括语义学规则、词汇规则、语音学规则外，还必须对文字的内容有很好的理解，这也涉及自然语言理解的问题。语音合成处理流程如图 3-28 所示。

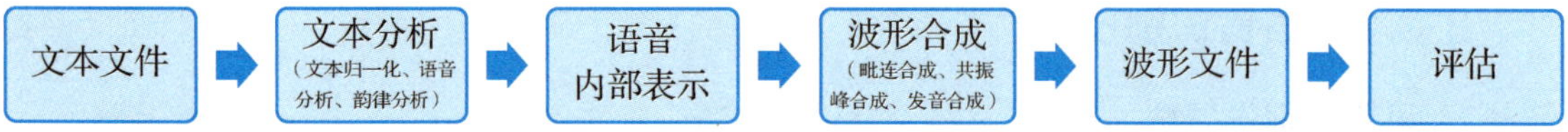

图 3-28 语音合成处理流程

在语音合成技术的发展过程中，早期的研究主要是采用参数合成方法，后来随着计算机技术的发展又出现了波形拼接的合成方法。

（1）参数合成：主要指提取共振峰参数来合成语音，但在实际应用中，准确提取参数比较困难，也就造成合成语音的音质难以达到实用要求。

（2）波形拼接：基于时域波形拼接方法合成的语音的音色和自然度大大提高，自然度比以前的参数合成方法自然度要高，并且结构简单，易于实时实现，有很大的商用前景。

语音识别中的文本分析主要的工作是把文本数据转换成语音内部表示。具体内容包括：

（1）文本归一化：对形形色色的自然文本数据进行预处理或者归一化，包括句子的词例还原，非标准词，同形异义词排歧等；

（2）语音分析：文本归一化之后的下一步就是语音分析，具体方法包括通过大规模发音词典，字位-音位转换规则；

（3）韵律分析：分析文本中的平仄格式和押韵规则，这里主要包含三方面的内容：韵律的机构、韵律的突显度、音调。

3.3.3 语音数据集的应用任务

1. THCHS30

THCHS30 是由清华大学语音与语言技术中心发布的开源中文语音数据集。数据集包含 1 万余条语音文件，大约 40 小时的中文语音数据，内容以文章诗句为主，全部为女声。THCHS-30 是在安静的办公室环境下，通过单个碳粒麦克风录取，采样频率 16kHz，采样大小 16bits。

我们已经从开源数据集中获取了 ASR 语音数据。为了获取可供模型训练的干净数据，我们需要对当前语音数据集进行一系列处理与清洗操作。

2. 语音频谱

（1）每个语言都有独特的声音频谱；

（2）人类能听到的声音频率处于 20～20 000Hz；

（3）频谱可以表示一个信号是由哪些频率的弦波所组成，也可以看出各频率弦波的大小及相位等信息；

（4）音源也可以由许多不同频率的声音组成。不同频率会刺激耳朵中对应的接收器。若主要的刺激只有一个频率，我们就可以听到其音高，音源的音色会由声音频谱中其他频率的部分来决定，也就是所谓泛音。一般被称为“噪声”的声音，其中会包括许多不同频率。若声音的频谱是一条水平线，则称为白噪声，此词也可常用在其他形式的信号及频谱。

3. 语音分帧

什么是语音信号的帧？

（1）声学特征的提取与选择是语音识别的一个重要环节。

（2）由于语音信号的时变特性，特征提取必须在一小段语音信号上进行，也即进行短时分析，这一段被认为是平稳的分析区间称为帧。

（3）每一帧 10～30ms，也就是一秒钟 33～100 帧。

语音分帧是通过加窗函数实现的，窗口的长度一般为 10～20ms。分帧通常有一定的交叠部分，就是帧移。帧移与帧长的比通常为 0～1/2，如图 3-29 所示。

图 3-29　语音加窗

课堂讨论

列举生活中的语音识别场景，并说明这些场景给生活带来的价值，完成表 3-4。

表 3-4　语音识别应用场景

序号	应用场景	场景价值
1		
2		
3		
4		
5		

课堂讨论

讨论智能语音识别的应用领域和面临的挑战，完成表 3-5。

表 3-5　智能语音识别的应用领域和面临的挑战

序号	应用领域	面临的挑战
1		
2		
3		
4		
5		

任务实施

本任务是基于 Python 语言和语音处理框架 wave，以及开源数据集进行的语音数据预处理操作实验，主要包括对语音数据基础信息查看，波形文件、频谱文件的处理等，通过可视化和具体数值的显示更加直观地查看语音数据的本质属性。

1. 任务准备

登录商汤课程平台，准备要处理的语音数据集。

2. 任务实施

步骤一：语音数据读取与处理。

（1）首先导入相关模块。

```
import wave as we
import matplotlib.pyplot as plt
import numpy as np
from scipy.io import wavfile
import matplotlib.pyplot as plt
from matplotlib.backend_bases import RendererBase
from scipy import signal
from scipy.io import wavfile
import os
from PIL import Image
from scipy.fftpack import fft
```

（2）查看 wav 文件基本属性。

```
filename = './thchs30/A2_49.wav'

# 输出信息(声道,采样宽度,帧速率,帧数,唯一标识,无损)
```

```
WAVE = we.open(filename)

for item in enumerate(WAVE.getparams()):
    print (item)
a = WAVE.getparams().nframes                          # 帧总数
print(a)
f = WAVE.getparams().framerate                        # 采样频率
print(f)
sample_time = 1/f                                     # 采样点的时间间隔
time = a/f                                            # 声音信号的长度
sample_frequency, audio_sequence = wavfile.read(filename)
print (audio_sequence, len(audio_sequence ))          # 声音信号每一帧的"大小"
x_seq = np.arange(0, time, sample_time)
print(x_seq, len(x_seq))
```

(3) 查看 wav 文件波形序列。

```
plt.plot(x_seq, audio_sequence, 'blue' )
plt.xlabel('time (s)')
plt.show()
```

(4) 频谱文件处理，构建频谱处理函数。

```
def log_specgram(audio, sample_rate, window_size = 20,
                 step_size = 10, eps = 1e - 10):
    nperseg = int(round(window_size * sample_rate / 1e3))
    noverlap = int(round(step_size * sample_rate / 1e3))
    freqs, _, spec = signal.spectrogram(audio,
                                        fs = sample_rate,
                                        window = 'hann',
                                        nperseg = nperseg,
                                        noverlap = noverlap,
                                        detrend = False)
    return freqs, np.log(spec.T.astype(np.float32) + eps)
```

(5) 频谱可视化。

```
fig = plt.figure(figsize = (10,10))

for i, filepath in enumerate(sample_audio[:6]):
    # Make subplots
    plt.subplot(3,3,i + 1)

    # pull the labels
    label = filepath.split('/')[ - 1]
    plt.title('"thchs30":' + label)

    # create spectrogram
    samplerate, test_sound  = wavfile.read(filepath)
```

```
    _, spectrogram = log_specgram(test_sound, samplerate)

    plt.imshow(spectrogram.T, aspect = 'auto', origin = 'lower')
    plt.axis('off')
plt.show()
```

步骤二：语音数据清洗。

```
import os
import pylab
import wave
import numpy as np
import matplotlib.pyplot as plt

# 获取文件列表
def getFileList(path, choose_format):
    ext_len = len(choose_format)
    filelist = []
    fileCount = 0 # 保存获取文件数量
    for file in os.listdir(path):
        full_path = os.path.join(path, file)
        ext = full_path[ - ext_len:]
        if (ext == choose_format):
            fileCount += 1
            print(f"文件路径:" + full_path)
            filelist.append(full_path)
    print(f"共检测到{fileCount}个文件\n")
    return filelist


# 获取文件名称
def getName(path):
    file_name = path.split("\\") [ - 1]  # 获取带后缀的文件名
    return os.path.basename(file_name).split('.')[0]  # 除去后缀

# 获取文件大小
def getSize(path):
    size = os.path.getsize(path)
    return size / float(1024 * 1024)


rootVoice = "thchs30"  # 音频存放路径

choose_format = "wav"
save_path = "./output"
filelist = getFileList(rootVoice, choose_format)
# 分析一个音频文件
def analyzeWav(path, save_path):
```

```
    wf = wave.open(path, "rb")
    nframes = wf.getnframes()
    framerate = wf.getframerate()

    size = getSize(path)                          # 获取文件大小
    voice_name = getName(path)                    # 获取文件名
    duration = nframes / float(framerate)         # 获取音频时长
    print(f"音频名称:{voice_name}")
    print(f"音频通道数:{wf.getnchannels()}")
    print(f"音频帧速率:{wf.getframerate()}")
    print(f"音频时长:{round(duration, 2)}ms")
    print(f"音频大小:{round(size, 2)}mb\n")

    # 读取完整的帧数据到 str_data 中,这是一个 string 类型的数据
    str_data = wf.readframes(nframes)
    wf.close()

    # 将字符串转换为数组,得到一维的 short 类型的数组
    wave_data = np.fromstring(str_data, dtype = np.int8)
    # 赋值的归一化
    wave_data = wave_data * 1.0 / (max(abs(wave_data)))
    time = np.arange(0, nframes) * (1.0 / framerate)


    # 将 wave_data 数组改为 2 列,行数自动匹配。在修改 shape 的属性时,需保持数组的总长
度不变。
    wave_data.shape = - 1, 2
    # 将数组转置
    wave_data = wave_data.T
    # time 也是一个数组,与 wave_data[0]或 wave_data[1]配对形成系列点坐标
    time = np.arange(0, nframes) * (1.0 / framerate)
    # 绘制波形图
    plt.plot(time, wave_data[0])
    plt.plot(time, wave_data[1], c = "g")
    plt.xlabel("time (seconds)")
    # plt.show()

    # 音频保存的路径目录不存在新建
    if not os.path.exists(save_path):
        os.makedirs(save_path)
    plt.savefig(f"{os.path.join(save_path, voice_name)}.png", dpi = 150)

# 分析全部音频文件
def analyze_all_wav(filelist, save_path):
    fileCount = 0
    for file in filelist:
        fileCount += 1
        print(file)
        analyzeWav(file, save_path)
```

```
print(f"共分析{fileCount}个文件\n")

# 自动分析当前音频文件语音数据的波形图
analyze_all_wav(filelist[29:36], save_path)
```

步骤三：语音数据分帧。

分帧操作，相当于将信号分解为若干个信号片段，并将片段与窗函数进行对应元素的乘法运算。

```
import matplotlib.pyplot as plt
import numpy as np
from scipy.io import wavfile

plt.rcParams['font.family'] = ['sans - serif']
plt.rcParams['font.sans - serif'] = ['SimHei']
plt.rcParams['axes.unicode_minus'] = False

# 观察加窗函数,矩形窗
N = 32
nn = [i for i in range(N)]
plt.subplot(3, 1, 1)
plt.stem(np.ones(N))
plt.title('矩形窗')

# 汉明窗
w = 0.54 - 0.46 * np.cos(np.multiply(nn, 2 * np.pi) / (N - 1))
plt.subplot(3, 1, 2)
plt.stem(w)
plt.title('(b)汉明窗')

# 海宁窗
w = 0.5 * (1 - np.cos(np.multiply(nn, 2 * np.pi) / (N - 1)))
plt.subplot(3, 1, 3)
plt.stem(w)
plt.title('(c)海宁窗')
plt.show()

# 读取语音文件
fs, data = wavfile.read('./thchs30/A2_0.wav')
# 分帧
def enframe(x, win, inc = None):
    nx = len(x)
    if isinstance(win, list):
        nwin = len(win)
        nlen = nwin                # 帧长 = 窗长
    elif isinstance(win, int):
        nwin = 1
        nlen = win                 # 设置为帧长
```

```
    if inc is None:
        inc = nlen
    nf = (nx - nlen + inc) // inc
    frameout = np.zeros((nf, nlen))
    indf = np.multiply(inc, np.array([i for i in range(nf)]))
    for i in range(nf):
        frameout[i, :] = x[indf[i]:indf[i] + nlen]
    if isinstance(win, list):
        frameout = np.multiply(frameout, np.array(win))
return frameout

inc = 100
wlen = 200
en = enframe(data, wlen, inc)

i = 10
tlabel = 10

plt.subplot(4, 1, 1)
x = [i for i in range((tlabel - 1) * inc, (tlabel - 1) * inc + wlen)]
plt.plot(x, en[tlabel, :])
plt.xlim([(i - 1) * inc + 1, (i + 2) * inc + wlen])
plt.title('第{}帧波形'.format(tlabel))
plt.show()

plt.subplot(4, 1, 2)
x = [i for i in range((tlabel + 1 - 1) * inc, (tlabel + 1 - 1) * inc + wlen)]
plt.plot(x, en[i + 1, :])
plt.xlim([(i - 1) * inc + 1, (i + 2) * inc + wlen])
plt.title('第{}帧波形'.format(tlabel + 1))
plt.show()

plt.subplot(4, 1, 3)
x = [i for i in range((tlabel + 2 - 1) * inc, (tlabel + 2 - 1) * inc + wlen)]
plt.plot(x, en[i + 2, :])
plt.xlim([(i - 1) * inc + 1, (i + 2) * inc + wlen])
plt.title('第{}帧波形'.format(tlabel + 2))
plt.show()

plt.subplot(4, 1, 4)
x = [i for i in range((tlabel + 3 - 1) * inc, (tlabel + 3 - 1) * inc + wlen)]
plt.plot(x, en[i + 3, :])
plt.xlim([(i - 1) * inc + 1, (i + 2) * inc + wlen])
plt.title('第{}帧波形'.format(tlabel + 3))
plt.show()
```

任务工单

任务名称	智能客服语音数据处理	
任务目的	掌握语音数据读取、清洗、分帧的操作。	
任务内容	1. 语音数据读取； 2. 语音数据清洗； 3. 语音数据分帧。	
第（　　）组	姓名	
	学号	
任务实操	语音数据处理的主要流程	
	语音数据读取	
	主要操作	
	语音数据清洗	
	主要操作	
	语音数据分帧	
	主要操作	

考核评价

评价说明：本次任务完成后，采用学习过程评价与学习结果评价相结合，综合运用自我评价、小组评价及教师评价三种方式，由教师确定三种评价方式分别占总成绩的比例，并加权计算出学生 A 本次任务的考核评价分。

任务完成考核评价表

项目名称	数据处理与清洗	任务名称	智能客服语音数据处理
班级		学生姓名	
评价方式	评价内容	分值	成绩
自我评价	任务准备完成情况	10	
	课堂讨论完成情况	10	
	任务实施过程完成情况	10	
	任务工单完成情况	40	
	对知识、技能的掌握程度	10	
	我胜任了小组内的工作	20	
	合计		

续表

小组评价	本小组的本次任务完成质量	30	
	A 的本次任务完成质量	30	
	A 参与小组活动的态度	20	
	A 的合作精神和沟通能力	20	
	合计		
教师评价	A 所在小组的任务完成质量	30	
	A 的本次任务完成质量	30	
	A 对所在小组的参与度	20	
	A 对本次任务的贡献度	20	
	合计		
总评＝自我评价×（ ）%＋小组评价×（ ）%＋教师评价×（ ）%＝			

任务 3.4 文本数据处理

任务导入

各类突发事件发生后，互联网上会出现关于突发事件的大量讨论信息。通过对突发事件文本数据进行数据处理与清洗，可以构建突发事件领域语料库，从而训练针对突发事件的领域本体模型，并进行推理应用。

任务 3.4
文本数据清洗

任务信息

项目名称	数据处理与清洗	任务名称	文本数据处理
任务目标	知识目标	1. 了解文本数据集的应用任务； 2. 了解自然语言处理的概念、技术应用常见任务； 3. 了解事件的概念、事件抽取任务； 4. 掌握文本数据集的处理方法； 5. 了解语料的数据处理需求和处理流程。	

续表

任务目标	能力目标	1. 掌握文本数据集的处理流程，能根据应用任务需求合理规划处理流程，高质量完成文本数据集的处理； 2. 能够总结文本数据集处理中出现的问题，及时记录与反馈，积极寻求解决方案； 3. 通过对事件抽取任务的学习，能迁移至其他自然语言处理任务，为其他任务提供数据处理解决方案； 4. 掌握 Python 编程方法，并能通过编写程序解决实际文本数据集的处理问题。
	素养目标	1. 培养团结合作的职业品质和集体主义精神，树立正确的科学思维方法和科学伦理观； 2. 树立对待生活和工作精益求精的优良品质以及探索未知、追求真理的责任感和使命感。
任务描述	1. 了解文本数据的特性，完成数据清洗； 2. 了解文本语料数据的基本处理方法，掌握文本文件读写、清除噪音、去除停止词、文本分句分词的基本原理与操作； 3. 了解关键词抽取、词性标注等常见文本语料处理方法，能根据语料数据情况选择处理方法； 4. 了解文本关键信息数据的结构化存储方法，能通过编程实现数据的结构化存储。	
任务准备	提前了解自然语言处理的相关概念及应用场景。	
实施提醒	文本数据的处理步骤较为复杂，需认真仔细操作。	

知识准备

3.4.1 文本数据集的应用任务

1. 自然语言的概念

自然语言通常是指一种自然的随文化演化的语言，是以语音为物质外壳，由词汇和语法两部分组成的符号系统。文字和声音是语言的两种属性。语言是人类交际的工具，是人类思维的载体。人类历史上以语言文字形式记载和流传的知识占人类知识总量的80%以上。自然语言是约定俗成的，有别于人工语言，比如 Java、C++等程序设计语言。

自然语言处理（Natural Language Processing，NLP）是人工智能和语言学领域的分支学科，此领域探讨如何处理及运用自然语言。自然语言处理包括多方面和步骤，基本有认知、理解、生成等部分。自然语言认知和理解是让电脑把输入的语言变成有意思的符号和关系，然后根据目的再处理。自然语言生成系统是把计算机数据转化为自然语言。

自然语言处理是计算机科学领域以及人工智能领域的一个重要的研究方向，是一门交叉性学科，包括了语言学、计算机科学、数学、心理学、信息论、声学等学科知识。

2. 文本分类

文本分类是指将一段文本（可以是词、句子、文章）分门别类，打上预定义好的一个或多个标签，如：垃圾邮件分类、网页分类（通常是长文本）、query 分类（搜索引擎场景下核心处理模块）、情感分类、意图识别/分类（聊天机器人场景下核心处理模块）等。

3. 序列标注

序列标注就是为给定的一维线性输入序列的每个元素，打上标签集合中的某个标签的过程，其本质是对线性序列中每个元素根据上下文内容进行分类的问题，是结构化预测的一种特例。常见的任务有：中文分词、词性标注、命名实体识别、语义角色标注等。

4. 信息抽取

信息抽取（Information Extraction）是从自然语言文本中抽取出特定的事件或事实信息，帮助我们将海量内容自动分类、提取和重构。这些信息通常包括实体（Entity）、关系（Relation）、事件（Event）。例如从新闻中抽取时间、地点、关键人物，或者从技术文档中抽取产品名称、开发时间、性能指标等。由于能从自然语言中抽取出信息框架和用户感兴趣的事实信息，无论是在知识图谱、信息检索、问答系统还是在情感分析、文本挖掘中，信息抽取都有广泛应用。

3.4.2 语料的数据处理需求

中文突发事件语料库是由上海大学语义智能实验室所构建。根据国务院颁布的《国家突发公共事件总体应急预案》的分类体系，包含地震、火灾、交通事故、恐怖袭击和食物中毒 5 类突发事件的新闻报道语料，合计 332 篇。数据采用了 XML 语言作为标注格式，包含了事件概念组成的多个要素及事件关系。

事件指在某个特定的时间和地点发生的，由若干角色参与，表现出若干动作特征，并伴随着对象内部状态变化的一件事情。对事件的定义可以通过一个形式化的六元组表示。

event=(A,O,T,V,P,L)

A 表示动作，O 表示对象，T 表示时间，V 表示地点，P 表示断言，L 表示语言表现。

我们已经从开源数据集中获取了突发事件语料库数据。为了获取可供模型训练的干净数据，我们需要对当前语料进行一系列处理与清洗操作，如图 3-30 所示。

1. Python 文本读写

Python 内置了读写文件的函数。函数 open() 返回文件对象，通常的用法需要三个参数：open（filename，mode，encoding）。

（1）filename：包含了你要访问的文件名称的字符串值。

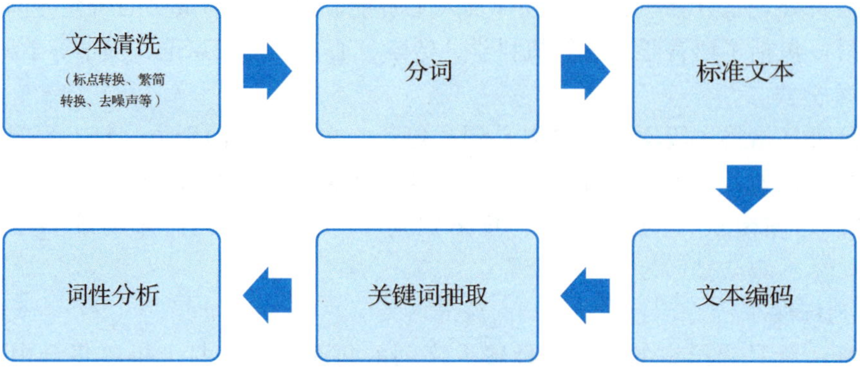

图 3-30 语料数据的处理流程

（2）mode：决定了打开文件的模式。

（3）encoding：打开文件的编码格式，默认为 utf8。

示例：f=open（"newsfile"," r"，encoding="utf8"）#以只读的方式打开文件 newsfile，编码格式为 utf8。

2. 停止词

停止词，由英文单词 stopword 翻译而来，在英语里面会遇到很多 a，the，or 等使用频率很高的停止词，常为冠词、介词、副词或连词等。中文停止词一般指的是如"在""里面""也""的""它""为"等。停止词越少越好。

3. 分词

中文分词（Chinese Word Segmentation）指的是将一个汉字序列切分成一个个单独的词。分词就是将连续的字序列按照一定的规范重新组合成词序列的过程。

规则分词是一种机械分词方法，主要是通过维护词典，在切分语句时，将语句中的每个字符串与词表中的词进行逐一匹配，找到则切分，否则不予切分。

统计分词是将分词作为字在字串中的序列标注任务来实现的。每个字在构造一个特定的词语时都占据着一个确定的构词位置，如果相连的字在不同的文本中出现的次数越多，就证明这个相连的字越可能就是一个词。

混合分词，在实际工程应用中，多是基于一种分词算法，然后用其他分词算法加以辅助。最常用的是先基于词典的方式分词，然后再用统计分词方式进行辅助。

结巴分词，是在自然语言处理项目中比较常用的分词工具。项目地址：https：//github.com/fxsjy/jieba，支持四种分词模式：

（1）精确模式，适合文本分析。

（2）全模式，把句子中所有的可以成词的词语都扫描出来，速度非常快，但是不能解决歧义。

（3）搜索引擎模式，在精确模式的基础上，对长词再次切分，提高召回率，适合用于搜索引擎分词。

（4）paddle 模式，利用深度学习框架，训练序列标注（双向 GRU）网络模型实现分词。同时支持词性标注。

4. 事件抽取

事件抽取包括事件主题提取、事件报告时间提取、事件要素提取。

5. 数据结构化存储

XML 文件被设计用来传输和存储数据，是一种可扩展标记语言，标签没有被预定义，需要用户自行定义标签，被设计为具有自我描述性。

XML 和 HTML 为不同的目的而设计，XML 被设计为传输和存储数据，其焦点是数据的内容，HTML 被设计用来显示数据，其焦点是数据的外观，HTML 旨在显示信息，而 XML 旨在传输信息。

XML 文件写入数据包括创建标签、拼接标签、添加属性。

任务实施

步骤一：语料数据集的读取。

```
import os
import re

# 定义空列表存储事件
firstEvent = []
filename = 'allSourceText/101成都天气晴朗.txt'

# 读取文本并存储事件信息
file = open(filename)
firstEvent.append(file.read())
firstEvent[0]
# 关闭当前打开的文本
file.close()

# 统计信息
print("当前事件共{}个字符".format(len(firstEvent[0])))

event_path = 'allSourceText'
eventContentList = []
eventList = os.listdir(event_path)

for file in eventList:
    with open(event_path + '/' + file) as f:
        data = f.read()
        eventContentList.append(data)

print("共有{}个文本".format(len(eventContentList)))

print("第一篇文本数据:\n\n{}.".format(eventContentList[0]))
```

步骤二：文本预处理，用空格替换停止词。

```
stopwords = None
with open('./stopwords/hit_stopwords.txt') as f:
    stopwords = f.read().splitlines()
print(len(stopwords))

event = None
for sw in stopwords:
    event = eventContentList[0].replace(sw,' ')

print("原始数据字数:{}".format(len(event)))
```

步骤三：清除数据集噪声。

```
'''去除空格'''
def remove_noisy(content):

    return re.sub('\s + ','', content)

event = remove_noisy(event)
print("清洗后字数:{}".format(len(event)))
```

步骤四：对文章进行分句处理。

```
'''对文章进行分句处理'''
def seg_content(content):

    return [sentence for sentence in re.split(r'[?？!！。;，;\n\r]', content) if
sentence]

sentence = seg_content(event)
sentence
```

步骤五：事件主题提取。

```
import os
import shutil
text_path = './newClassifyText'

#删除已经存在的目录,重建新目录
if os.path.exists(text_path):
    shutil.rmtree(text_path)
os.makedirs(text_path)

#事件类别
event_label = ['地震','火灾','交通事故','恐怖袭击','食物中毒']

for cl in event_label:
```

```
    if os.path.exists(text_path + '/' + cl):
        shutil.rmtree(text_path + '/' + cl)
os.makedirs(text_path + '/' + cl)

#定义字典存储事件主题
event = {}

for key in event_label:
    event[key] = []
    for file in os.listdir(text_path + '/' + key):
        event[key].append(file[:- 4])

#统计分类后的数据集信息
for cl, e in event.items():
print("{}类新闻共计{}条".format(cl,len(e)))
```

步骤六：事件报告时间提取。

```
event_path = './newClassifyText'
#事件类别
event_label = ['地震','火灾','交通事故','恐怖袭击','食物中毒']

eventContentList = []
eventTitle = []

for label in event_label:
    for file in os.listdir(event_path + '/' + label):
        #print(file)
        eventTitle.append(file[:- 4])
        with open(event_path + '/' + label + '/' + file) as f:
            data = f.read()
            eventContentList.append(data)

print("共有{}个文本".format(len(eventContentList)))
print(' - '* 40)
print("第一篇事件 Title:\n{}.".format(eventTitle[0]))
print(' - '* 40)
print("第一篇事件 Content:\n{}.".format(eventContentList[0]))
```

步骤七：提取新闻报道文本首行，经过观察，报告时间一般都是新闻文本的首行，改进代码提取首行数据。

```
eventContentList = []
eventTitle = []

for label in event_label:
    for file in os.listdir(event_path + '/' + label):
        #print(file)
```

```
        eventTitle.append(file[:- 4])
        with open(event_path + '/' + label + '/' + file) as f:
            data = f.read().splitlines()
            eventContentList.append(data[0])

print("共有{}个文本".format(len(eventContentList)))
print(' - '* 40)
print("第一篇事件 Title:\n{}.".format(eventTitle[0]))
print(' - '* 40)
print("第一篇事件 Content:\n{}.".format(eventContentList[0]))
```

步骤八：定义字典存储新闻报道时间。数据结构：{'eventTitle'：'eventRetime'}。

```
eventRetimeDict = {}
eventRetimeDict = dict(map(lambda x,y:[x,y], eventTitle,eventContentList))
```

步骤九：清洗报道时间中的噪声数据。

```
def remove_noisy(content):
    content = content.lstrip("\ufeff")
    return re.sub('\s + ','', content)

for k,v in eventRetimeDict.items():
    # print(k,v)
    eventRetimeDict[k] = remove_noisy(v)
```

步骤十：事件要素提取。要素：关键词、专有名词（地点、人物）、事件。

```
import os
import re
import jieba
import jieba.posseg as pseg
from jieba.analyse import extract_tags
from jieba.analyse import textrank

# 读取分类后的语料数据集
event_path = './newClassifyText'
# 事件类别
event_label = ['地震','火灾','交通事故','恐怖袭击','食物中毒']

eventContentList = []
eventTitle = []

for label in event_label:
    for file in os.listdir(event_path + '/' + label):
        # print(file)
        eventTitle.append(file[:- 4])
        with open(event_path + '/' + label + '/' + file) as f:
            data = f.read()
```

```
        eventContentList.append(data)

print("共有{}个文本".format(len(eventContentList)))
print(' - '* 40)
print("第一篇事件 Title:\n{}.".format(eventTitle[0]))
print(' - '* 40)
print("第一篇事件 Content:\n{}.".format(eventContentList[0]))

# 清洗数据
def remove_noisy(content):

    content = content.lstrip("\ufeff")
    return re.sub('\s + ', '', content)

eventContentList1 = [remove_noisy(e) for e in eventContentList]
print("清洗后第一篇事件 Content:\n{}.".format(eventContentList1[0]))
```

步骤十一：抽取关键词：TF-IDF 算法 &TextRank 算法。

```
def extract_keywords(event):
    keywords = [kw for kw, w in textrank(event, withWeight = True)]
    if len(keywords) > 10:
        keywords = keywords[:10]
    return keywords

eventKWList = [extract_keywords(e) for e in eventContentList1]
print("第一篇事件 KeyWords:\n{}".format(eventKWList[0]))

# 定义存储字典
eventKWDict = {}

for i in range(len(eventTitle)):
    eventKWDict[eventTitle[i]] = eventKWList[i]
```

步骤十二：切分语句。

```
'''对文章进行分句处理'''
def seg_content(content):
    return [sentence for sentence in re.split(r'[? ? !! 。;,;\n\r]', content) if sentence]

eventContentList2 = [seg_content(e) for e in eventContentList]
print("分句后第一篇事件 Content:\n{}.".format(eventContentList2[0]))

# 定义存储字典
eventContentDict = {}

for i in range(len(eventTitle)):
```

```
    #去除文本数据首行
    eventContentDict[eventTitle[i]] = eventContentList2[i][1:]
```

步骤十三：词性标注：jieba分词、词性标注。

```
'''对句子进行词性标注'''
def process_sent(sentence):
    words = pseg.cut(sentence)
    res = [(word,flag) for word,flag in words]
    return res
eventContentList3 = []
for i in range(len(eventContentList2)):
    res = []
    for sentence in eventContentList2[i]:
        res.extend(process_sent(sentence))
eventContentList3.append(res)
```

步骤十四：收集专有名词。

```
#定义存储字典
eventNERDict = {}
#人名、地名、机构名
ners = ['nr','ns','nt']
eventNerList = []
for i in range(len(eventContentList2)):
    eventNERDict[eventTitle[i]] = []
    for sentence in eventContentList2[i]:
        words = process_sent(sentence)
        for word in words:
            if word[1] in ners:
                eventNERDict[eventTitle[i]].append(word[0])
```

步骤十五：过滤重复的专有名词。

```
for k,v in eventNERDict.items():
    eventNERDict[k] = list(set(v))
eventNERDict
```

步骤十六：事件的结构化存储。

使用xml文档格式存储事件的关键信息，包括：事件的标题、事件的报告时间、事件的类型、事件的发生地点、事件的先后语句。

```
from xml.dom.minidom import Document
def write_datato_xml(title_text,rt_time,event_type,events):
    #实例化一个Domcument
    dom = Document()
    #创建根节点
    body = dom.createElement("Body")
```

```
#将根节点添加到 domcument 中
dom.appendChild(body)

#创建 Title 标签
title = dom.createElement("Title")
#将 title 标签加入根节点
body.appendChild(title)

#创建 text 标签
title_text = dom.createTextNode(title_text)
#将 text 标签加入 title 标签中
title.appendChild(title_text)

#创建 ReportTime 标签
reporttime = dom.createElement("ReportTime")
#将 rt 节点添加至 body 节点
body.appendChild(reporttime)
#
reporttime_text = dom.createTextNode(rt_time)
#将 text 标签加入 reporttime_text 标签中
reporttime.appendChild(reporttime_text)
#添加属性
reporttime.setAttribute("type","{}".format('absTime'))

#创建 Content 标签
content = dom.createElement("Content")
#创建 Paragraph 标签
paragraph = dom.createElement("Paragraph")
#创建 entence 标签
sentence = dom.createElement("Sentence")

body.appendChild(content)
content.appendChild(paragraph)
paragraph.appendChild(sentence)

for i in range(len(events)):
    #创建 event 标签
    event = dom.createElement("Event")
    sentence.appendChild(event)

    #创建 text 标签
    event_text = dom.createTextNode(events[i])
    #将 text 标签加入 title 标签中
    event.appendChild(event_text)

    #添加属性
    event.setAttribute("type","{}".format(event_type))
    event.setAttribute("eid","e{}".format(i))
```

```
        return dom

    def write2xml(filename):
        with open(filename,'w',encoding = 'utf - 8') as f:
            # f:文件对象,indent:每个 tag 前面填充的字符,addindent:每个子节点的缩进字符,
newl:每个 tag 后填充的字符
            dom.writexml(f, indent = '\t', newl = '\n', addindent = '\t')
            f.close()

for k,v in evenConetentDict.items():
        # print(k,v)
        dom = write_datato_xml(k,v[0],v[1],v[2])
        output = './result/' + k + '.xml'
        write2xml(output)
```

任务工单

<table>
<tr><td>任务名称</td><td colspan="2">文本数据处理</td></tr>
<tr><td>任务目的</td><td colspan="2">1. 为事件识别模型的训练提供可用的语料；
2. 掌握文本数据读取，事件主题、事件报告日期、事件要素（人物、地点、关键词）提取，结构化存储事件等一系列操作；
3. 培养实际项目中应对新需求的解决能力。</td></tr>
<tr><td>任务内容</td><td colspan="2">1. 完成多文档文本数据的读取，掌握 Python 编程和多文件读取方法；
2. 完成事件主题、事件报告时间信息的提取，掌握 Python 编程和正则化工具的使用技巧及原理；
3. 完成事件人物、地点、关键词提取，掌握词性标注、关键词抽取等技术原理；
4. 使用 xml 格式存储结构化的事件信息，掌握 xml 文档的写入方法。</td></tr>
<tr><td rowspan="2">第（　　）组</td><td>姓名</td><td></td></tr>
<tr><td>学号</td><td></td></tr>
<tr><td rowspan="7">任务实操</td><td colspan="2">文本数据处理的主要步骤列举</td></tr>
<tr><td>处理步骤 1</td><td></td></tr>
<tr><td>处理步骤 2</td><td></td></tr>
<tr><td>处理步骤 3</td><td></td></tr>
<tr><td>处理步骤 4</td><td></td></tr>
<tr><td>处理步骤 5</td><td></td></tr>
<tr><td>处理步骤 6</td><td></td></tr>
</table>

考核评价

评价说明：本次任务完成后，采用学习过程评价与学习结果评价相结合，综合运用自我评价、小组评价及教师评价三种方式，由教师确定三种评价方式分别占总成绩的比例，并加权计算出学生 A 本次任务的考核评价分。

任务完成考核评价表			
项目名称	数据处理与清洗	任务名称	文本数据处理
班级		学生姓名	
评价方式	评价内容	分值	成绩
自我评价	任务准备完成情况	10	
	课堂讨论完成情况	10	
	任务实施过程完成情况	10	
	任务工单完成情况	40	
	对知识、技能的掌握程度	10	
	我胜任了小组内的工作	20	
	合计		
小组评价	本小组的本次任务完成质量	30	
	A 的本次任务完成质量	30	
	A 参与小组活动的态度	20	
	A 的合作精神和沟通能力	20	
	合计		
教师评价	A 所在小组的任务完成质量	30	
	A 的本次任务完成质量	30	
	A 对所在小组的参与度	20	
	A 对本次任务的贡献度	20	
	合计		
总评＝自我评价×（ ）%＋小组评价×（ ）%＋教师评价×（ ）%＝			

项目总结

本项目主要讲授数据处理与清洗的知识，内容包括数据处理的基本概念与流程、人工智能数据集的处理方法、常见数据处理工具的使用（如 Pandas、Numpy、正则化工具等），以及图像、语音和文本数据集的预处理方法。学生将学习如何通过数据清洗和标准化操作为人工智能任务提供高质量的数据支持，以及特定数据集的处理技巧，如图像去重、格式转换、语音分帧与信号分析等。主要实践项目包括：图像数据的处理与分析、ASR 语音数据集的预处理、文本数据集的清洗与结构化存储等。通过这些实践项目的学习，学生将掌握数据处理的具体技术，并具备将理论知识应用于实际任务的能力。

<table>
<tr><th colspan="4">项目总结记录表</th></tr>
<tr><td>项目名称</td><td colspan="3">数据处理与清洗</td></tr>
<tr><td>班级</td><td></td><td>学生姓名</td><td></td></tr>
<tr><td>任务</td><td>重要知识点记录</td><td colspan="2">实施过程中遇到的问题及解决方式</td></tr>
<tr><td rowspan="2">任务 3.1</td><td></td><td colspan="2"></td></tr>
<tr><td></td><td colspan="2"></td></tr>
<tr><td rowspan="2">任务 3.2</td><td></td><td colspan="2"></td></tr>
<tr><td></td><td colspan="2"></td></tr>
<tr><td rowspan="2">任务 3.3</td><td></td><td colspan="2"></td></tr>
<tr><td></td><td colspan="2"></td></tr>
<tr><td rowspan="2">任务 3.4</td><td></td><td colspan="2"></td></tr>
<tr><td></td><td colspan="2"></td></tr>
<tr><td colspan="4">项目自我总结：</td></tr>
</table>

任务拓展

1. 学习自然语言处理中常见的文本处理方法。
2. 视频数据处理相关内容请扫二维码学习。

视频数据处理

课后练习

1. 单项选择题

(1) 下列选项中，不属于音频数据格式的是（　　）。

A. wav　　B. mp3　　C. wma　　D. txt

(2) 下列选项中，不属于语音分帧的窗函数的是（　　）。

A. 矩形窗　　B. 汉明窗　　C. 海宁窗　　D. 滤波器

(3) 下列选项中，不属于语音文件处理的常见操作的是（　　）。

A. 语音分帧　　B. 静音切除　　C. 提取关键词　　D. 语音数据标准化

(4) 下列选项中，不属于写入 XML 文件步骤的是（　　）。

A. 创建标签　　B. 拼接标签　　C. 添加属性　　D. 建立字典

(5) 下列选项中，不属于语料数据关键信息抽取的方法的是（　　）。

A. 构建词频字典　　B. 采用 TF-IDF 算法

C. 采用 TextRank 算法　　D. 去除停止词

(6) 下列选项中，属于文本清洗常见操作的是（　　）。

A. 词性标注　　B. 文本分词　　C. 去除噪声　　D. 文本编码

(7) XML 文件中，“setAttribute”方法表达的是（　　）。

A. 为标签添加属性　　B. 创建根节点

C. 创建子节点　　D. 创建文本节点

2. 判断题

(1) 语音信号的每一帧为 10～30ms，也就是说每秒钟 33～100 帧。（　　）

(2) 音频文件的 .wav 格式与 .wma 格式几乎没有区别。（　　）

(3) 我们可以通过输出的波形图来对音频文件进行预清洗。（　　）

(4) 文本语料数据集一般包含字符、空格、标点符号等信息。（　　）

(5) XML 文件与 HTML 文件的设计原理与方法都一致。（　　）

(6) 正则工具及方法仅仅用于文本的清洗阶段。（　　）

(7) TF-IDF 方法可以有效抽取文本数据中的关键信息。（　　）

(8) 文本语料预处理包含文本清洗、去除停止词、文本分词等操作。（　　）

3. 简答题

(1) 写出不同场景下的语音数据处理的应用。

(2) 简单描述音频语音语料数据处理的流程。

项目 4

数据标注服务

项目导入

1. 项目背景及需求

在我们的日常生活中，人工智能已经无处不在。大到智慧医疗、自动驾驶、智能政务，小到手机扫码、人脸识别、语音转文字以及智能客服，当我们享受人工智能所带来的便捷体验时，是否思考过这到底是如何实现的？其中，数据标注发挥了重要作用。作为人工智能算法得以有效运行的关键环节，数据标注能够把需要机器识别和分辨的数据贴上标签，然后让计算机不断地学习这些数据的特征，使计算机最终实现自主识别，从而在日常生活中实现一幕幕人机对话的场景。数字经济时代，算力是核心生产力，算法是重要生产工具，数据是关键生产资料。数据标注作为数字经济产业链的基础服务商，将进一步筑牢数字经济产业链条。数据的数量和质量很大程度上决定了大模型的“智商”，没有数据标注，人工智能就无法在智能化场景中应用、迭代。

2. 项目分解

- 票据 OCR 文本标注；
- 可行驶区域检测图像标注；
- 客服语音转写标注。

3. 职业岗位介绍

数据标注工程师主要负责对各种数据进行标注、审核、整理和反馈，以帮助机器学习模型更好地理解和学习数据。具体职责包括但不限于以下几点：

- 数据标注操作：根据项目需求，对图片、视频、文本等各种类型的数据执行标注工作，例如标记图片中的物体、转录视频中的对话、标注文本中的情感倾向等。
- 数据审核管理：审核已标注的数据，确保标注的准确性和一致性，同时对标注团队的工作进行管理和指导。
- 数据整理反馈：对已完成标注的数据进行整理，保证数据格式的规范性和可用性，并及时反馈在标注过程中遇到的问题。
- 监控项目进度：监控项目执行的进度，确保数据标注的质量和效率符合项目要求。
- 数据处理修正：对图像、视频等数据进行处理、修正，以满足特定的标注需求。

项目目标

1. 知识目标

- 理解数据标注的基本概念和重要性；
- 掌握数据标注的方法，熟练使用数据标注的工具；
- 理解数据标注的整体流程，学习数据标注规范，确保数据标注的一致性和准确性。

2. 技能目标

- 掌握大数据标注工程的方法与技能；
- 提高数据标注的准确性和效率；
- 增强对数据的处理能力和分析能力。

3. 素养目标

- 遵循行业规范和标准，确保数据标注的质量符合项目要求，并保持工作过程的透明度和可追溯性；
- 认真对待每一项数据标注任务，确保数据的准确性和一致性，避免因疏忽而导致的数据质量问题；
- 在处理敏感数据时，遵守相关的法律法规和隐私政策，确保数据的安全性和合规性。

任务 4.1　票据 OCR 文本标注

任务导入

在数字化浪潮中，票据 OCR 文本标注意义非凡。企业日常运营会产生海量票据，传统人工处理耗时费力且易出错。票据 OCR 文本标注借助先进技术，将票据图像中的文字精准转化为可编辑数据。它能极大提升数据录入效率，让财务人员从繁重的重复劳动中解脱，投入更具价值的分析工作。精准标注的票据数据为财务核算、税务申报提供可靠依据，助力企业合规运营。标注后的数据还方便进行深度挖掘与分析，为企业决策提供有力支持，如洞察业务趋势，优化成本结构，推动企业在数字化时代高效稳健发展。

任务 4.1
票据数据标注

任务信息

<table>
<tr><td>项目名称</td><td>数据标注服务</td><td>任务名称</td><td>票据 OCR 文本标注</td></tr>
<tr><td rowspan="3">任务目标</td><td>知识目标</td><td colspan="2">● 掌握数据标注的基本概念；
● 了解 OCR 识别的基本流程；
● 熟悉票据标注的基本原理和方法；
● 了解模型训练和数据预标注的方法。</td></tr>
<tr><td>能力目标</td><td colspan="2">● 具备对票据的文本进行标注的能力；
● 具备优化标注效果的基本能力。</td></tr>
<tr><td>素养目标</td><td colspan="2">培养敏锐的观察力，能够注意到票据文本中的细微差别和潜在错误。</td></tr>
<tr><td>任务描述</td><td colspan="3">票据文本标注在现代金融和商业操作中扮演着至关重要的角色。通过精确地标记和分类票据上的关键信息，企业能够实现数据处理的自动化，显著提升效率并减少人为错误。这种自动化不仅优化了资源分配，还增强了数据的准确性和可靠性，为深入分析和策略制定提供了坚实的基础。此外，票据文本标注对于遵守行业规范和法规要求至关重要，它帮助企业有效地管理和监控财务交易，预防欺诈行为，确保合规性。票据文本标注是连接传统业务与现代技术的桥梁，对提高效率、保障安全和推动创新具有重要意义。</td></tr>
<tr><td>任务准备</td><td colspan="3">在模型训练之前，我们需要对图像文本数据做标注，需要对图像内的文本做好标签，这样研究员才能利用我们提供的数据和标注标签进行模型训练。</td></tr>
<tr><td>实施提醒</td><td colspan="3">数据标注对于模型的最终效果具有非常重要的作用。</td></tr>
</table>

知识准备

4.1.1 数据标注概述

1. 数据标注的定义

数据标注是指对图片、语音、文本、视频等数据进行处理，标记对象的特征，生成满足机器学习训练要求的可读数据编码。数据标注企业通常需要完成数据集结构/流程设计、数据处理、数据质检等工作，为下游客户提供训练数据集、定制化服务。

数据标注一直是人工智能技术研发中不可或缺的一环，伴随着 AI 在自动驾驶、金融、医疗、安防等多个垂直场景的深度落地，数据训练需求海量增长，数据标注也摆脱了传统劳动密集型行业的局限性，向高技术含量、高知识密度和高价值等特性发展。

数据经过清洗，即可进入数据标注的核心环节。一般在正式标注前，会由需求方的算法工程师给出标注样板，并为具体标注人员详细阐述标注需求与标注规则，经过充分讨论与沟通，以保证最终数据输出的方式、格式以及质量一步到位，这也被称为试标过程。试标后，标注工程师按照此前沟通确认的要求进行数据标注，通过对图像、视频、语音、文本等素材进行细致的分类、标框、描点等操作，给素材打上不同的标签，以满足不同的人工智能应用需要。

2. 数据标注的历史

数据标注作为人工智能（AI）与机器学习（ML）领域的核心环节，其发展历程与技术演进深刻影响着 AI 模型的性能与应用广度。随着 AI 技术的普及，数据标注已从基础的数据处理环节演变为推动技术创新的关键驱动力。

（1）早期萌芽（20 世纪 50 年代—2000 年左右）。

数据标注的概念起源于人工智能研究初期，彼时受限于计算能力，标注工作主要依赖人工完成，效率低下且成本高昂。这一阶段，数据标注主要用于基础图像识别和语音识别研究，应用场景有限。

（2）技术突破与规模化（2000 年—2020 年左右）。

随着互联网普及和计算能力提升，数据标注进入快速发展期。2007 年 ImageNet 项目启动，通过大规模图像标注推动了深度学习技术的突破。2012 年 AlexNet 在 ImageNet 竞赛中夺冠，标志着深度学习与大规模标注数据结合的巨大潜力。这一时期，数据标注开始服务于自动驾驶、医疗影像分析等复杂场景，需求量呈指数级增长。

（3）智能化与专业化（2020 年至今）

当前，数据标注正经历智能化与专业化转型。自动化标注工具（如预标注、主动学习）和 AI 辅助标注技术显著提升效率，同时标注需求向垂直领域深化，如医疗、法律、金融等高精度场景。行业对标注质量、数据安全及合规性的要求日益严格，推动标注服务向专业化、标准化发展。

3. 数据标注的分类

数据标注按标注对象主要可分为以下几类。

（1）图像数据标注。

分类标注：为图像中的物体或场景指定一个类别标签，例如将一张包含猫的图片标注为“猫”类别，用于图像分类任务。

目标检测标注：在图像中用矩形框或多边形框出目标物体的位置，并标注出物体的类别，如在一张街道照片中框出所有车辆，并标注为“汽车”“公交车”等不同类别，常用于自动驾驶中的目标识别等场景。

语义分割标注：将图像中的每个像素都标注为所属的类别，实现对图像的精细分割，比如区分出一幅森林图像中树木、草地、天空等不同区域的像素，可应用于图像理解和场景分析。

关键点标注：标记出图像中特定物体的关键节点或部位，如在人体图像上标注出关节点位置，用于姿态估计和动作识别等领域。

（2）文本数据标注。

命名实体识别标注：识别文本中的命名实体，如人名、地名、组织机构名等，并标注其类别，例如在“苹果公司发布了新款手机”这句话中，标注“苹果公司”为组织机构名。

情感分析标注：对文本的情感倾向进行标注，如积极、消极或中性，常用于分析用户对产品、服务等的评价和反馈。

文本分类标注：将文本划分到不同的类别中，如将新闻文本分为政治、经济、体育等类别，以便进行文本分类和信息检索。

关系抽取标注：标注文本中实体之间的关系，如“苹果公司创始人是史蒂夫·乔布斯”中，标注出“苹果公司”与“史蒂夫·乔布斯”之间的“创始人”关系，有助于知识图谱的构建。

（3）语音数据标注。

语音转文字标注：将语音内容转换为文字形式，同时可能还会标注一些语音的属性，如说话人身份、口音、语速等，为语音识别系统提供训练数据。

语音情感标注：根据语音的语调、语速、音量等特征，标注出语音所表达的情感，如高兴、悲伤、愤怒等，可应用于情感交互的语音应用中。

语音分类标注：将语音按照不同的类别进行标注，如将语音分为电话语音、会议语音、环境声音等类别，用于语音信号的分类和识别。

（4）视频数据标注。

视频目标检测标注：在视频的每一帧或关键帧中，标注出目标物体的位置和类别，如同图像目标检测标注，但需要考虑物体在视频中的运动轨迹和变化，常用于视频监控和行为分析等领域。

视频动作识别标注：标注出视频中人物或物体的动作类别，如“跑步”“跳跃”“挥手”等，为视频动作识别算法提供训练数据。

视频语义分割标注：对视频中的每一帧图像进行语义分割标注，以实现对视频中不同物体和场景的动态分割和理解，可应用于智能视频分析和自动驾驶等场景。

4.1.2 OCR 识别

想要对票据 OCR 图像文本做标注，我们首先要知道 OCR 模型是如何识别文本的。现阶段很多模型算法针对 OCR 项目分为检测和识别两个部分，具体流程如图 4－1 所示。

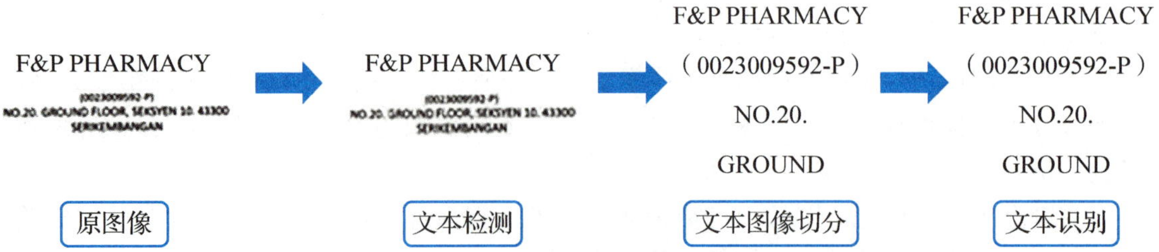

图 4－1 OCR 识别流程

先对原图像进行文本检测，检测出一行文本的具体位置信息；接着找到位置信息，将原图像拆分成每一个小的图像数据样本，对样本内文本进行文本识别。

4.1.3　票据标注

根据 OCR 识别的步骤，我们对票据数据做文本标注同样需要分为两个步骤：

第一，文本拉框。对原图像的逐行文本内容标注检测框，确定文本位置。

第二，文本标注。对文本检测框内的文本标注正确的文本内容。

（1）票据标注注意事项。按照单词划分文本，若单词前后有符号，可以将其一起覆盖与标注；图像中的分割符号不需要标注；文本之间如果有空格需要被标注出来；文本中的符号需要正确输入。

（2）票据标注的方法。我们在利用 labelbee 对 OCR 文本数据标注时，可以使用两种不同的标注方法。

1）单步骤标注。

由于 OCR 文本检测框标注使用的是 2D 矩形框，所以在创建单步骤项目时，依然使用目标检测项目类型。

创建项目之后，我们利用矩形框框选每行文本，框选之后右侧会出现文本输入的选项，输入框选的文本字符。如图 4－2 所示。

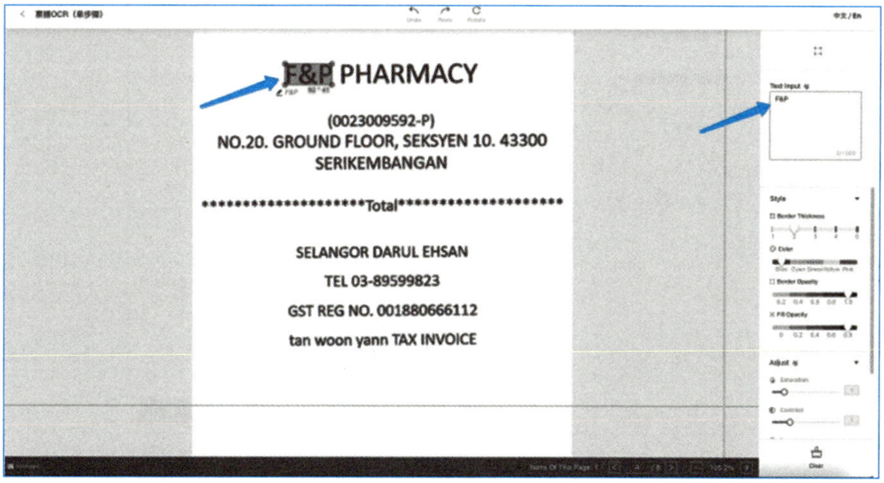

图 4－2　单步骤标注（1）

首先鼠标拉框选择文本内容，拉框之后右侧会出现“文本输入”，输入正确的文本内容。依次按照标注需求顺序标注每一个文本框，正确标注文本内容，即可完成一张图像样本的标注。如图 4－3 所示。

单步骤标注是在一个流程内实现了 OCR 数据标注的两个步骤：文本拉框和文本标注，而多步骤任务标注是将两个标注步骤分开标注。

2）多步骤标注。

多步骤项目的创建方式不同于单步骤，需要在创建任务时，选择新建每个步骤的标注类型，如图 4－4 所示。

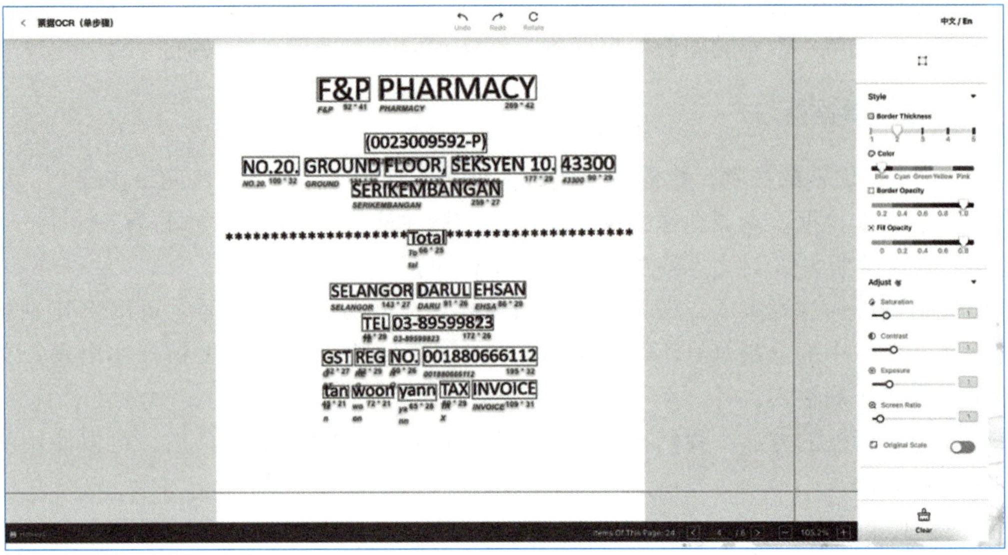

图 4-3　单步骤标注（2）

图 4-4　多步骤标注（1）

多步骤标注的第一个步骤为：文本拉框。

当我们创建第一个步骤时，数据源的选择只有一个选项：原图。这是由于第一步因为没有其他操作，只能对数据原图做标注。选择好数据源之后，我们就可以选择标注工具，由于第一步是要进行文本框的标注，所以同样需要选择目标检测（矩形框）任务，如图 4-5 所示。

由于第一步我们只需要进行文本框标注，不需要标注框内的文本，所以这里不需要打开文本标注按钮。新建好第一步标注任务后，在任务步骤内会出现第一个步骤的标识“Detection”，这个步骤只有文本拉框的功能。所以我们还需要新建第二步标注任务“文本内容标注”，如图 4-6 所示。

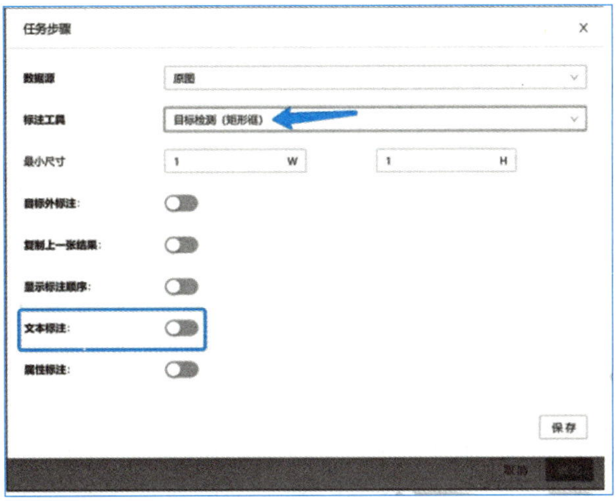

图 4-5　多步骤标注（2）

图 4-6　多步骤标注（3）

有了第一步任务步骤，我们创建第二步标注任务，此时在数据源选项中多了一个“第一步任务步骤所产生的数据源”的选择：目标检测（矩形框）。如图 4-7 所示。

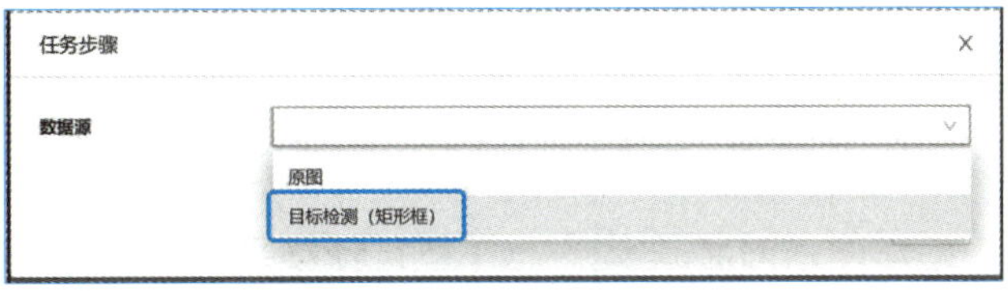

图 4-7　多步骤标注（4）

这是由于经过第一步的标注之后，产生了大大小小的矩形框，作为新的数据源出现。此时的标注工具就可以选择“文本”，并且在下面的文本列表选项，我们不需要做任何更改，这样就创建好了第二步标注任务：文本内容标注。如图 4-8 所示。

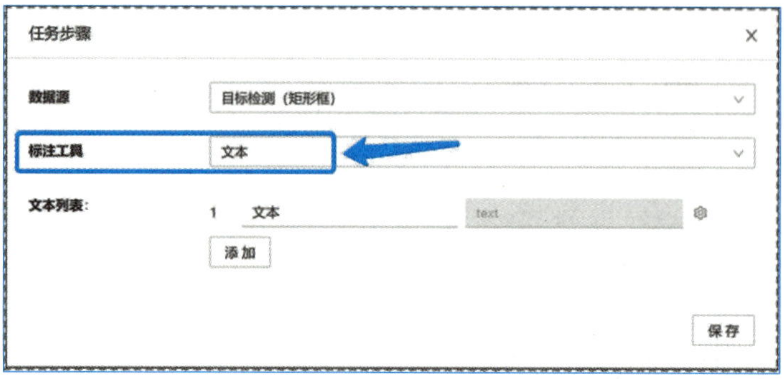

图 4-8 多步骤标注（5）

票据 OCR 多步骤标注任务创建好的项目界面如图 4-9 所示。

图 4-9 多步骤标注（6）

多步骤任务的第一步是先对图像样本中的文本框进行标注，注意此时不需要进行文本标注。如图 4-10 所示。

在标注好文本框之后，我们可以通过左上角的标注步骤切换到文本标注界面，此时显示的图像是每个文本框中的内容。

课堂讨论

1. 你觉得两种标注方法的标注效率一样吗？哪种更有效率？
2. 你更喜欢用单步骤还是多步骤进行标注？
3. 两种方法哪一种更容易出现标注错误的情况？

3）两种方法比较。

单步骤标注：标注完一个文本框之后就可以对其进行文本标注，虽然文本框很小，

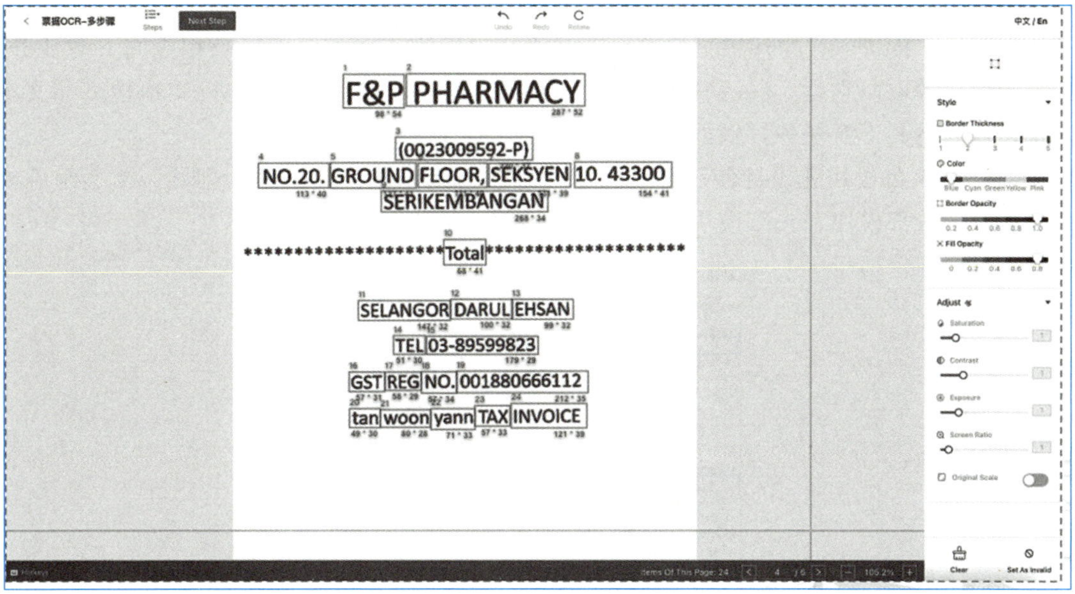

图 4-10　多步骤标注（7）

但是不需要切换界面。

多步骤标注：需要将一张图像中所有的文本框进行标注，然后再对文本框内的文本进行标注，虽然需要切换界面，但是会将文本框内容放大并逐个查看，便于标注。

4.1.4　模型训练

课程前面内容提到，OCR 算法识别步骤分为：文本检测、文本识别。所以 OCR 的训练模型分为文本检测模型以及文本识别模型两部分。如图 4-11 所示。

图 4-11　OCR 训练模型

本次实验只训练文本识别模型。训练文本识别模型，首先需要我们将标注好的文本框内的图片切割出来，如图 4-12 所示。

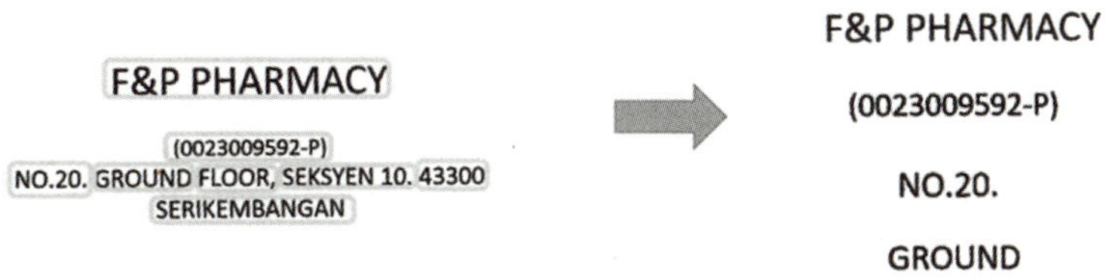

图 4-12　文本切割

文本识别模型直接以切割好的包含文本的图像为输入数据。MMOCR 是基于 PyTorch 和 mmdetection 的开源工具箱，专注于文本检测、文本识别以及相应的下游任务，如关键信息提取。它是 OpenMMLab 项目的一部分。该工具箱不仅支持文本检测和文本识别，还支持其下游任务，例如关键信息提取。

MMOCR 的模块化设计使用户可以定义自己的优化器、数据预处理器、模型组件如主干模块、颈部模块和头部模块，以及损失函数，如图 4－13 所示。

图 4－13 MMOCR 模型库

图 4－14 为文本识别效果。

图 4－14 文本识别效果

模型训练完成后，在个人空间文件夹下会生成模型训练的结果，如图 4－15 所示。

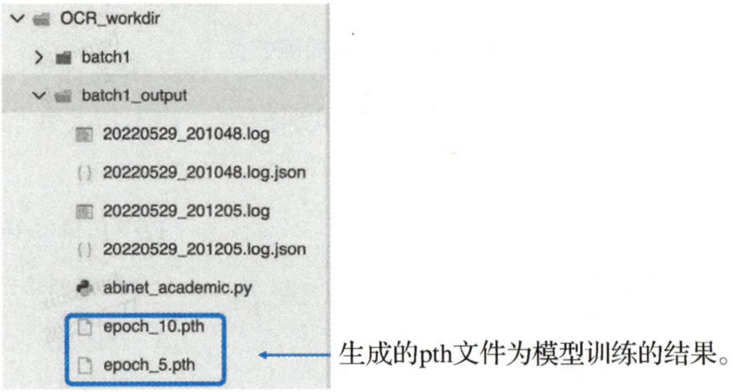

图 4－15 模型训练结果

4.1.5　模型预标注

本次实验使用的第一批标注票据数据，在文本内容以及图像样本质量上都比较简单，模型容易识别，但是在实际应用场景中，很多小票数据会有磨损部分无法修改，而且内容比较复杂。如图 4－16 所示。

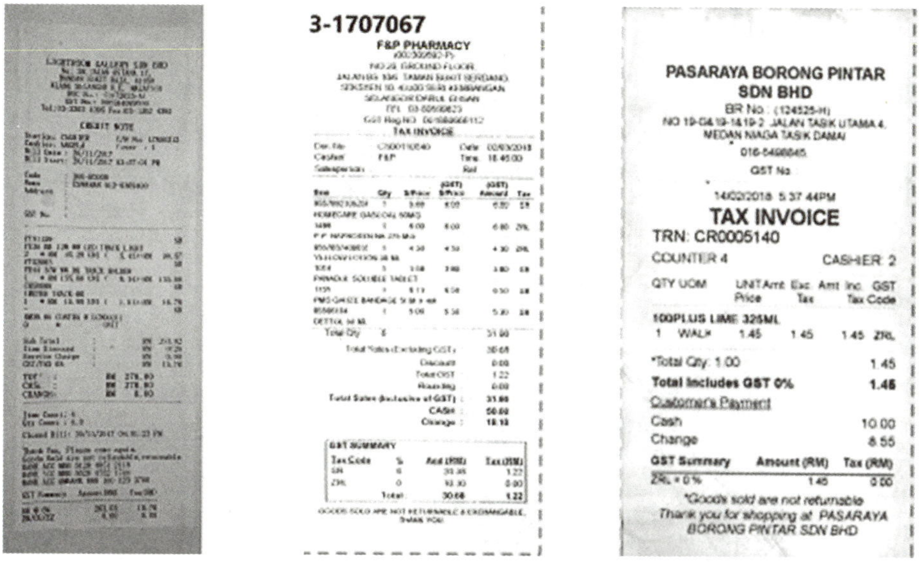

图 4－16　小票数据

为了进一步提升模型识别的准确性，研究员增加了一部分质量较低、内容复杂的小票数据，将这批数据增加到模型的训练数据集中，完成模型的再一次训练。

首先利用训练好的模型对这批数据进行预标注。第一批次训练的是 OCR 的文本识别模型，所以在做预标注之前，需要分别加载文本检测模型与文本识别模型。

预标注结束之后，可查看在指定路径下找到图像与标注结果。不同文件夹保存的是 labelbee 单步骤和多步骤标注可以打开的标签。如图 4－17 所示。

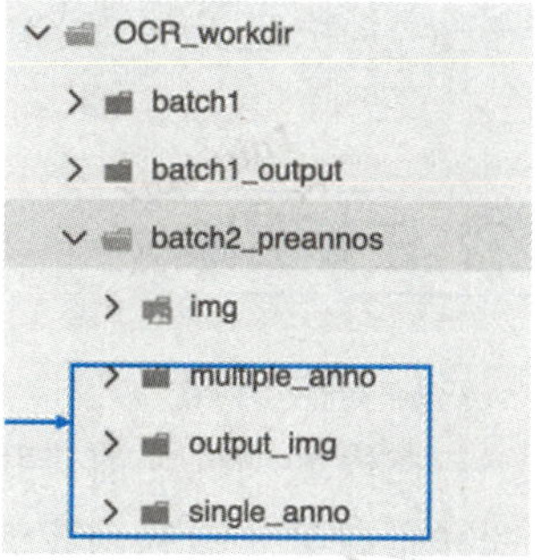

图 4－17　图像与标注结果

打开 output_img 文件夹，观察预标注的效果图，我们发现模型预标注的效果有很多错误，需要手动修改。

我们需要利用 labelbee 新建一个文本标注项目，用来修改预标注的结果。在利用 labelbee 调整标注结果时，标注规则与第一批次的标注要求一致。注意在标注时，不用区分字母的大小写，最好将小写字母都标注为大写。如图 4－18 所示。

4.1.6　第二批次模型训练

接下来我们需要将第二批次的数据和第一批次的数据进行融合，一起进行训练。前面提到，我们训练文本识别模型，程序的输出是根据标注的文本框对应切分好的小图像样本。所以我们需要对第二批次标注好的数据做数据切分。如图 4－19 所示。

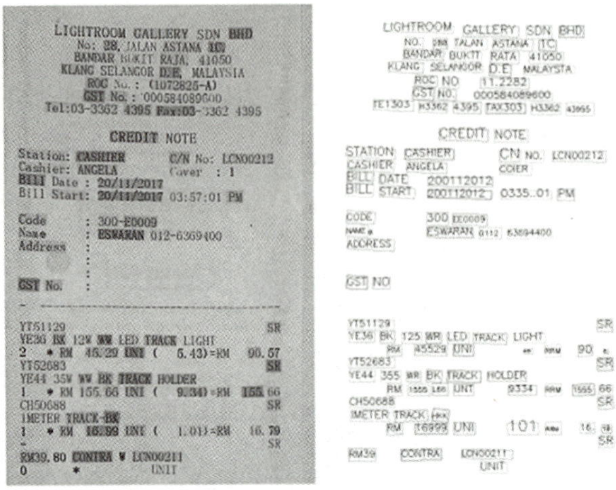

图 4-18 预标注效果

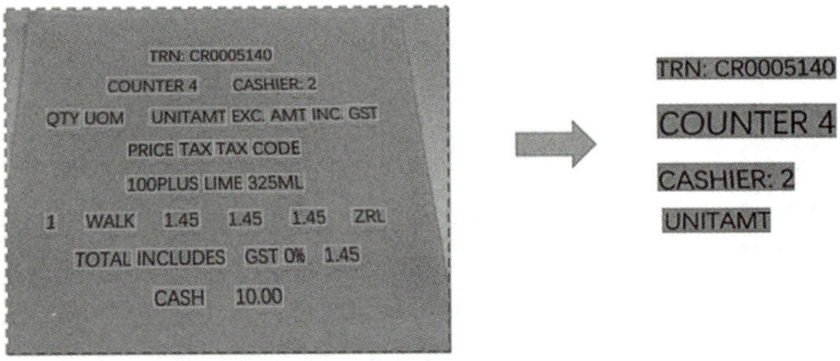

图 4-19 数据切分

课堂讨论

经过对小票 OCR 的图像文本数据进行标注，大家是否了解了标注流程？梳理一下标注思路，整理标注与模型训练流程图。

任务实施

1. 需求分析

在模型训练之前，我们需要对图像文本数据做标注，需要对图像内的文本做好标签，这样研究员才能利用我们提供的数据和标注标签进行模型训练。

2. 实施步骤

步骤一：下载待标注的数据集“票据 OCR-待标注数据集（批次 1）”，观察数据集内的数据样本。

步骤二：认真阅读“票据 OCR 标注需求”文档中的标注要求，后续需按照该要求完成标注。如表 4-1 所示。

表 4-1　标注要求

标注项目	[票据收据 OCR 检测]
标注类型	[2D 检测框标注+文本标注]
标注数据集描述	[模拟小票数据图像样本]
待标注目标	[票据数据集中的所有文本]
标注的数据规模	[待标注样本一共 6 张]
标注工具	[labelbee]
交付数据格式	[lablbee-json 数据格式]
误差范围	[质检合格率为 100%]

步骤三：新建一个单步骤的文本标注项目，标注一张文本图像数据样本。

要求：自行选择数据样本中的一张图像样本，利用 labelbee 进行单步骤标注。计算单步骤样本的标注时间。查看图像标注结果（json 文件）中如何记录文本位置与文本内容。如图 4-20 所示。

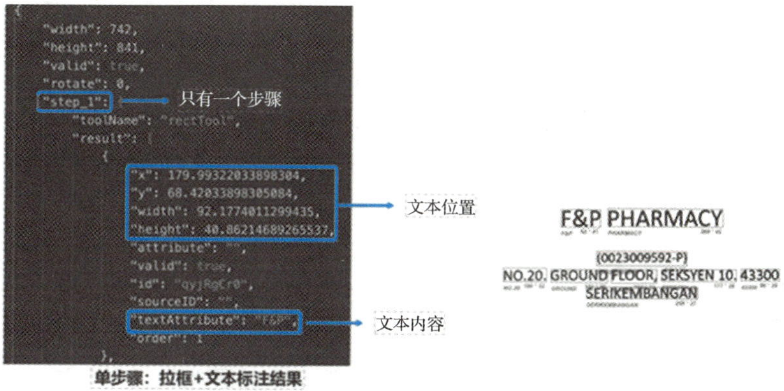

图 4-20　单步骤：拉框+文本标注结果

步骤四：新建一个多步骤的文本标注项目，标注图像数据样本。

要求：自行选择数据集中的一张图像样本，利用 labelbee 进行多步骤标注；计算多步骤的标注时间，感受不同标注方法的差异。如图 4-21 所示。

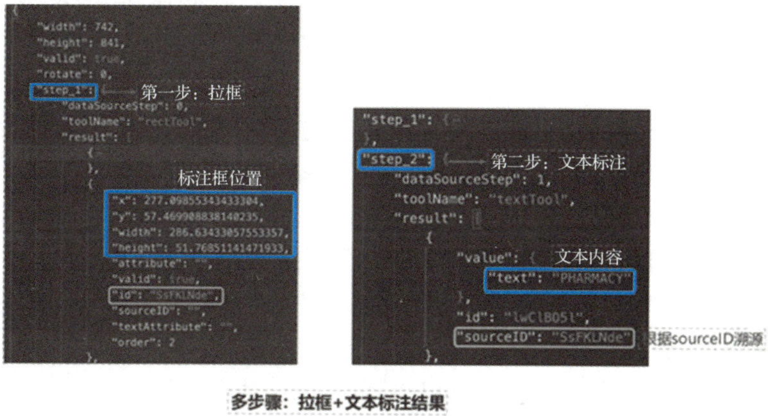

图 4-21　多步骤：拉框+文本标注结果

步骤五：利用 labelbee 新建一个文本标注项目，标注图像数据样本。

要求：

（1）选择两种标注方法的其中一种对本课程提供的数据样本做标注；

（2）在 30 分钟内完成标注；

（3）在标注过程中参考“标注需求”，保证标注样本的文本框位置准确度、文本标注准确度。

步骤六：进行数据质检。新建“票据 OCR 质检”项目，将刚刚标注好的标签文件路径添加到项目中，按照要求进行质检。

质检流程：

第一步：邀请其他组的学生作为质检员，对本组的标注数据进行质检；

第二步：质检员根据质检要求完成质检，并记录质检结果；

第三步：若质检不通过，需要重新标注，然后进行下一次质检（质检结果记录在“任务活页”上）。

质检要求：

（1）每张图像内的文本框必须被正确标注，如果出现以下情况则视为标注不合格：文本框未正确包裹文本、文本漏标、未按照标注规则标注。

（2）每个文本框内的文本内容必须正确标注，如果出现以下情况则视为标注不合格：文本内容错标/漏标、未按照标注规则标注；合格率需要为 100%，若合格率未到 100%，记录为未通过质检。

步骤七：进入实验平台，打开“任务 3：票据 OCR -数据划分和图像切分”项目，运行‘ocr_split_batch1. ipynb’，完成图像的切分。如图 4-22 所示。

图 4-22　图像切分

切分好的数据保存在个人空间“/space”下，程序在 train 文件夹下生成了两个部分：（1）train_split_img 文件夹：存储切分后的图像；（2）train. txt 文件：存储图像内的文本内容。如图 4-23 所示。

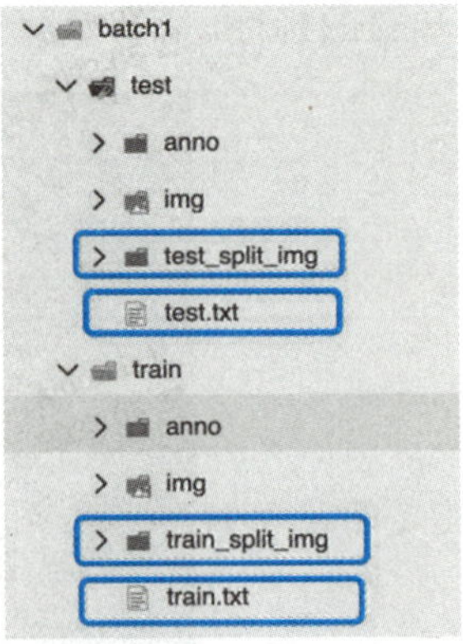

图 4-23　文件位置

步骤八：下载切分好的数据集，观察里面切分好的图像数据以及生成的 txt 标签文件。train. txt 文件中对应的是小图像的文本内容。

步骤九：打开项目“任务 3：票据 OCR -第一批次模型训练”，运行训练代码，等待模型训练完成。打开“ocr_batch1_train. ipynb”文件，运行代码块 train. py。

步骤十：选择一张图像，运行文本识别测试代码块，测试模型的文本识别精度。

步骤十一：打开“任务 3：票据 OCR -模型预标注”项目，运行程序完成模型预标注。待标注的数据存储在“引用的数据集”中。如图 4 - 24 所示。

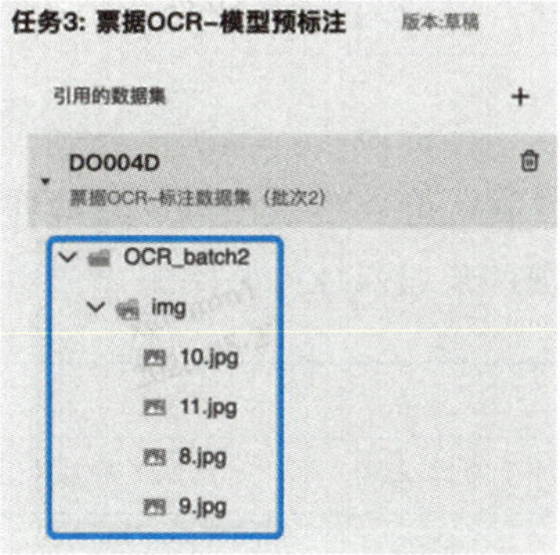

图 4 - 24　数据存储位置

步骤十二：下载标注结果到本地，新建 labelbee 预标注项目，导入图像以及预标注标签。在 labelbee 下新建文本标注任务，选择一种（单步骤/多步骤）标注方式。

图像的输入文件夹是我们的第二批次图像；结果文件夹内是使用预标注代码生成的 json 文件。

步骤十三：标注质检，对修改后的第二批次标注数据进行质检。

步骤十四：使用相关项目文件，对第一、二批次数据集做模型训练。

（1）打开“任务 3：票据 OCR -图像划分与图像切分”，完成数据集划分、数据合并与图像切分。

（2）打开“任务 3：票据 OCR -第二批次模型训练”，逐行执行每个代码块，运行训练程序获的模型，同时完成推理测试。

（3）查看模型推理效果，对比第一轮的效果，查看差异并分析原因。

任务工单

任务名称	票据 OCR 文本标注	
任务目的	1. 具备对票据的文本进行标注的能力； 2. 具备优化标注效果的基本能力。	
任务内容	1. 熟悉票据标注的基本原理和方法； 2. 了解模型训练和数据预标注的方法。	
第（　　）组	姓名	
	学号	
任务实操	票据 OCR 文本标注	
	标注关键步骤	
	标注关键步骤	
	标注关键步骤	
	标注关键步骤	
	标注关键步骤	
	标注关键步骤	

考核评价

评价说明：本次任务完成后，采用学习过程评价与学习结果评价相结合，综合运用自我评价、小组评价及教师评价三种方式，由教师确定三种评价方式分别占总成绩的比例，并加权计算出学生 A 本次任务的考核评价分。

任务完成考核评价表			
项目名称	数据标注服务	任务名称	票据 OCR 文本标注
班级		学生姓名	
评价方式	评价内容	分值	成绩
自我评价	任务准备完成情况	10	
	课堂讨论完成情况	10	
	任务实施过程完成情况	10	
	任务工单完成情况	40	
	对知识、技能的掌握程度	10	
	我胜任了小组内的工作	20	
	合计		
小组评价	本小组的本次任务完成质量	30	
	A 的本次任务完成质量	30	
	A 参与小组活动的态度	20	
	A 的合作精神和沟通能力	20	
	合计		
教师评价	A 所在小组的任务完成质量	30	
	A 的本次任务完成质量	30	
	A 对所在小组的参与度	20	
	A 对本次任务的贡献度	20	
	合计		
总评＝自我评价×(　　)%＋小组评价×(　　)%＋教师评价×(　　)%＝			

任务 4.2 可行驶区域检测图像标注

任务导入

可行驶区域检测图像标注，在智能交通和自动驾驶领域至关重要。它精准圈定车辆可安全行驶的范围，是智能系统理解复杂路况的基础。通过对大量道路图像细致标注，标注员为算法提供关键学习样本，使智能车或辅助驾驶系统能有效识别车道边界、路沿、障碍物及可通行的空旷区域。这极大提升了自动驾驶的安全性与可靠性，减少事故风险。标注成果还助力城市交通规划，为新道路设计、交通流量优化提供数据支撑，让出行更高效、顺畅，推动智能交通迈向新高度，提供更安全、便捷的未来出行体验。

任务 4.2
可行驶区域检测图像标注

任务信息

项目名称	数据标注服务	任务名称	可行驶区域检测图像标注
任务目标	知识目标	1. 了解自动驾驶相关知识； 2. 掌握语义分割标注方法； 3. 掌握数据集标注与质检方法。	
	能力目标	1. 具备对可行驶区域进行图像分割的能力； 2. 具备对数据集标注与质检的能力。	
	素养目标	1. 遵循行业标注规范和标准，确保标注数据的准确性和一致性； 2. 具备足够的耐心和细心，以确保标注过程的完整性和准确性。	
任务描述	近年来，自动驾驶的研究已经成为一个热门话题。环境感知作为自动驾驶的核心技术，是自动驾驶体现智能的主要方面。环境感知是汽车与周边环境交互的关键，是让汽车更好地模拟甚至超越人类的感知能力，准确检测与识别车内和车外环境的技术。如道路上的障碍物检测、车辆检测、行人检测以及可行驶区域检测等。可行驶区域检测也是车辆环境感知的一部分，它需要检测车辆当前所处的车道以及可以选择的车道，为车辆检测道路环境的变化，是实现车辆继续行驶和变道行驶的基础。可行驶区域检测图像标注为下一步可行驶区域检测模型的训练提供有效可用的标注数据。在此过程中，学习图像标注任务的需求分析、图像语义分割标注与质检、人工标注与机器标注协作等一系列操作，培养实际项目中应对需求时的解决问题能力。		

续表

任务准备	1. 可提前下载、打开图像标注工具 labelbee； 2. 登录平台，在数据标注：可行驶区域检测图像标注/任务介绍中下载待标注数据集“可行驶区域检测-标注数据集（批次 1）和（批次 2）”。
实施提醒	在模型训练之前，我们需要对图像中的信息做标注，做好标签，这样研究员才能利用我们提供的数据和标注标签进行模型训练。

知识准备

4.2.1 认识自动驾驶

自动驾驶是指车辆能够依赖自身对周围环境的感知、理解，自行进行运动控制，达到人类驾驶员驾驶水平。高度的无人驾驶系统能有效提高道路交通安全，减少事故发生。未来的无人驾驶还能在拥堵时及时调整路线，有效缓解城市交通拥堵，提升出行效率。

自动驾驶技术根据自动化程度的不同，分为六个等级，从 L0 到 L5，等级越高，自动化程度越高。L3 以上车辆要感知周边环境变化。L4、L5 的自动驾驶不再需要人类驾驶员。

自动驾驶首先是对环境信息和车内信息的采集、处理和分析，即环境感知，它是车辆自动驾驶的基础和前提。

自动驾驶的主要检测任务有：红绿灯检测、交通标识检测、障碍物检测、可行驶区域检测、车道线检测等。如图 4－25 所示。

图 4－25　自动驾驶主要检测任务

4.2.2 图像语义分割标注方法

1. 图像语义分割标注概述

图像语义分割（Semantic Segmentation）就是让计算机根据图像的语义进行标注。

图像的语义指图像的内容，对图片的理解；分割表示从像素的角度分割出图片中的不同对象。如图 4－26 所示。

图 4－26　道路分割

不一定要分割所有区域，只需要分割出感兴趣区域。例如，在可行驶区域检测中，我们只需要分割出当前行驶区域和可以选择的区域，建筑物、车辆、路灯不需要关注。

相较于分类任务与目标检测任务，语义分割任务能提供像素级别的图像理解。如图 4－27 所示。

图 4－27　语义分割示意

图像分类：识别图像中的内容；

目标检测：检测图像中的内容和位置（通过边界框）；

语义分割：检测图像中的内容和位置（通过图像像素）。

2. 图像语义分割的应用

地理环境检测：分割出道路、河流、建筑物等环境。如图 4－28 所示。

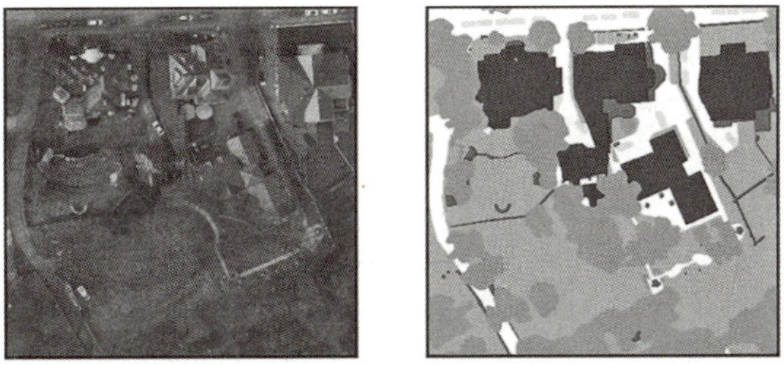

图 4－28　地理环境检测

自动驾驶环境检测：分割出车辆周边的道路、行人等。如图 4－29 所示。

图 4－29　自动驾驶环境检测

医疗影像分析：分割出牙齿结构与病灶。如图 4－30 所示。

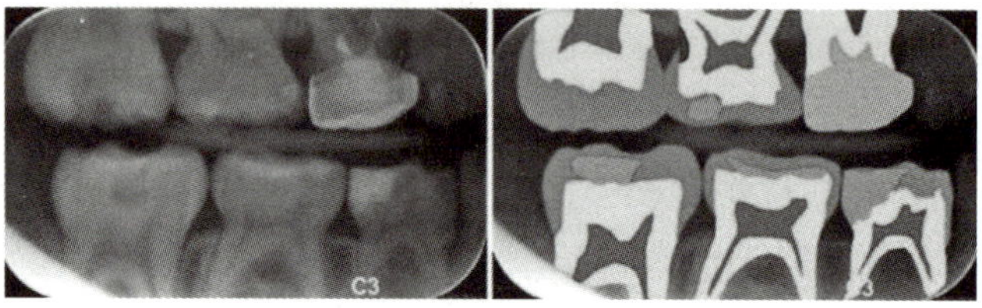

图 4－30　医疗影像分析

3. labelbee 语义分割-多边形标注工具

首先新建项目，采用单步骤。如图 4－31 和图 4－32 所示。

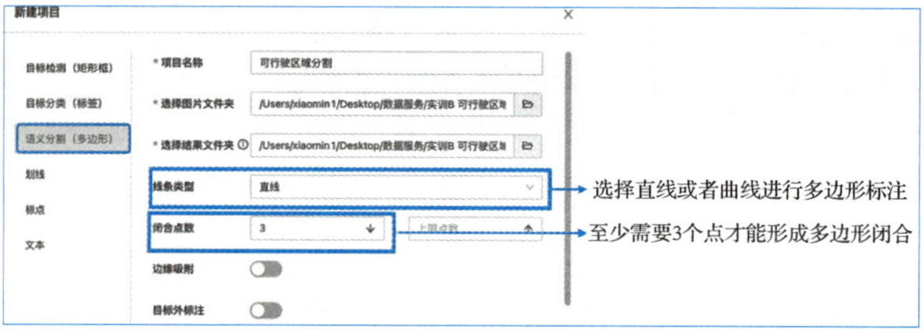

图 4－31　新建项目

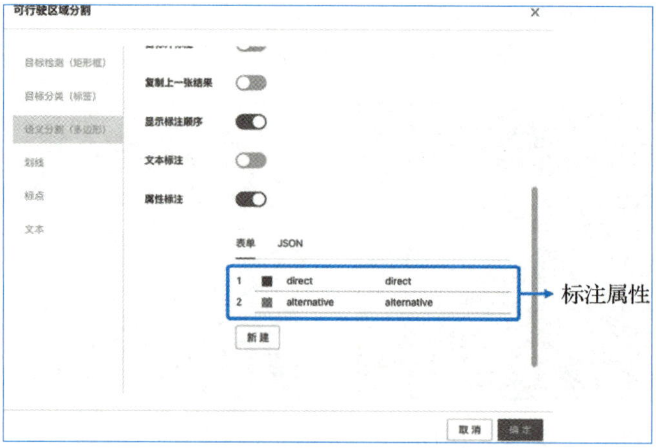

图 4－32　标注页面

开始标注：通过标记点构成多边形。

每标注一张图像，在结果文件夹中会生成一个与图像同名的 json 文件，记录标注信息。pointList 中记录了点的坐标。如图 4－33 所示。

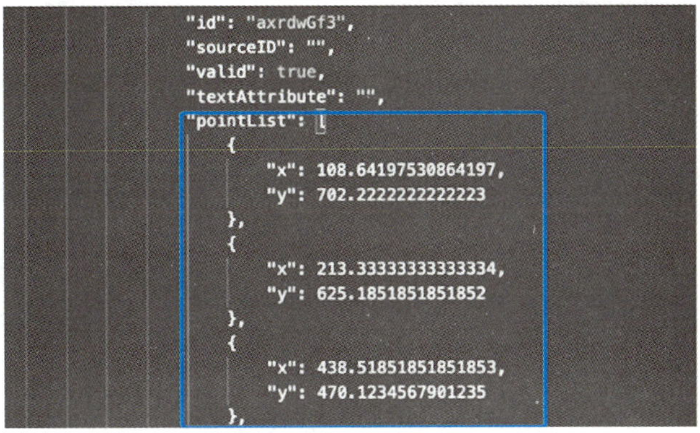

图 4－33　json 文件

4.2.3　数据集标注与质检

通过 labelbee 的 Mask 可以导出如下两种图像，如图 4－34 所示。

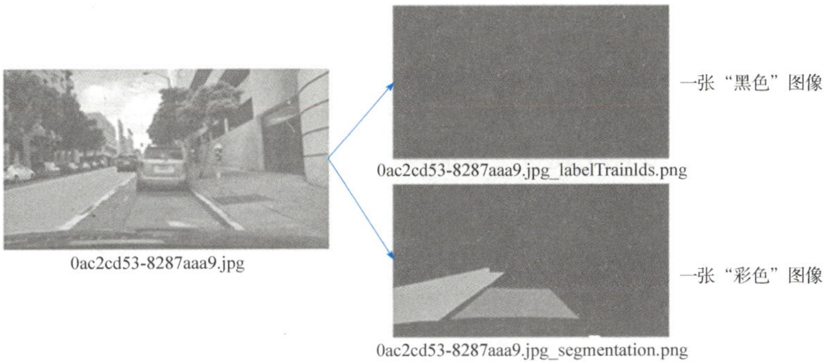

图 4－34　导出图像

-color-lost. json 文件中记录了标注编号，以及属性对应的颜色。如图 4－35 所示。

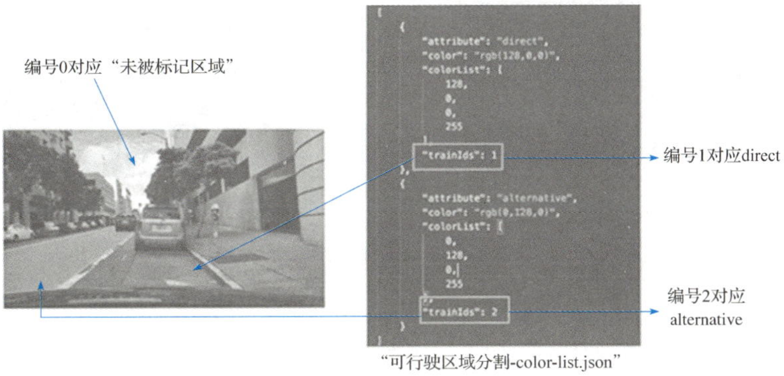

图 4－35　-color-lost. json 文件

colormap 图像（“彩色”图像）：用于显示语义分割区域，训练模型时不需要使用。如图 4－36 所示。

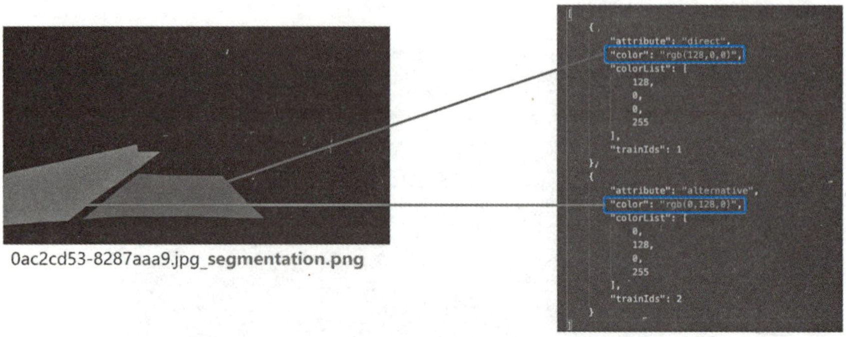

图 4－36　colormap 图像

在“可行驶区域分割-color-list. json”中可以找到不同区域对应的颜色。mask 图像（“黑色”图像）：记录语义分割区域的编号信息，训练模型时需要使用。如图 4－37 所示。

（1）mask 图像为什么是黑色的？

图像只有三种 RGB 值构成，分别是（0，0，0），（1，1，1）和（2，2，2），这三种 RGB 值在图像上体现都是黑色。因此 mask 图像是黑色的。

（2）为什么训练模型需要使用 mask 图像？

因为 mask 图像的像素值体现了该像素点的属性。

（0，0，0）表示该像素点无属性（未被标志）。

（1，1，1）表示该像素点为 direct。

（2，2，2）表示该像素点为 alternative。

与“可行驶区域分割-color-list. json”中的编号一致。如图 4－38 所示。

图 4－37　mask 图像

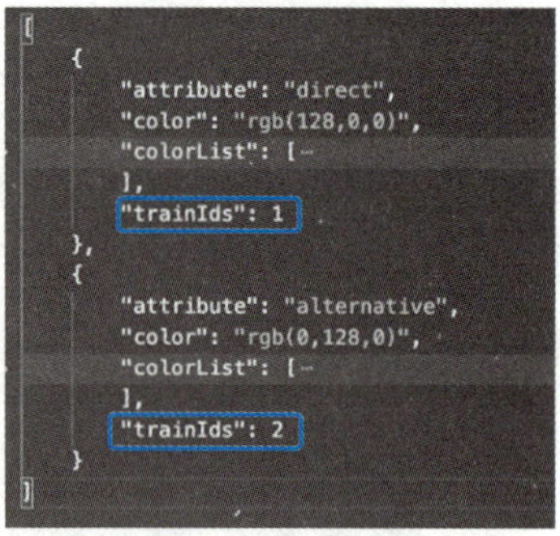

图 4－38　编号

从数值化后文档中可以清晰看出由不同数值组成的三个区域。如图 4－39 所示。

其他标注质检的方法：

（1）实时检验：能够有效减少标注过程中重复错误的重复出现，但对人力要求较高。

（2）抽样检验：对数据集进行抽样质检，节省人力，但数据集可能出现疏漏。

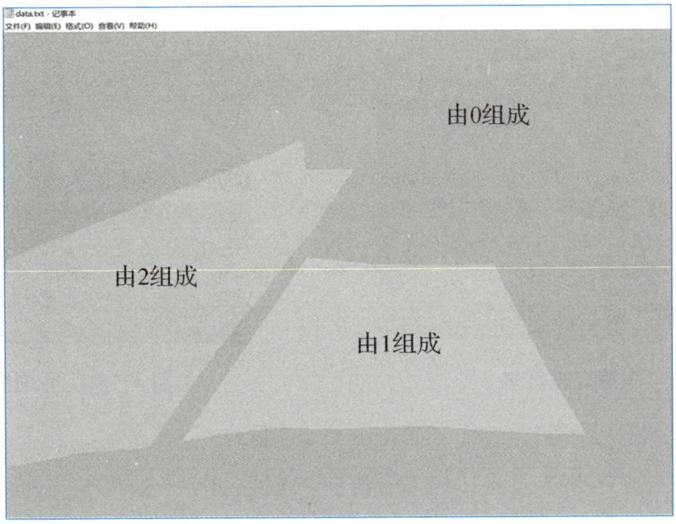

图 4－39　mask 图像的数值化展示

任务实施

步骤一：认真阅读表 4－2 中的标注需求，后续需按照该需求完成标注。

表 4－2　可行驶区域数据集标注需求

标注项目	[可行驶区域检测]
标注类型	[图像区域标注]
标注数据集描述	[由车载相机记录的车道图像，共 30 张]
待标注目标	[需要标注出车辆正在行驶的区域与车辆可以选择的行驶区域]
标注工具	[labelbee]
标注属性	[车辆正在行驶的区域标注 direct，车辆可以选择的行驶区域标注 alternative]
交付数据格式	[labelbee 导出的 Mask 格式]
误差范围	[质检合格率为 100%]

标注范围：

(1) 可行驶区域的左侧和右侧尽量与车道线边界保持一致，且不覆盖车道线。

(2) 可行驶区域的末端以视野尽头为准，如果图像中看不清晰，则不标注到行驶区域内。

(3) 非机动车道、应急车道等也需要考虑到行驶区域中。

(4) 对向车道、逆行车道不视为可行驶区域。

标注规则及示例：

(1) 标注两个类别：车辆正在行驶的区域 direct 和车辆可以选择的行驶区域 alterna-

tive。如图 4-40 所示。

（2）非连续车道线，标注行驶区域时当作连续车道线来进行标注。如图 4-41 所示。

图 4-40 车辆行驶区域

图 4-41 非连续车道线

（3）斑马线不做特殊考虑，视作行驶区域。如图 4-42 所示。

（4）车道上出现车辆或者非机动车辆等障碍物，则以车辆尾车轮为界。如图 4-43 所示。

图 4-42 斑马线

图 4-43 障碍物处理 1

（5）如果车道上有车辆等障碍物，但是障碍物并没有完全占满车道，或者车辆并不处在车道正中，仍留有 40%的区域（人为评估），则将未占满的区域视为行驶区域。如图 4-44 所示。

（6）车道与车道之间有物理障碍时，即使为通向可行驶车道也不视作可行驶区域。如图 4-45 所示。

图 4-44 障碍物处理 2

图 4-45 障碍物处理 3

（7）因为车载相机架设的原因，采集到的车辆前部位置，不考虑到行驶区域中。如图 4-46 所示。

（8）车辆在停车区域参照如下方法标注。如图 4-47 所示。

图 4－46　车辆前部处理

图 4－47　停车区域

步骤二：在 labelbee 上建立“可行驶区域分割”项目，熟悉语义分割标注操作。

（1）下载数据集“可行驶区域检测-标注数据集（批次 1）”，其中共包含 30 张车道图像。

（2）将待标注的图像文件夹作为“图片文件夹”，新建 annotions 文件夹作为“结果文件夹”。

（3）在建立项目过程中需写入正确的属性标注，属性分别为 direct 和 alternative。如图 4－48 所示。

图 4－48　标注属性

（4）熟悉多边形区域标注的快捷键（标记点、插入点、删除点、下一张、上一张等）。

步骤三：小组内分工合作，按照可行驶区域数据集标注需求，利用 labelbee 软件标注数据集。

（1）在 30 分钟内完成 30 张图像数据集标注，可 2 名学生分工标注，完成后将标注结果（与图片名对应的 json 文件）合并到一个文件夹中。

（2）不可手动修改图像名和生成的 json 文件。

（3）将在标注过程中遇到的“没有预想到的情况”记录在需求文档的“其他注意事

项”中。

步骤四：进行数据质检。新建“可行驶区域分割质检”项目，将图像文件夹与合并后的标注结果文件夹添加到项目中，按照如下要求进行质检。

质检流程：

(1) 邀请其他组的学生作为质检员，对本组的标注数据进行质检。

(2) 质检员根据质检要求完成质检，并记录质检结果。

(3) 若质检不通过，需要重新标注，然后进行下一次质检。

质检要求：

(1) 由于车道数据集较少，质检员需要检查所有图像，每一张图像都必须标注完整、正确，合格率需要为100%；若合格率未到100%，记录为未通过质检。

(2) 若图像中出现错标、漏标、多标，记录为不合格。

质检结果：

第一次：质检合格率为________%，是/否通过质检。(若第一次未通过质检，则需第二次质检，以此类推。)

第二次：质检合格率为________%，是/否通过质检。

步骤五：导出标注结果，将质检合格后的标注结果导出为 mask 格式。

(1) 建立“Anno_results”文件夹，将 mask 格式结果导出至该文件夹中。

(2) 分析文件夹中的文件特点，探究每一个文件的作用，尝试回答如下问题：

- Anno_results 文件夹中有哪些文件？
- _labelTrainIds.png 结尾的文件与_segmentation.png 结尾的文件有什么差异？
- json 文件的作用是什么？
- 哪一个是我们需要的模型训练数据文件？

步骤六：打开项目“可行驶区域标注-mask 图像”，查看运行程序，查看 mask 图像的 RGB 值。

(1) 直接运行“查看图像 RGB 值”的程序，探究 mask 图像为什么是黑色的。

(2) 修改图像名，查看原图、colormap 图像的 RGB 构成和图像模式。

(3) 将 mask 图像进行数值化展示，下载数值化后的 data.txt 文档，查看可行驶区域的数值。适当缩小图像，可看到由 0，1，2 组成的可行驶区域。

步骤七：打开项目“可行驶区域标注-机器预标注”，利用已经训练好的可行驶区域检测模型对“夜间道路”数据集进行标注。

(1)“引用数据集”中存储了待标注的图像文件夹（包含 30 张待标注的“夜间道路”的图像）。

(2) 运行程序，调用可行驶区域检测模型，对图像进行预标注。

(3) 预标注结束后下载个人空间中对应的预标注文件和“batch2”图像文件夹。

步骤八：下载预标注结果，在 labelbee 上新建项目，将图像与预标注结果导入项目中，调整预标注结果，对漏标、错标、未完整标注结果进行调整。

(1) 完成预标注后下载预标注结果文件夹与图像文件夹，需新建标注项目，将对应的第二批次的图像与预标注结果导入项目。

（2）属性设置为“direct”“alternative”。

（3）对漏标、错标、未完整标注结果进行调整。

（4）参考“可行驶区域数据集标注需求”文档进行标注。

（5）需在 40 分钟内完成标注，可与其他同学分工合作，标注完成后将标注结果（与图片名对应的 json 文件）合并到一个文件夹中。

步骤九：进行数据质检。新建质检项目，将图像文件夹与合并后的标注结果文件夹添加到项目中，按照如下要求进行质检。

质检流程：

（1）邀请其他组的学生作为质检员，对本组的标注数据进行质检。

（2）质检员根据质检要求完成质检，并记录质检结果。

（3）若质检不通过，需要重新标注，然后进行下一次质检。

质检要求：

（1）由于数据集较少，质检员需要检查所有图像，每一张图像都必须标注完整、正确，合格率需要为 100%；若合格率未到 100%，记录为未通过质检。

（2）若图像中出现错标、漏标、多标，记录为不合格。

质检结果：

第一次：质检合格率为________%，是/否通过质检。（若第一次未通过质检，则需第二次质检，以此类推。）

第二次：质检合格率为________%，是/否通过质检。

任务工单

任务名称	可行驶区域检测图像标注	
任务目的	1. 具备对可行驶区域进行图像分割的能力； 2. 具备对数据集标注与质检的能力。	
任务内容	1. 掌握语义分割标注方法； 2. 掌握数据集标注与质检方法。	
第（　　）组	姓名	
	学号	
任务实操	可行驶区域检测图像标注	
	标注关键步骤	
	标注关键步骤	
	标注关键步骤	
	标注关键步骤	
	标注关键步骤	

考核评价

评价说明：本次任务完成后，采用学习过程评价与学习结果评价相结合，综合运用自我评价、小组评价及教师评价三种方式，由教师确定三种评价方式分别占总成绩的比例，并加权计算出学生 A 本次任务的考核评价分。

任务完成考核评价表			
项目名称	数据标注服务	任务名称	可行驶区域检测图像标注
班级		学生姓名	
评价方式	评价内容	分值	成绩
自我评价	任务准备完成情况	10	
	课堂讨论完成情况	10	
	任务实施过程完成情况	10	
	任务工单完成情况	40	
	对知识、技能的掌握程度	10	
	我胜任了小组内的工作	20	
	合计		
小组评价	本小组的本次任务完成质量	30	
	A 的本次任务完成质量	30	
	A 参与小组活动的态度	20	
	A 的合作精神和沟通能力	20	
	合计		
教师评价	A 所在小组的任务完成质量	30	
	A 的本次任务完成质量	30	
	A 对所在小组的参与度	20	
	A 对本次任务的贡献度	20	
	合计		
总评＝自我评价×（ ）%＋小组评价×（ ）%＋教师评价×（ ）%＝			

任务 4.3 客服语音转写标注

任务导入

客服语音转写标注具有重大意义。在客户服务场景中，每天会产生海量语音沟通记录。转写标注可将这些语音精准转化为文字，并对关键信息加以标记。一方面，企业能借此快速梳理客户诉求，精准定位问题，大幅提升服务效率，及时解决客户困扰，增强客户满意度与忠诚度；另一方面，大量标注数据能助力人工智能客服的优化升级，为智能客服模型提供丰富的学习样本，使其更好地理解人类语言逻辑与情感倾向，模拟真人客服对话，实现更自然、高效的交互，最终推动企业客户服务水平迈向新高度，在激烈市场竞争中赢得优势。

任务 4.3
客服语音转写标注

任务信息

<table>
<tr><td>项目名称</td><td>数据标注服务</td><td>任务名称</td><td>客服语音转写标注</td></tr>
<tr><td rowspan="3">任务目标</td><td>知识目标</td><td colspan="2">1. 了解语音标注任务分类；
2. 熟悉语音标注应用场景。</td></tr>
<tr><td>能力目标</td><td colspan="2">使用工具完成对语音的标注，并达到质检要求。</td></tr>
<tr><td>素养目标</td><td colspan="2">1. 保持对新技术和新方法的关注，不断学习和适应语音转写领域的最新发展；
2. 具备自我提升的能力，能够根据反馈和经验不断优化转写流程和方法，提高转写效率和质量。</td></tr>
<tr><td>任务描述</td><td colspan="3">传统的客服热线都是依靠人工客服及 IVR 自助语音应答的形式进行解答。例如交通、电力、金融、公共事业等业务范围不仅面向广大群众，同时拥有大量的企业用户，在海量信息及每天数以万计的查询压力之下，传统服务模式早已不堪重负，其整体服务质量和用户体验都受到了很大的影响。智能客服的出现使所有的问题迎刃而解，用户只需要一个通信终端，对着话筒说出所需信息，智能客服将快速精准地为用户查找相关内容进行语音播报。如果用户还要进一步了解更多内容，电话可以直接转到负责此业务的部门，专业的客服人员就会为客户提供更详细的解答。这不仅有效地缓解了人工客服的压力，并且避免了传统的 IVR 服务所需要进行的烦琐的按键，使服务一步到位，提升了服务品质。</td></tr>
</table>

续表

任务描述	智能客服是通过语音识别技术进行语音识别、查找、播报。为了实现客服语音转写，研究员对客服语音进行数据标注，标注的目的是把当前语音转为文字，将对应的每段语音音素标记为文字，为下一步语音识别模型的训练提供有效可用的标注数据。在此过程中，学习语音标注任务的需求分析、语音标注工具 Praat、语音转写标注与质检、语音标注数据格式转换等一系列操作，培养实际项目中应对需求时的解决问题能力。
任务准备	1. 请提前启动语音标注工具 praat 软件； 2. 登录平台，在数据标注：智能客服语音转写标注/任务介绍中下载待标注数据集“智能客服数据集”。
实施提醒	在模型训练之前，我们需要对语音中的信息做标注，做好标签，这样研究员才能利用我们提供的数据和标注标签进行模型训练。

知识准备

4.3.1 语音标注任务分类

语音数据标注的目的在于对语言段中的各种属性加以辨认与标识，包括语音内容、噪声种类、周围环境、说话人信息、说话人情感等，从而帮助提升人工智能领域中语音研究方向的性能。与多种多样的语音交互场景相同，语音数据标注任务也具有各自不同的形式，大致可从以下不同维度考察它们的特点：

（1）按照智能应用场景，可划分为智能家居、智能会议、智能客服、智能车载等。

（2）按照语音信号处理研究方向，可划分为语音识别、语音合成、说话人识别、情感识别、语音分离等。

（3）按照音源与拾音器之间的距离，可划分为近场语音、远场语音。

（4）按照语音时长，可划分为短语音、长语音。

（5）按照难度等级，可划分为简单、中等难度、高难度。

（6）按照口音，可划分为普通话、方言、带地方口音的普通话等。

除此之外，小语种、英语相关的语音数据标注任务则需要有相应专业背景的专业人士来完成，这也加大了语音数据标注任务的难度。

4.3.2 语音标注应用场景

语音标注是标注员不断地对语言信息进行转写，让人工智能系统进行学习的过程。语音识别技术在日常生活中的很多方面都有应用，例如微信翻译、语音助手、智能音响、智能客服等。随着人工智能的逐步发展，人机语音交互场景将会向更多的方向延伸，对辨认精度、场景优化等方面提出了更高的要求。常见有下面四大场景。

1. 语音清洗

语音清洗通过技术清洗空音频，并由人工进行监听，选出符合要求的音频，基于百度标注基地人力可实现海量音频清洗，助力语音识别模型训练，可应用于智能家居、智能设备、智能客服、智慧门店等场景。

2. 语音转写

语音转写是根据音频播放的内容转写为对应的文本，常用于语音识别模型训练，可支持普通话、方言、英文和小语种的语音转写，应用于智能家居、智能设备、智能客服、智慧门店等场景。

3. 语音切分

语音切分是对长音频进行监听，标注音频中说话人的起始点，用于语音识别模型训练，应用于智能家居、智能设备、智能客服、智慧门店等场景。

4. 音素标注

音素标注是对音频进行监听，在转写文本的同时对文字的音标进行标注，常用于语音合成技术。

4.3.3　语音标注工具介绍

1. 语音标注工具 Praat

Praat 是目前比较流行也比较专业的语音处理软件，可以进行语音数据标注、语音录制、语音合成、语音分析等，具有免费、占用空间小、通用性强、可移植性好等特点。如图 4－49 所示。

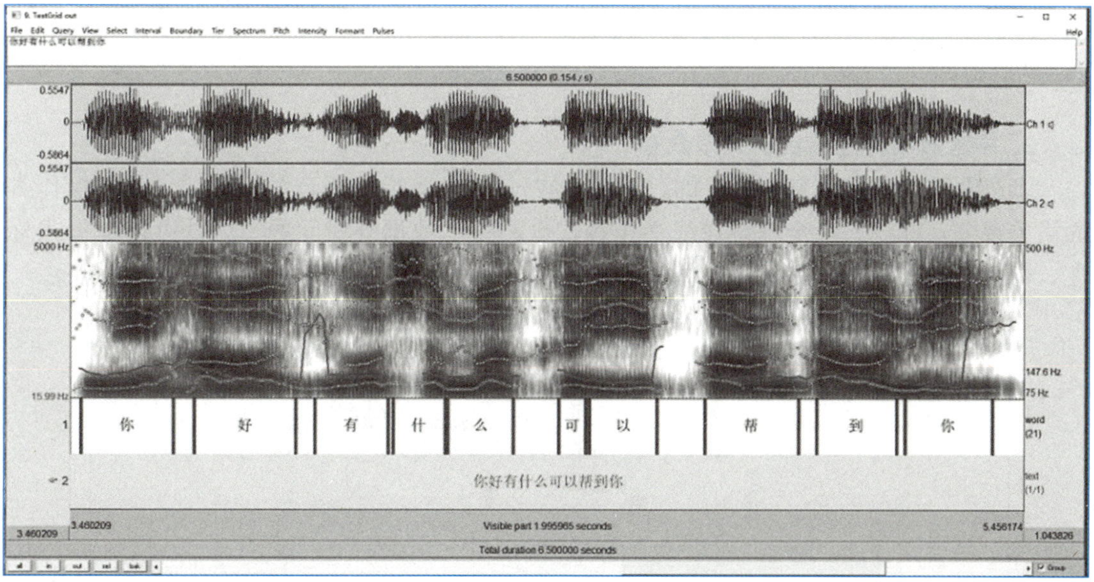

图 4－49　语音标注工具 Praat

官网下载地址：https：//www. fon. hum. uva. nl/praat/。

项目免费开源，源代码 github 地址：https：//github. com/praat/praat。

首先，打开语音标注工具 Praat。Praat. exe 是一个绿色文件，无须安装，直接可以使用，双击打开工具，出现两个界面 Praat Objects（主界面）以及 PraatPicture（图窗口)。然后，使用标注工具打开音频文件。选择一个音频文件，再点击 View & Edit 之后会弹出一个新的显示声音波形界面窗口。通过点击上面窗口，可以设置红色线，用来设置当前音频的结束，然后鼠标点击声音波形界面的灰色时间段可以播放音频。如图 4－50 所示。

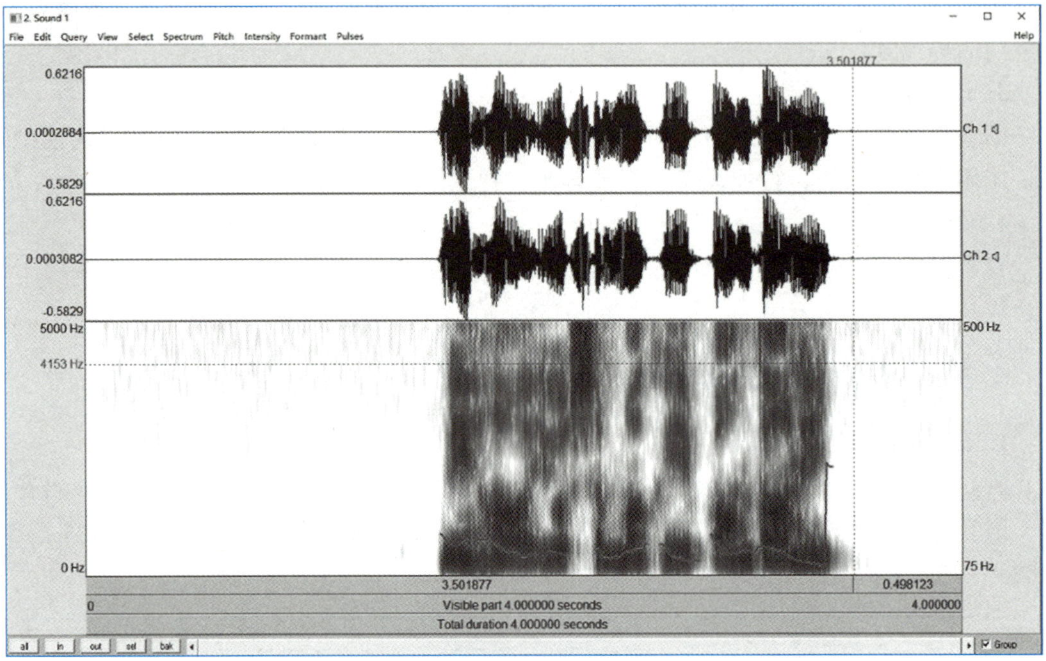

图 4－50 音频操作

2. 语音数据标注平台：京东众智

京东众智的工具是京东开发的，是一款在 web 上运行的语音数据标注工具，操作方面简单很多，标注人员全部是在线上作答，也避免了数据外泄问题。另外可以支持预标注，标注结果展示出来，标注人员简单修改一下，效率就提高很多。如图 4－51 所示。

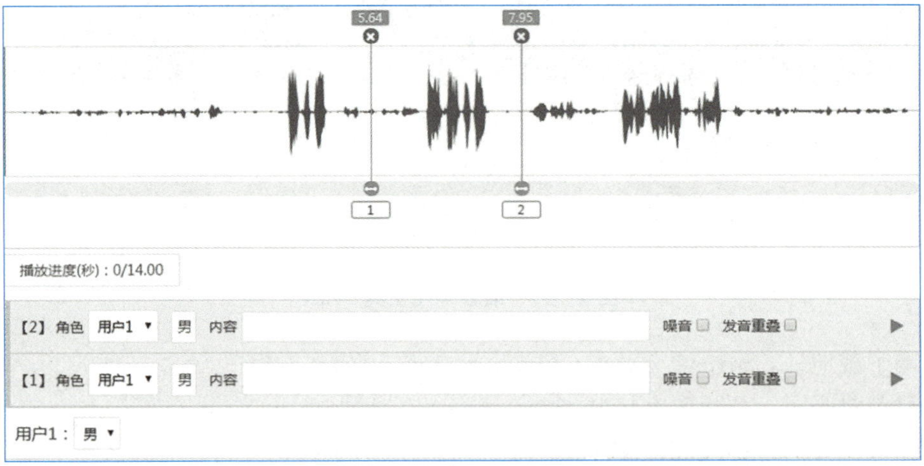

图 4－51 京东众智

任务实施

1. 实施步骤

步骤一：认真阅读表 4－3 中的标注需求，按照该需求完成标注。

表 4－3　智能客服语音数据集标注需求

标注项目	[语音转写标注]
标注类型	[语音标注]
标注数据集描述	[由客服对话场景录制的语音片段，共 10 段]
待标注目标	[需要标注出每段语音对应的文本]
标注工具	[praat]
标注属性	[按照时间间隔分段进行语音转写为文本]
交付数据格式	[praat 导出的 TextGrid 格式]
误差范围	[质检合格率为 100%]

标注范围：

(1) 按单个字进行分词标注。

(2) 将整个语音音频进行总体标注。

标注规则及示例：

(1) 分层次进行标注，可以把语音标注分成两个层次。如图 4－52 所示。

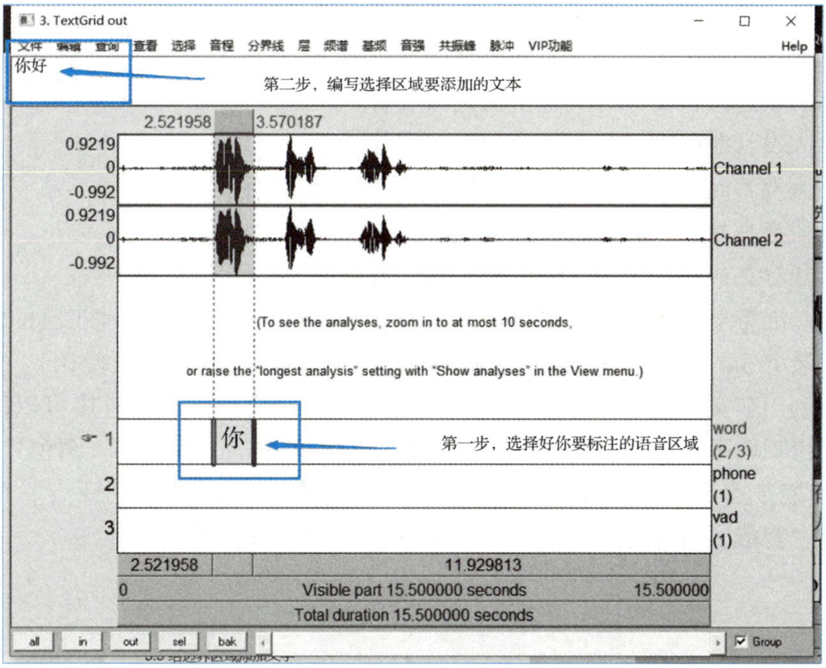

图 4－52　分层次标注

（2）根据时间间隔进行语音标注，如图 4－53 所示。

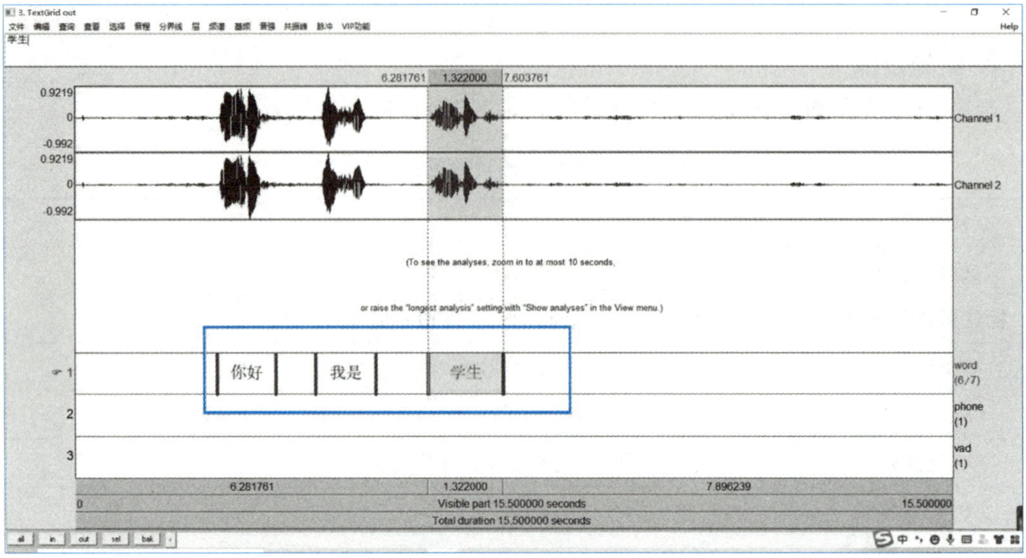

图 4－53　语音标注

（3）对于不合格的语音段必须加以说明和丢弃。判定一段语音为无效语音的情况有：

- 该段语音是用规定之外的语言朗读的，如规定是用印度英语朗读，而实际却是用中式英语朗读的；
- 整段语音段没有说话人的语音，只含有噪声或者静音（可视为无声音）；
- 语音段中含有很强的背景噪声，以至于覆盖掉说话人的声音；
- 说话人的声音极小而导致无法听清语音内容；
- 说话人语速过快而导致发音不清楚或吞音；
- 说话人发音时一字一顿，每个停顿时间超过 1 秒；
- 说话人发音时语气夸张，故意“怪里怪气”地朗读；
- 语音段存在切音、吞音、丢帧、喷麦、重音等异常；
- 语音段存在影响语音清晰度的空旷音、混响等异常。

步骤二：准备对应的语音数据集，下载安装 Praat 工具，熟悉标注工具的使用。

下载安装 Praat 工具（本平台已经提前下载了工具，请直接下载使用）。将 Praat 工具压缩解码到当前文件夹。Praat. exe 是一个绿色文件，无须安装，直接可以使用，双击打开工具，出现两个界面 Praat Objects（主界面）以及 Praat Picture（图窗口）。提前下载数据集-“智能客服-标注语音数据集”，其中共包含 10 段客服对话语音文件。使用标注工具打开“智能客服-标注语音数据集”中其中一个音频文件。

点击 View & Edit 之后会弹出一个新的显示声音波形界面窗口。如图 4－54 所示。

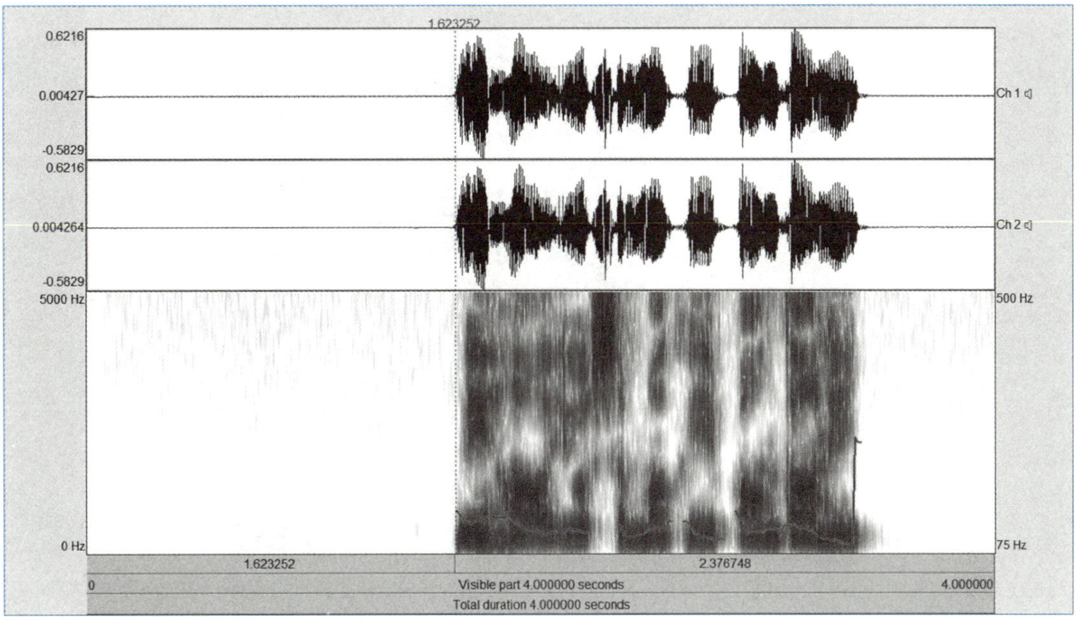

图 4－54　声音波形界面

播放音频。如图 4－55 所示。

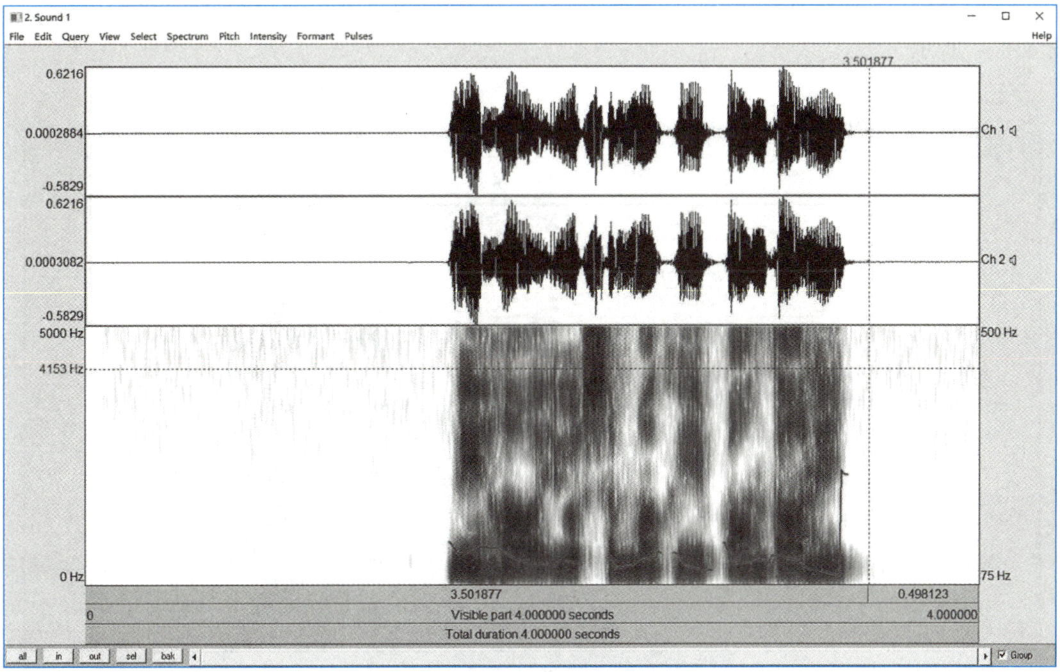

图 4－55　播放音频

通过点击上面窗口，可以设置红色线，用来设置当前音频的结束，然后鼠标点击声音波形界面的灰色时间段可以播放音频。另外也可以通过鼠标拖拉选择部分音频段，按

Tab 键可以播放音频，按 Esc 键取消。如图 4－56 所示。

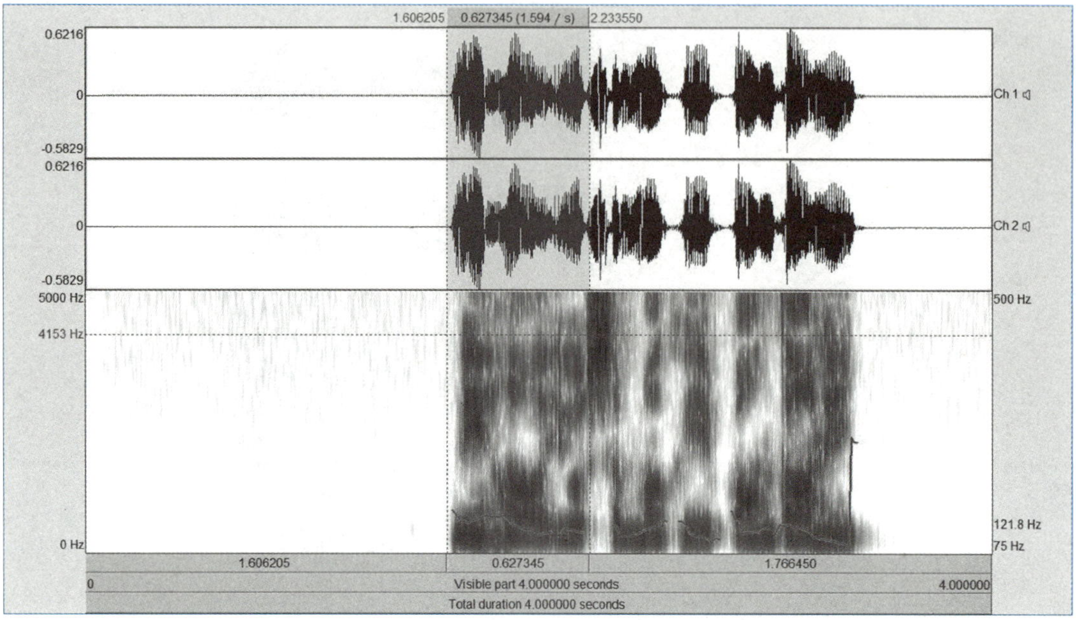

图 4－56　操作音频

步骤三：使用 Praat 工具进行手动语音标注。

（1）Praat 工具标注前设置，打开 format－>show formats 可以辅助我们标注。如图 4－57 所示。

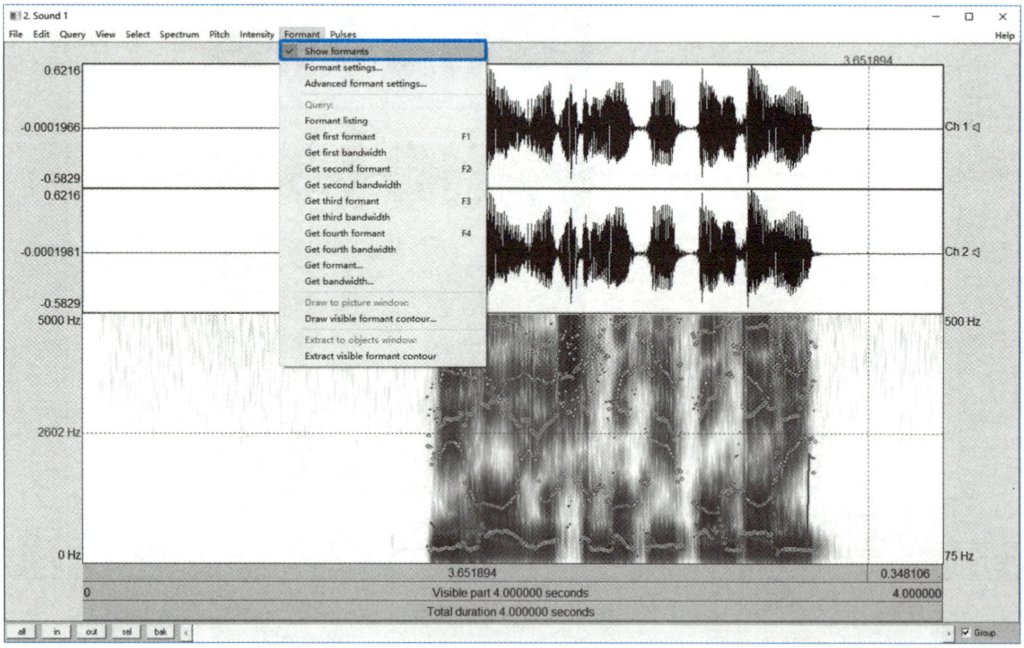

图 4－57　标注前设置

生成标注文件并设置层级。如图 4－58 所示。

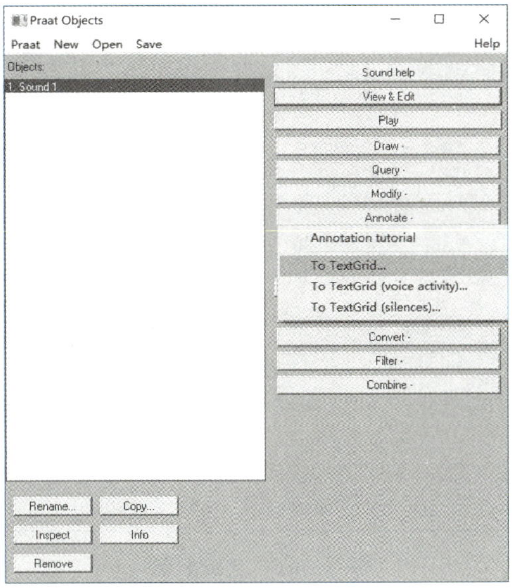

图 4－58　生成标注文件

（2）设置两个层级 word 与 text。如图 4－59 所示。

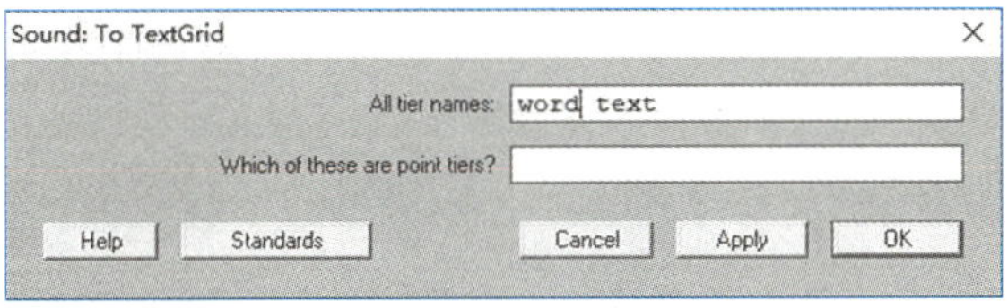

图 4－59　设置层级

选中语音区域，点击下方的 sel，将当前选定显示在全窗中，方便于标注。如图 4－60 和图 4－61 所示。

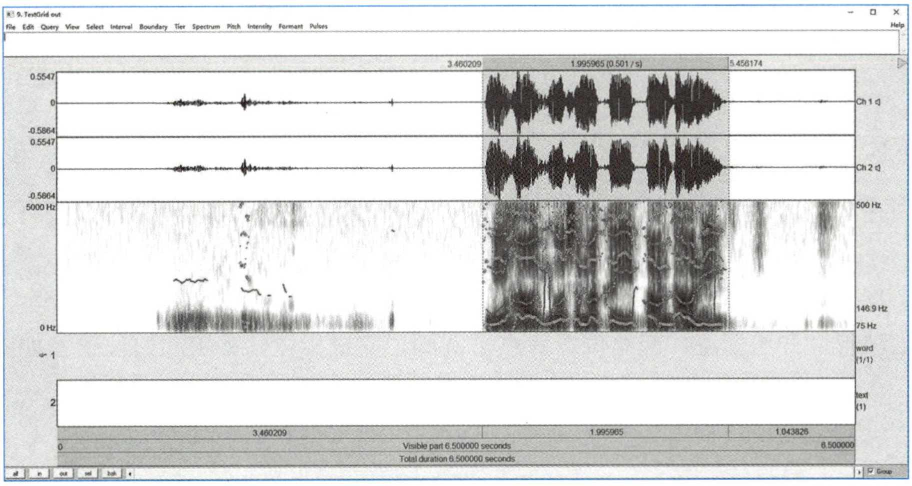

图 4－60　选中语音区域

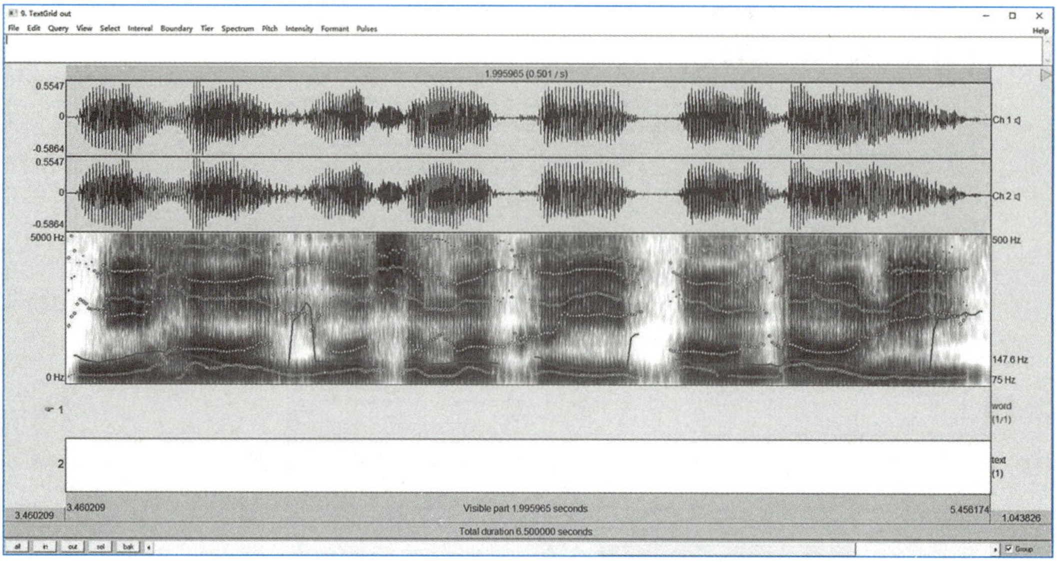

图 4-61 全窗显示

可以选中对应的音频按住 Tab 按键去播放，然后听这一段的声音（会播放音频“你”）。如图 4-62 所示。

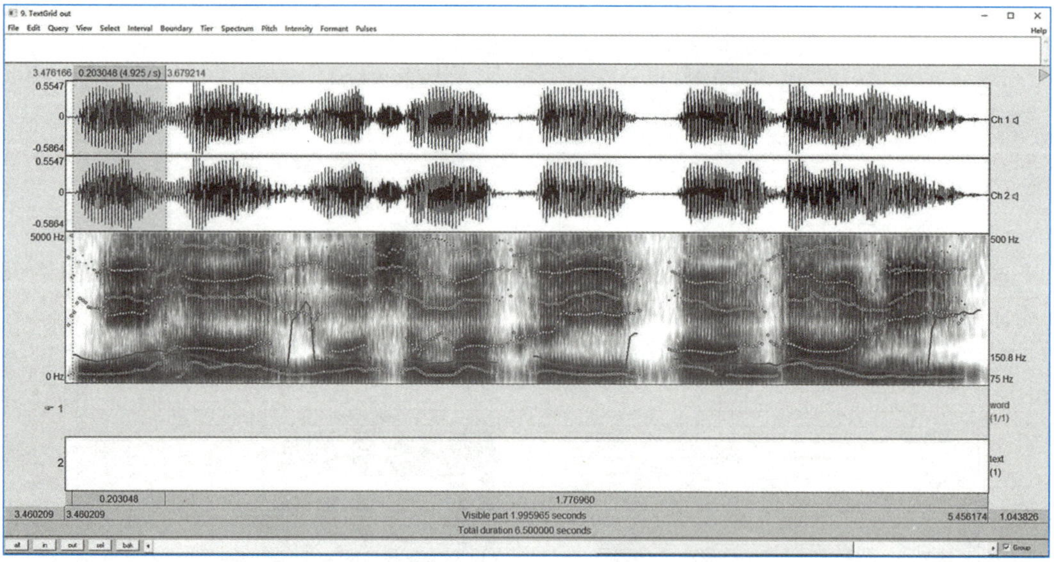

图 4-62 音频播放

（3）插入标注分界线。

点击波形，开始标注，起始位置；点击圆圈，完成标注，确定起始位置。如图 4-63 所示。

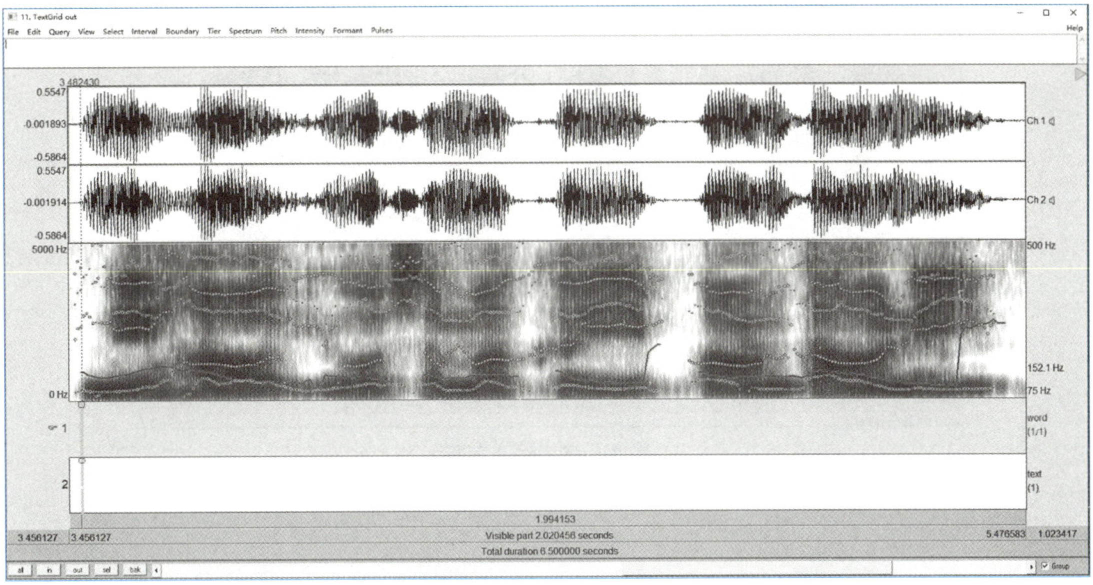

图 4-63　开始标注

用同样的方法确定结束位置。如图 4-64 所示。

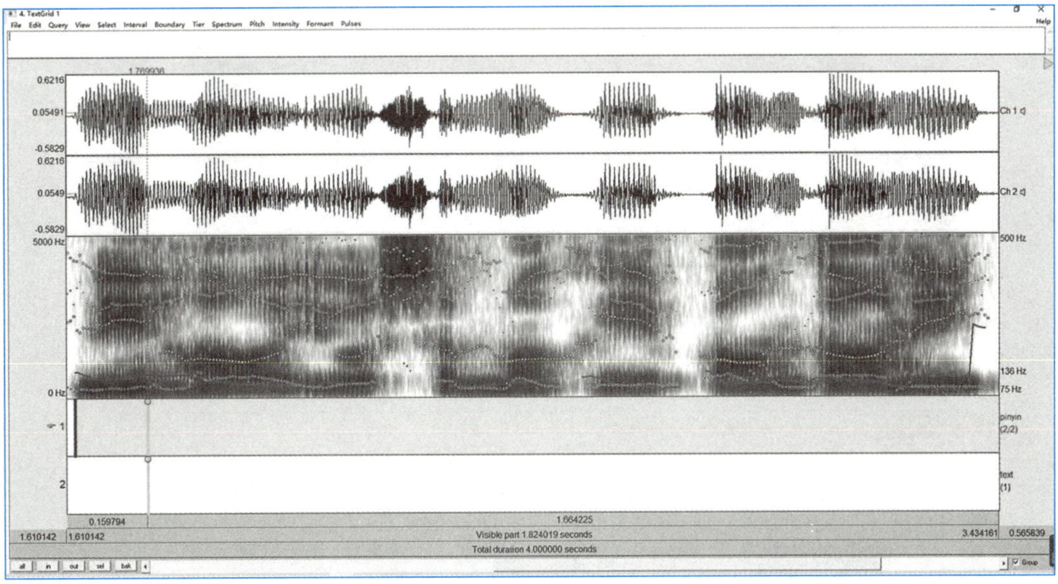

图 4-64　确定结束位置

（4）给边界区域添加文字。

根据音频内容，输入文字标注内容，这样就完成一个字的标注。如图 4-65 所示。

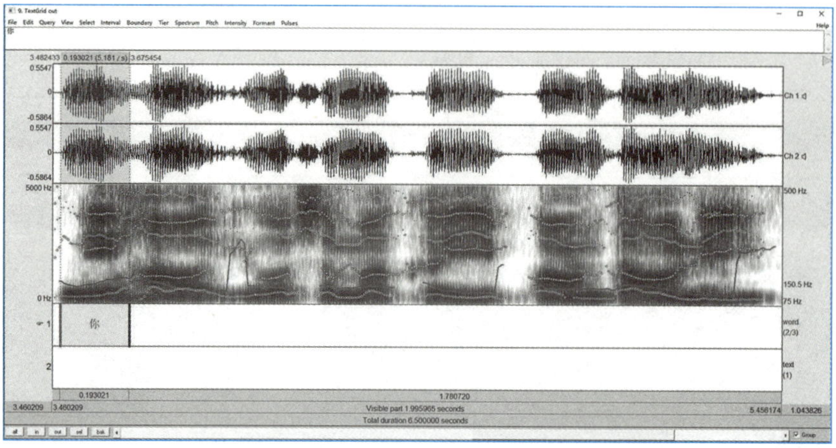

图 4-65 标注文字

标注完成后，依次标注后面的文字内容。如图 4-66 所示。

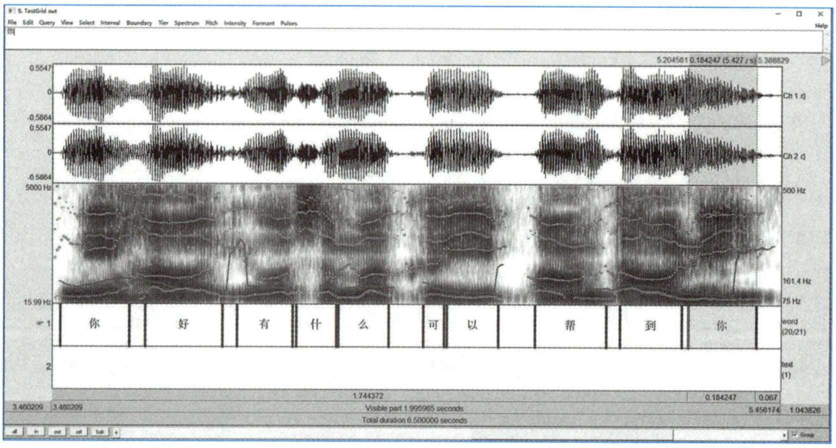

图 4-66 依次标注

第二层次，进行完整文本标注。如图 4-67 所示。

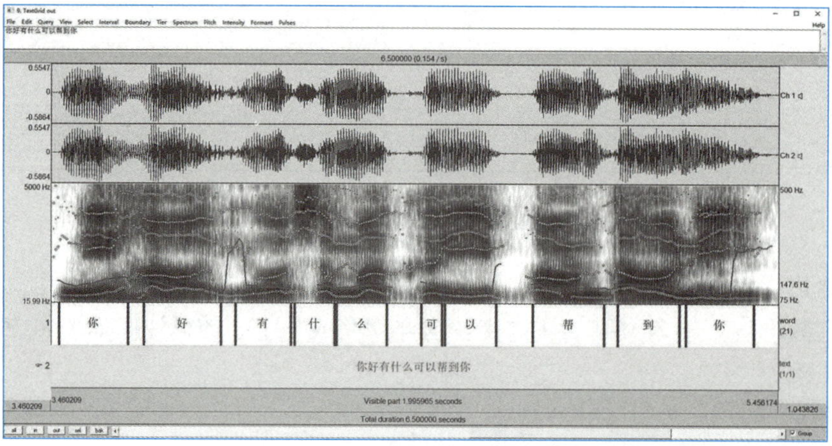

图 4-67 完整文本标注

（5）保存标注文件。

由于 Praat 不会自动保存 TextGrid 格式文本，所以需要按“Ctrl+S”键保存当前已经标注好的 TextGrid 文件。

（6）在 30 分钟内完成 10 段智能客服语音数据集标注，可 2 名学生分工标注，完成后将标注结果（与音频名对应的 TextGrid 文件）合并到一个文件夹中。

（7）不可手动修改音频名和生成的 TextGrid 文件。

（8）将在标注过程中遇到的“没有预想到的情况”记录在需求文档的“其他注意事项”中。

步骤四：进行人工标注结果数据质检。新建“智能客服语音标注质检”项目，将语音文件夹与合并后的标注结果文件夹添加到项目中，按照如下要求进行质检。

质检流程：

（1）邀请其他组的学生作为质检员，对本组的标注数据进行质检；

（2）质检员根据质检要求完成质检，并记录质检结果；

（3）若质检不通过，需要重新标注，然后进行下一次质检。

质检要求：

（1）由于语音数据集较少，质检员需要检查所有语音标注结果，每个语音标注必须标注完整、正确，合格率需要为 100%；若合格率未到 100%，记录为未通过质检。

（2）若语音中出现错标、漏标、多标，记录为不合格。

质检结果：

第一次：质检合格率为________%，是/否通过质检。（若第一次未通过质检，则需第二次质检，以此类推。）

第二次：质检合格率为________%，是/否通过质检。

步骤五：导出标注结果，将数据集质检合格后的标注结果导出为 TextGrid 格式。

（1）建立“Anno_results”文件夹，将 TextGrid 格式结果导出至该文件夹中。

（2）分析文件夹中的文件特点，探究每一个文件的作用，尝试回答如下问题：

- Anno_results 文件夹中的文件格式是什么？
- TextGrid 文件的作用是什么，解决一下每个字段表示什么意思？哪一个是我们需要的标注文件？

步骤六：转化 TextGrid 格式为 json 格式。

JSON 是存储和交换文本信息的语法，类似 XML。JSON 是轻量级的文本数据交换格式。JSON 使用 Javascript 语法来描述数据对象，但是 JSON 仍然独立于语言和平台。JSON 解析器和 JSON 库支持许多不同的编程语言。目前非常多的动态（PHP，JSP，.NET）编程语言都支持 JSON。下面进行 TextGrid 格式到 json 格式转换。

在平台上下载已经提前编写好的脚本，Praat 运行脚本，Praat－>Open，Script－>Textgrid_to_json. Praat。

打开之后点击 Run 开始运行，也可以用快捷键 Ctrl+R 进行快捷运行。

第一个输入：就是你的 TextGrid 所在的目录，这里是 textgrids/；第二个输入：就是你需要转化后的 json 保存的目录，这里是 jsons；第三个框是对于开始时间和结束时间，保留小数的位数，默认为 3。如图 4 - 68 所示。

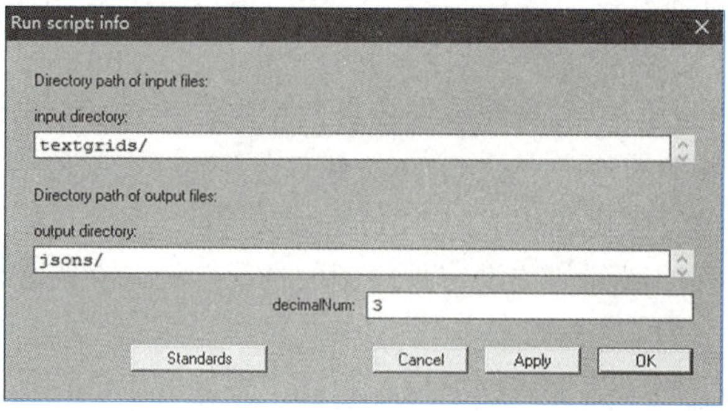

图 4 - 68　运行脚本

运行成功界面如图 4 - 69 所示。

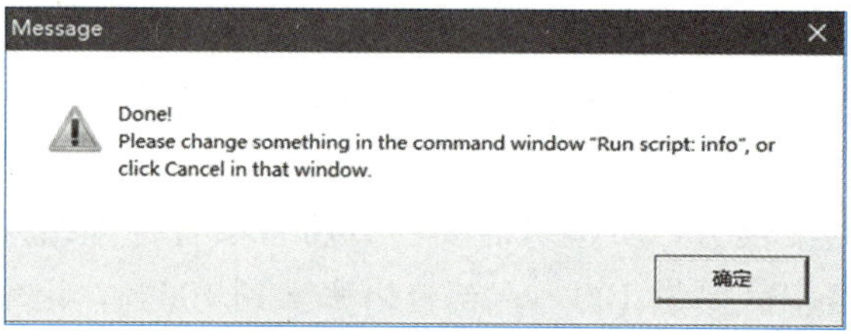

图 4 - 69　运行成功

最终运行之后可以得到转化后的 json 文件。如图 4 - 70 所示。

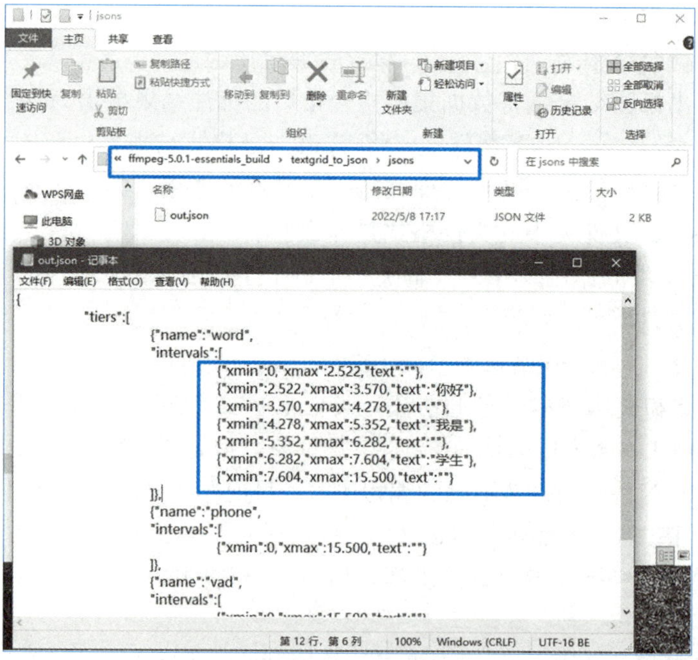

图 4 - 70　json 文件

任务工单

任务名称	客服语音转写标注	
任务目的	使用工具完成对语音的标注，并达到质检要求。	
任务内容	智能客服是通过语音识别技术进行语音识别、查找、播报，为了实现客服语音转写，研究员对客服语音进行数据标注，标注的目的是把当前语音转为文字，将对应的每段语音音素标记为文字，为下一步语音识别模型的训练提供有效可用的标注数据。在此过程中，学习语音标注任务的需求分析、语音标注工具 Praat、语音转写标注与质检、语音标注数据格式转换等一系列操作，培养实际项目中应对需求时的解决问题能力。	
第（　　）组	姓名	
	学号	
任务实操	客服语音转写标注	
	标注关键步骤	
	标注关键步骤	
	标注关键步骤	
	标注关键步骤	
	标注关键步骤	
	标注关键步骤	

考核评价

评价说明：本次任务完成后，采用学习过程评价与学习结果评价相结合，综合运用自我评价、小组评价及教师评价三种方式，由教师确定三种评价方式分别占总成绩的比例，并加权计算出学生 A 本次任务的考核评价分。

任务完成考核评价表			
项目名称	数据标注服务	任务名称	客服语音转写标注
班级		学生姓名	
评价方式	评价内容	分值	成绩
自我评价	任务准备完成情况	10	
	课堂讨论完成情况	10	
	任务实施过程完成情况	10	
	任务工单完成情况	40	
	对知识、技能的掌握程度	10	
	我胜任了小组内的工作	20	
	合计		

续表

小组评价	本小组的本次任务完成质量	30	
	A 的本次任务完成质量	30	
	A 参与小组活动的态度	20	
	A 的合作精神和沟通能力	20	
	合计		
教师评价	A 所在小组的任务完成质量	30	
	A 的本次任务完成质量	30	
	A 对所在小组的参与度	20	
	A 对本次任务的贡献度	20	
	合计		
总评＝自我评价×(　　)%＋小组评价×(　　)%＋教师评价×(　　)%＝			

项目总结

本项目将数据标注任务具体化，通过设置三个任务分别完成票据 OCR 文本标注、可行驶区域检测图像标注和客服语音转写标注，让学生掌握针对不同场景的数据标注的方法，并且遵循行业标注规范和标准，确保转写数据的准确性和一致性，能够熟练运用数据标注工具高质量地完成数据标注任务。

项目总结记录表			
项目名称	数据标注服务		
班级		学生姓名	
任务	重要知识点记录	实施过程中遇到的问题及解决方式	
任务 4.1			
任务 4.2			
任务 4.3			
项目自我总结：			

任务拓展

随着智能语音客服机器人产业的迅速发展，各种人机交互音频数据的数量非常庞大，因此有效管理、检索音频数据变得非常重要。若需要对音频数据进行音频分割和标注，你如何编写标注需求呢?

课后练习

1. 单项选择题

(1) 在车道检测任务中，我们可以通过什么方法来标注车道数据集?(　　)

A. 语义分割标注

B. 人脸多点标注

C. 连续帧标注

D. 目标物体标注

(2) 男女对话，男的能听清，女的听不清，性别如何选择?(　　)

A. 男

B. 女

C. 混合

D. 儿童

(3) 福建人说普通话如何标记?(　　)。

A. 标签：轻口音，备注：方言

B. 标签：轻口音

C. 标签：重口音，备注：方言

D. 标签：重口音

2. 多项选择题

(1) 以下哪些属于噪声?(　　)

A. 耳麦接触不良导致的噪声

B. 一大群人吵架骂人的声音

C. 音频中滴滴答答的声音

D. 喷麦声

(2) 下列哪些应用场景属于计算机视觉技术领域?(　　)

A. 智慧园区

B. 自动驾驶

C. 对话机器人

D. 智慧金融

(3) 下列不属于语音数据标注常用工具的是(　　)。

A. RectLabel

B. Praat 工具

C. labelbee

D. Doccano

3. 判断题

(1) 在标注任务中，可以通过机器进行数据预标注。 (　　)

(2) 对于不合格的语音段可以不加以说明和丢弃，继续进行标注。 (　　)

(3) 说话人发音时一字一顿，每个停顿时间超过 1 秒，这样的语音是合适语音。 (　　)

(4) 标注好的数据必须要经过质检，而且要达到一定的质检合格率。 (　　)

项目 5

数据可视化服务

项目导入

1. 项目背景及需求

面对海量的数据，我们如何快速有效地得到数据中所传递的信息？同样的数据，可以用一张表格或者一张图片呈现，很明显，通过图形化方式呈现以后，信息可以更清晰明了地显示出来。这就是数据可视化的意义所在。本项目介绍了数据可视化的基础、基本图形类型和基本绘图流程。通过分阶段任务的方式，讲解了如何利用 matplotlib 库实现基本图形的绘制。让我们一起来探索数据可视化的内容，理解数据可视化的基本原理，掌握图形绘制的基本流程，让数据信息全面展现！

2. 项目分解

- 票据数据可视化；
- 可行驶区域的数据可视化；
- ASR 标注数据的可视化。

3. 职业岗位介绍

数据可视化工程师通常需要具备如下能力：

- 运用可视化工具对数据进行可视化展示；
- 进行企业相关产品数据可视化分析工作；
- 设计可视化方案，实现数据可视化分析服务。

项目目标

1. 知识目标

- 掌握数据可视化的原理和基本原则；
- 掌握基本图形类型和绘制方法；
- 掌握布局设置、画布创建和参数设置。

2. 技能目标

- 具备使用可视化工具对数据进行可视化展示的能力；
- 具备根据不同数据选择适合的可视化方案的能力；
- 具备对可视化后数据进行分析的能力。

3. 素养目标

- 具有强烈的责任心和吃苦耐劳精神；
- 具有良好的职业道德和职业素养。

任务 5.1 票据数据可视化

任务导入

任务 5.1
票据数据可视化

每天，我们都会接触到各式各样的票据——超市小票、餐厅账单、购物清单……这些看似简单的纸张上，其实隐藏着丰富的信息。今天，我们将化身“票据侦探”，用数据可视化的放大镜，揭开英文购物小票背后的秘密。我们将使用开源票据数据集，通过 Python 可视化工具，完成一次完整的数据探索之旅。本任务我们将使用 Matplotlib/Seaborn 库创建专业的数据图表，用统计方法分析文本特征，发现数据中的异常值和潜在问题，将分析结果转化为模型优化建议。

现在，让我们开始这场充满发现的数据探索之旅！记住，每一个图表都可能揭示一个影响系统性能的关键线索。

任务信息

项目名称	数据可视化服务	任务名称	票据数据可视化
任务目标	知识目标	1. 了解票据数据可视化的流程； 2. 掌握柱状图的绘制方法； 3. 能够熟练使用 pycocotools 库； 4. 了解票据中标注信息的含义。	

续表

任务目标	能力目标	1. 能够从标注信息中提取各类型票据数据； 2. 能够完成数据集各项数据的统计； 3. 能够将数据用柱状图绘制出来。
	素养目标	1. 具备数据敏感性； 2. 具备实践的能力。
任务描述	日常生活中，我们会接触到很多票据。英文购物小票上面包含有各类信息。在数据可视化部分，我们选择开源票据数据集作为可视化数据集，可以更好地体验票据数据可视化。我们想了解训练数据的数据情况，探索数据的基本信息，并将基本信息用图表的形式呈现出来。	
任务准备	思考下述问题： 1. 数据集内有多少张图像样本？ 2. 数据集中有哪些类别？和其他项目对比有什么区别？ 3. 数据集内最多和最少的文本框个数是多少？图像样本分别具有什么性质？ 4. 数据集内图像的字符分布情况如何？ 5. 数据集图像的文本标签长度分布情况如何？ 6. 数据集图像的分辨率分布情况如何？	
实施提醒	考虑如何获取数据集的信息，如何绘制出合适的图表。	

知识准备

5.1.1　数据可视化原理

无论身处什么行业，不管是互联网、传统产业，还是医疗保健和服务行业的各方面，数据可视化都发挥着重要作用。数据类型多样，数据进行处理后，以什么方式呈现？数据可视化旨在借助图形化手段，清晰有效地传达数据中蕴含的信息，其本质是将复杂的数据用视觉展示的方式增强用户对数据的理解，以准确、形象、快速的传达方式凸显数据的含义。数据可视化综合应用计算机科学、图形学、可视化设计、心理学等多个领域的知识，运用符合人类视觉系统的方式，为用户提供简洁、直观、形象、有趣、易于理解的数据展示，从而帮助用户了解数据、应用数据。

5.1.2　数据可视化原则

1. 明确目的

数据可视化应该解答重要的战略问题，提供真正的价值并帮助解决实际问题，例如可以用于跟踪性能、显示用户行为和测量流程的有效性。在项目开始前花时间明确目的和优先级会让最终的结果更有用，并防止浪费时间创建不必要的可视化效果。

2. 了解受众

如果数据可视化不是为了与目标受众进行清晰沟通而设计的，那么它就是无用的。可视化应该与受众的知识兼容，允许他们轻松快速地查看和处理数据。

3. 使用视觉效果正确展示数据

由于存在很多不同类型的图表，所以决定哪种类型最适合可视化呈现本身就是一门艺术。正确的图表不仅让数据更容易理解，而且能以最准确的方式呈现数据。要做出正确的选择，就要考虑需要传达什么类型的数据，以及要传达给谁。

5.1.3 可视化设计流程

可视化流程是以数据的流向为主线，其主要模块包括数据采集、数据处理和变换、可视化映射和用户感知。整个可视化过程可以看成数据流经一系列处理模块，并完成转换的过程。用户通过可视化交互和其他模块互动，通过反馈改进可视化的效果。

数据可视化通过将处理后的数据转化为可感知的视觉模式，帮助用户理解其中蕴含的信息。这个过程包括数据清洗、特征提取等预处理步骤，为后续的可视化映射建立基础。值得注意的是，数据预处理本身也可以通过可视化工具交互式地完成，因此当前已涌现出诸多支持可视化数据清洗的专业工具。

可视化映射是整个可视化流程的核心。这一步将数据的数值、空间坐标、不同位置数据间的联系等映射为可视化视觉通道的不同元素，如标记、位置、形状、大小和颜色等。这种映射的最终目的是让用户通过可视化洞察数据和数据背后隐含的现象和规律。因此可视化映射的设计不是一个孤立的过程，而是和数据、感知、人机交互等方面的技术相互依托，共同实现的。

用户感知从数据可视化结果中提取信息、知识和灵感。可视化和其他数据分析处理方法最大的不同是用户起到了关键作用，可视化映射后的结果只有通过用户感知才能转换成知识和灵感。可视化可用于从数据中探索新的假设，也可证实相关假设与数据是否吻合，还可以帮助专家向公众展示数据中的信息。

5.1.4 Matplotlib 概述

Matplotlib 是 Python 最流行的 2D/3D 绘图库，用于创建高质量的静态、动态和交互式可视化，其设计灵感源自 MATLAB 的绘图语法，但更灵活且开源。它支持多种图表类型（折线图、散点图、柱状图、热力图等），可生成 PNG、PDF、SVG 等多种格式；与 NumPy、Pandas 无缝集成；提供面向对象和 MATLAB 风格的两种 API。

1. Figure 与 Axes

Figure：画布的顶级容器，可包含多个子图。

Axes：实际的绘图区域，每个 Axes 包含坐标轴、标签、标题等。

使用示例：

```
import matplotlib.pyplot as plt
fig = plt.figure()                        # 创建画布
```

```
ax = fig.add_subplot(111)        # 添加子图
ax.plot([1, 2, 3], [4, 5, 6])  # 在子图上绘图
plt.show()
```

2. 自定义样式

线条与颜色：

```
plt.plot(x, y, linestyle = " - - ", color = "red", linewidth = 2, marker = "o", label = "趋势线")
```

标题与标签：

```
plt.title("标题", fontsize = 14)
plt.xlabel("X 轴", fontsize = 12)
plt.ylabel("Y 轴", fontsize = 12)
plt.legend()  # 显示图例
```

3. 多子图布局

```
fig, axes = plt.subplots(2, 2)          # 2 行 2 列的子图
axes[0, 0].plot(x1, y1)                  # 在第一个子图绘图
axes[1, 1].scatter(x2, y2)               # 在第四个子图绘图
plt.tight_layout()                       # 自动调整间距
```

4. 高级功能

```
plt.annotate("峰值", xy = (2, 5), xytext = (3, 6), arrowprops = dict(arrowstyle = " - > "))
from mpl_toolkits.mplot3d import Axes3D
fig = plt.figure()
ax = fig.add_subplot(111, projection = "3d")
ax.scatter3D(x, y, z)
```

5.1.5 Matplotlib 绘图流程

使用 Matplotlib 进行绘图时，需要遵循下列流程。

1. 导入必要的库

首先，需要导入 matplotlib. pyplot 模块，通常简写为 plt。

程序语句为：import matplotlib. pyplot as plt。

此外，根据绘图的需要，可能还需要导入 numpy、pandas 等其他数据处理库。

2. 准备数据

根据绘图的需要准备数据。数据可以是数值、列表、数组或其他可迭代对象。如果数据需要进行预处理，比如清洗、转换等，则需要将数据进行预处理。

3. 创建画布

使用 plt. figure() 函数创建一个新的画布（Figure），用于承载图形。可以通过设置

参数来自定义画布的大小、分辨率等属性。

4. 绘制图形

在画布上绘制图形。根据绘图需求选择合适的绘图函数，绘制折线图使用 plt. plot()、柱状图使用 plt. bar()、散点图使用 plt. scatter()、直方图使用 plt. hist()、饼图使用 plt. pie()、箱型图使用 plt. boxplot()。同时，可以设置图形的各种属性，如颜色、线型、标记等。

5. 设置图形元素

根据需要设置图形的各种元素，如标题、坐标轴标签、坐标轴刻度、图例等。

5.1.6 图形美化

在使用 Matplotlib 进行绘图时，可以通过一些参数设置进行图形的美化。

1. 设置全局样式

调整 plt. rcParams 字典来全局设置图形的默认属性，如字体、颜色等。

示例如下：

```
import matplotlib.pyplot as plt
#设置全局样式
plt.rcParams['font.family'] = 'serif'          #字体类型
plt.rcParams['font.size'] = 12                 #字体大小
plt.rcParams['lines.linewidth'] = 2            #线条宽度
plt.rcParams['axes.grid'] = True               #显示网格
plt.rcParams['grid.color'] = 'gray'            #网格颜色
plt.rcParams['grid.linestyle'] = ':'           #网格线型
#绘制一个简单的图表
plt.plot([1, 2, 3], [4, 3, 2])
plt.show()
```

2. 使用自定义颜色、线型、标记

使用 color 参数自定义颜色，支持使用多种方式来指定颜色，包括颜色名称、十六进制颜色代码、RGB 或 RGBA 元组等。

使用 linestyle 参数自定义线型为“—”“——”“—.”等。

使用 maker 参数自定义标记为“.”“*”等。

3. 图形保存

Matplotlib 支持多种格式的图形保存，如 PNG、PDF、SVG 等，可以使用 plt. savefig() 函数将图形保存到文件中。

5.1.7 柱状图

柱状图是一种以长方形的长度为变量的表达图形的统计报告图，由一系列高度不等的纵向条纹表示数据分布的情况。柱状图是数据可视化中最常用的图表之一，用于展示分类数据的对比或分布。在柱状图中，每个类别由一根柱子表示，柱子的高度（或长度）对应着该类别的数值大小。柱状图非常直观，能够清晰地显示出各个类别之间的差异和趋势。Matplotlib 提供了 plt.bar() 和 plt.barh() 函数来绘制垂直和水平柱状图。如图 5-1 所示。

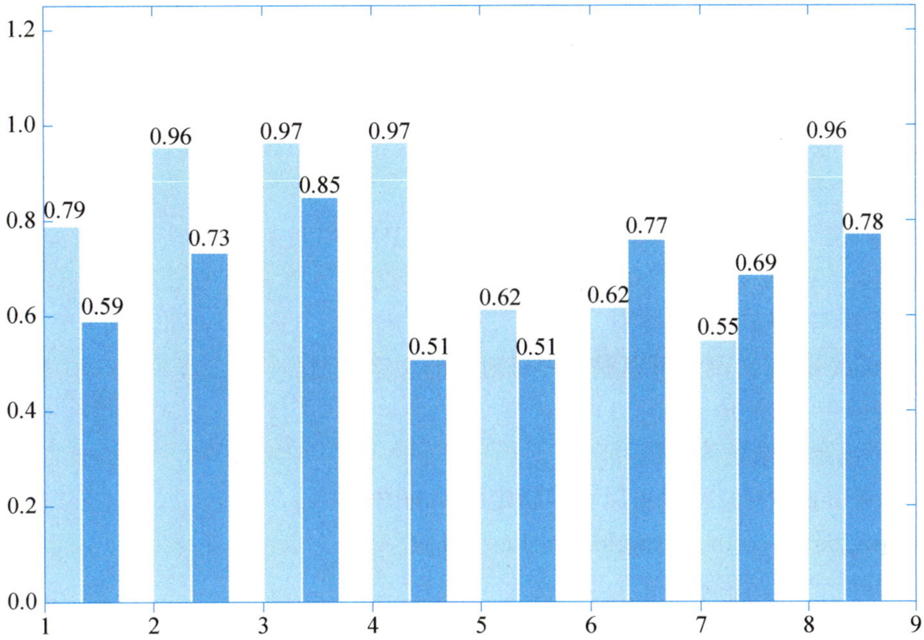

图 5-1 柱状图

1. 垂直柱状图：plt.bar(x, height)

参数说明：

x：柱体的 x 轴坐标（可以是类别标签或数值位置）。

height：柱体的高度（即数据值）。

width：柱体宽度（默认 0.8）。

color：柱体填充颜色（支持颜色名称、十六进制码）。

edgecolor：柱体边框颜色。

label：图例标签。

plt.bar(['A', 'B', 'C'], [10, 20, 15], width=0.5, color='skyblue', edgecolor='black')

2. 水平柱状图：plt.barh(y,width)

参数与 plt.bar() 类似，但 y 为纵坐标，width 为柱体长度。

plt.barh(['A', 'B', 'C'], [10, 20, 15], height=0.5)

示例：绘制水果销量柱状图。

```
import matplotlib.pyplot as plt
fruits = ['Apple', 'Banana', 'Orange']
sales = [30, 45, 25]
plt.bar(fruits, sales, color = ['red', 'yellow', 'orange'], edgecolor = 'black')
plt.title('Fruit Sales', fontsize = 14)
```

```
plt.xlabel('Fruit Type', fontsize = 12)
plt.ylabel('Sales (kg)', fontsize = 12)
plt.show()
```

5.1.8 pycocotools 工具介绍

pycocotools 用来对 coco 数据集进行操作。

1. 获取某个类别的 ID

使用 getCatIds () 函数获取某个类别对应的 ID。

例：ids = coco. getCatIds('person')[0]。

2. 获取序号对应的文字类别

使用 loadCats () 函数可以获取序号对应的文字类别。

例：cats = coco. loadCats(1)。

3. 获取满足特定条件的图片

使用 getImgIds () 函数可以获取指定条件的图片。

例：imgIds = coco. getImgIds(catIds=[1])。

4. 获取某一类的所有图片

使用 catToImgs [] 来获取某一类的所有图片。

例：imgIds = coco. catToImgs[id]。

5. 展示图片信息

使用 loadImgs () 函数加载图像信息，可以将图像信息完整显示出来。

例：imgInfo = coco. loadImgs(imgId)[0]。

Print (f '图像 {imgId} 的信息如下：\ n {imgInfo} ')。

6. 展示图片对应的 anns

使用 getAnnIds () 函数获取图像对应的 anns 的 Id。

使用 loadAnns () 函数加载 anns，使用 showAnns () 函数来显示标注信息。

例：annIds = coco. getAnnIds(imgIds=imgInfo['id'])。Anns = coco. loadAnns(annIds)。coco. showAnns(anns)。

任务实施

1. 任务准备

登录平台，打开“票据数据可视化”项目。

2. 需求分析

步骤一：为了进行票据数据可视化，你认为需要将票据的哪些信息进行可视化？开展讨论，将讨论的结果记录在表 5-1 中。

表 5-1　任务记录表

票据信息	是否需要可视化

步骤二：阅读下方文档，分析可视化需求（见表 5-2），后续需按照需求完成数据可视化。

表 5-2　票据数据可视化需求表

可视化项目	[票据数据可视化]
数据集	开源票据数据集（有标注信息）
工具库	[pycocotools json]
数据统计描述	[统计文本框数量，统计字符数量，统计文本长度]
数据可视化描述	[将上述统计指标以图表形式展示出来，输出图像中文本框最多（最少）的图像名与文本框数量；分别可视化两张图像的标注信息（可使用 showAnns（）方法）]

经过详细分析可视化需求，总结出下面的可视化要求。

（1）数据来源要求。

开源数据集：公开的票据数据集。

（2）使用工具。

Pycocotools 或者 json。

（3）可视化指标。

文本框数量；可视化文本框最多或最少的图像名，可视化该图像的标注信息；字符数量；文本长度。

3. 票据数据可视化

步骤一：查看数据集的数量。

（1）打开“票据数据可视化”项目，运行程序，给定数据集存储路径。示例代码如下：

```
# 标注数据集地址
# 训练图像文件夹地址
TRAIN_DIR = '/data/54JHKL/OCR_EDA_Data/OCR_Data/train/imgs/'
# 测试图像文件夹地址
TEST_DIR = '/data/54JHKL/OCR_EDA_Data/OCR_Data/test/imgs/'
# 训练图像标注文件地址
TRAIN_JS_PATH = '/data/54JHKL/OCR_EDA_Data/OCR_Data/train.json'
# 测试图像标注文件地址
TEST_JS_PATH = '/data/54JHKL/OCR_EDA_Data/OCR_Data/test.json'
```

（2）通过 OS 模块实现数据集中测试集和训练集数量的读取。示例代码如下：

```
# 输出数据集数量(完成程序)
train_files = os.listdir(TRAIN_DIR)
test_files = os.listdir(TEST_DIR)
print("训练图像的数量:{}".format(len(train_files)))
print("测试图像的数量:{}".format(len(test_files)))
```

步骤二：获取数据集类别。

（1）初始化 coco 工具。示例代码如下：

```
##初始化 COCO 工具
train_anno = COCO(TRAIN_JS_PATH)
val_anno = COCO(TEST_JS_PATH)
```

（2）获取数据集类别并输出。示例代码如下：

```
##获取数据集类别(完成程序)
cats = train_anno.loadCats(train_anno.getCatIds())
nms = [cat['name'] for cat in cats]
print('COCO categories:\n{}\n'.format(','.join(nms)))
```

步骤三：统计训练集和测试集的文本框数量。

（1）使用 pycocotools 方法统计训练集和测试集的文本框数量。示例代码如下：

```
#统计训练集和测试集的文本框数量(完成程序)
#统计训练集的文本框数量
annids = train_anno.getAnnIds()
train_bbox_nums = len(annids)
print("训练集的文本框数量:",train_bbox_nums)
#统计测试集的文本框数量
annids = val_anno.getAnnIds()
text_bbox_nums = len(annids)
print("测试集的文本框数量:",text_bbox_nums)
```

（2）直接读取训练集与测试集的 json 文件，统计训练集和测试集的文本框数量。示例代码如下：

```
#直接读取训练集 json 文件
with open(TRAIN_JS_PATH, 'r') as f:
    train_json = json.load(f)
     f.close()
#统计训练集的文本框数量(完成程序)
train_bbox_nums = len(train_json['annotations'])
print("训练图像的文本框数量:{}".format(train_bbox_nums))
#直接读取测试集 json 文件
with open(TEST_JS_PATH, 'r') as f:
    test_json = json.load(f)
    f.close()
#统计测试集的文本框数量(完成程序)
test_bbox_nums = len(test_json['annotations'])
print("测试图像的文本框数量:{}".format(test_bbox_nums))
```

步骤四：查找训练集文本框最多和最少的图像，并显示含有标注信息的该图像。

（1）使用 pycocotools 查找。示例代码如下：

```
# 输出图像中文本框最多(最少)的图像名与文本框数量(完成程序)
# 使用 pycocotools 的方法获取
# 首先统计每张图像上的文本框数量
imgids = train_anno.getImgIds()
box_nums = {}
for imgid in imgids:
    annids = train_anno.getAnnIds(imgid)
    box_nums[imgid] = len(annids)
# 计算最大值
max_box_num = max(box_nums.values())
# 获取最大值对应的图像 id
max_box_ids = [k for k, v in box_nums.items() if v == max_box_num]
# 输出图像名
img = train_anno.loadImgs(max_box_ids)
print("文本框最多的图像:{},共有{}个文本框。".format(img[0]["file_name"],max_box_
num))

# 计算最小值
min_box_num = min(box_nums.values())
# 获取最小值对应的图像 id
min_box_ids = [k for k, v in box_nums.items() if v == min_box_num]
# 输出图像名
img = train_anno.loadImgs(min_box_ids)
print("文本框最多的图像:{},共有{}个文本框。".format(img[0]["file_name"],min_box_
num))
```

（2）使用 json 查找。示例代码如下：

```
# 解析 json 文件获取
annos = train_json['annotations']
box_nums = {}
for ann in annos:
    if ann['image_id'] in box_nums.keys():
        box_nums[ann['image_id']] += 1
    else:
        box_nums[ann['image_id']] = 1

# 计算最大值
max_box_num = max(box_nums.values())
# 获取最大值对应的图像 id
max_box_ids = [k for k, v in box_nums.items() if v == max_box_num]
# 输出图像名
img = train_anno.loadImgs(max_box_ids)
print("文本框最多的图像:{},共有{}个文本框。".format(img[0]["file_name"],max_box_
num))

# 计算最小值
min_box_num = min(box_nums.values())
```

```
# 获取最小值对应的图像 id
min_box_ids = [k for k, v in box_nums.items() if v == min_box_num]
# 输出图像名
img = train_anno.loadImgs(min_box_ids)
print("文本框最多的图像:{},共有{}个文本框。".format(img[0]["file_name"],min_box_
num))
```

(3) 可视化文本框最多的图像。示例代码如下:

```
# 可视化文本框最多的图像(完成程序)
# 读取并显示图像
plt.figure(figsize = (10,30))
img = train_anno.loadImgs(max_box_ids)[0]
I = Image.open(TRAIN_DIR + img['file_name'])
plt.axis("off")
plt.imshow(I)
# 显示标注信息
annids = train_anno.getAnnIds(imgIds = max_box_ids)
anns = train_anno.loadAnns(annids)
train_anno.showAnns(anns)
```

效果如图 5-2 所示。

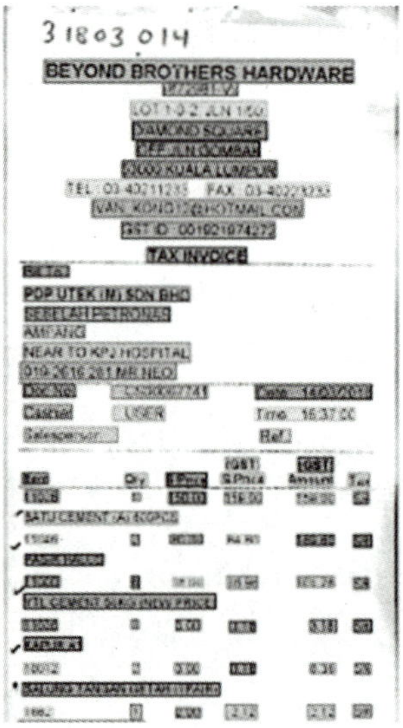

图 5-2 文本框最多的图像

(4) 可视化文本框最少的图像。示例代码如下:

```
# 可视化文本框最少的图像(完成程序)
# 读取并显示图像
plt.figure(figsize = (15,30))
img = train_anno.loadImgs(min_box_ids)[0]
I = Image.open(TRAIN_DIR + img['file_name'])
```

```
plt.axis("off")
plt.imshow(I)
# 显示标注信息
annids = train_anno.getAnnIds(imgIds = min_box_ids)
anns = train_anno.loadAnns(annids)
train_anno.showAnns(anns)
plt.show()
```

效果如图 5 - 3 所示。

图 5 - 3 文本框最少的图像

步骤五：统计数据集中各个字符出现的数量。

统计票据中每个字符出现的数量并输出。示例代码如下：

```
char_str = 'abcdefghijklmnopqrstuvwxyzABCDEFGHIJKLMNOPQRSTUVWXYZ0123456789'
train_bbox_nums = len(train_json['annotations'])
pre_char_nums = []  # 用于统计每个字符的数量

# 完成下方程序，统计训练集中各字符出现的数量(完成程序)
train_char_str = ''
for i in range(train_bbox_nums):
    text = train_json['annotations'][i]['textAttribute']
    train_char_str = train_char_str + text

for i in range(len(char_str)):
    pre_char_nums.append(train_char_str.count(char_str[i]))
print(pre_char_nums)
```

绘制字符数量分布条形图。示例代码如下：

```
char_str = 'abcdefghijklmnopqrstuvwxyzABCDEFGHIJKLMNOPQRSTUVWXYZ0123456789'
char_list = []
for i in range(len(char_str)):
    char_list.append(char_str[i])
```

```
#绘制字符数量分布条形图(完成程序)
plt.figure(figsize = (20,10))
plt.bar(np.arange(len(char_list)), height = pre_char_nums, width = 0.5)
plt.xticks(np.arange(len(char_list)), char_list, fontsize = 20)
plt.yticks(fontsize = 20)
plt.xlabel('char', fontsize = 20)
plt.ylabel('frequency', fontsize = 20)
plt.style.use('ggplot')
for index,data in enumerate(pre_char_nums):
    plt.text(x = index, y = data, s = f"{data}", fontdict = dict(fontsize = 13),
horizontalalignment = "center")
plt.tight_layout()
plt.show()
```

效果如图 5－4 所示。

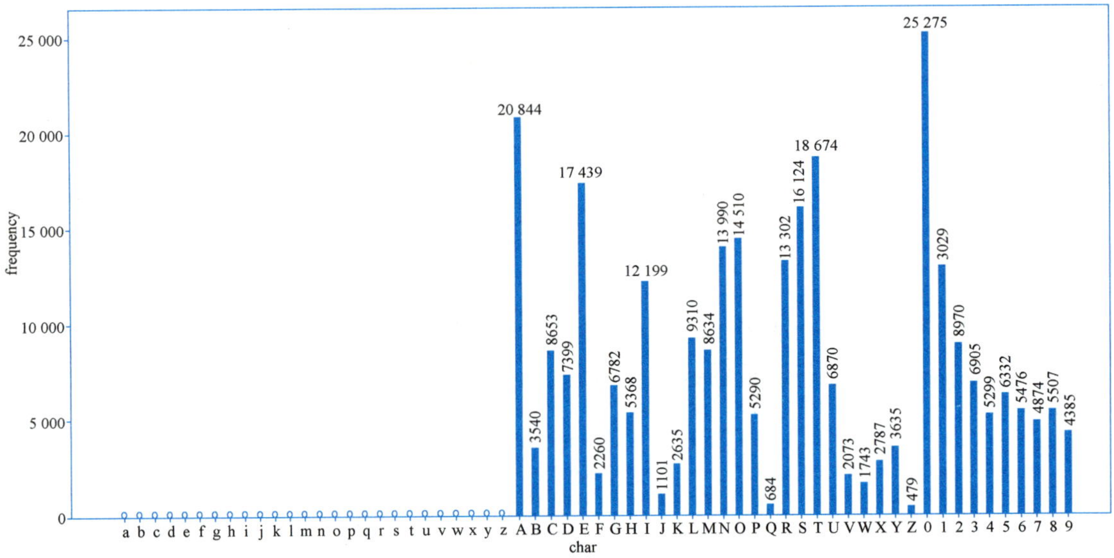

图 5－4　字符数量分布条形图

步骤六：统计数据集中出现的文本长度。

(1) 统计票据中出现的文本长度并输出。示例代码如下：

```
train_bbox_nums = len(train_json['annotations'])
train_text = []
#完成下方程序,统计训练集中的文本长度分布(完成程序)
for i in range(train_bbox_nums):
    train_text.append(len(train_json['annotations'][i]['textAttribute']))
lenth_list = list(set(train_text))
lenth_freq_list = []
for i in range(len(lenth_list)):
    lenth_freq_list.append(train_text.count(lenth_list[i]))
print(lenth_freq_list)
```

（2）绘制字符长度分布条形图。示例代码如下：

```
#绘制字符长度分布条形图(完成程序)
plt.figure(figsize = (20,10))
plt.bar(np.arange(len(lenth_list)), height = lenth_freq_list, width = 0.5)
plt.xticks(np.arange(len(lenth_list)), lenth_list, fontsize = 15)
plt.yticks(fontsize = 20)
plt.xlabel('Text Length', fontsize = 20)
plt.ylabel('Frequency', fontsize = 20)
plt.style.use('ggplot')
for index,data in enumerate(lenth_freq_list):
    plt.text(x = index, y = data, s = f"{data}", fontdict = dict(fontsize = 13),
horizontalalignment = "center")
plt.tight_layout()
plt.show()
```

效果如图 5－5 所示。

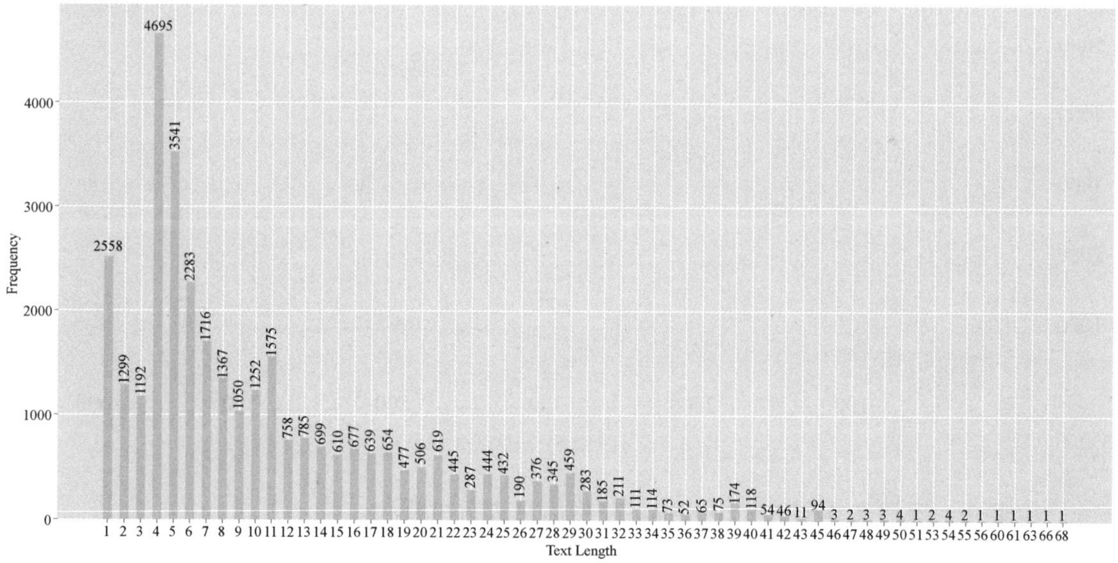

图 5－5　字符长度分布条形图

步骤七：统计图像的分辨率分布。
示例代码如下：

```
train_img_nums = len(train_json['images'])
img_height_list = []              #存储图像的高
img_width_list = []               #存储图像的宽

#统计文本框的像素覆盖范围(完成程序)
for i in range(train_img_nums):
    img_height_list.append(train_json['images'][i]['height'])
    img_width_list.append(train_json['images'][i]['width'])
```

```
#可视化操作
plt.figure(figsize = (20,10))
x1 = np.arange(len(img_height_list))
y1 = sorted(img_height_list)
plt.plot(x1,y1,'ro',color = 'red',label = "height")
x1 = np.arange(len(img_width_list))
y1 = sorted(img_width_list)
plt.plot(x1,y1,'ro',color = 'blue',label = "width")
plt.legend()
plt.show()
```

效果如图 5－6 所示。

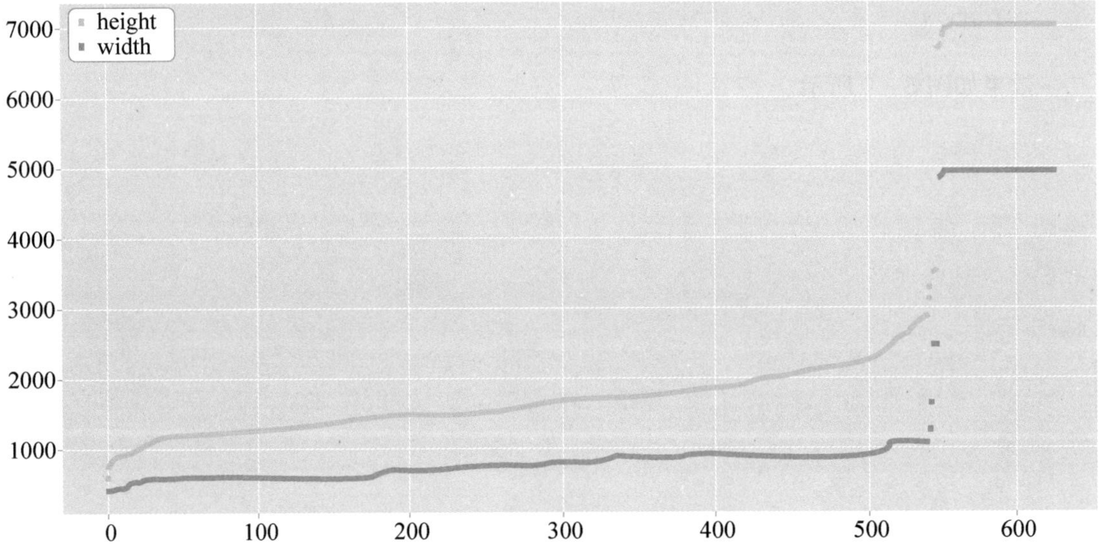

图 5－6 图像的分辨率分布图

步骤八：统计文本框的大小分布，并将信息进行可视化。

示例代码如下：

```
train_bbox_nums = len(train_json['annotations'])
train_bbox_area_list = [] #存储文本框的大小

#统计文本框的像素覆盖范围(完成程序)
for i in range(train_bbox_nums):
    train_bbox_area_list.append(train_json['annotations'][i]['area'])

#可视化操作
plt.figure(figsize = (20,10))
x1 = np.arange(len(train_bbox_area_list))
y1 = sorted(train_bbox_area_list)
plt.plot(x1,y1,'ro',color = 'red')
plt.show()
```

效果如图 5－7 所示。

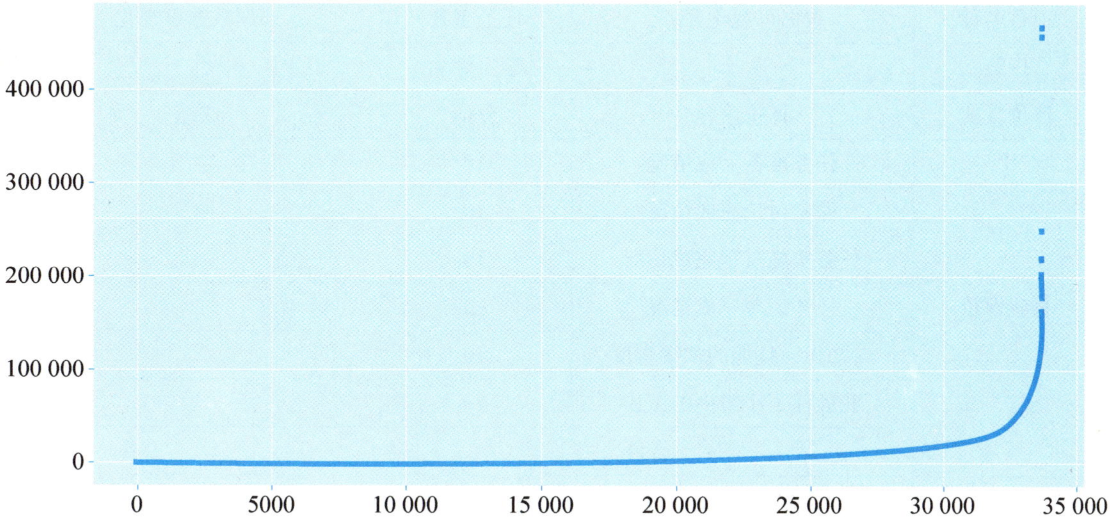

图 5－7　图像文本框的大小分布图

任务工单

任务名称	票据数据可视化	
任务目的	通过文本处理工具，编写程序实现票据文本数据的可视化。	
任务内容	1. 确定和分析需要使用的工具或者编程语言； 2. 确定和分析票据数据的类型，考虑数据的结构和组成； 3. 实现数据可视化。	
第（　　）组	姓名	
	学号	
任务实操	以票据数据为例，设计该数据可视化的方案	
	使用工具分析	
	票据类型分析	
	可视化方案选择	
	可视化实现	

考核评价

本次任务完成后，采用学习过程评价与学习结果评价相结合，综合运用自我评价、小组评价及教师评价三种方式，由教师确定三种评价方式分别占总成绩的比例，并加权计算出学生 A 本次任务的考核评价分。

任务完成考核评价表			
项目名称	数据可视化服务	任务名称	票据数据可视化
班级		学生姓名	
评价方式	评价内容	分值	成绩
自我评价	任务准备完成情况	10	
	课堂讨论完成情况	10	
	任务实施过程完成情况	10	
	任务工单完成情况	40	
	对知识、技能的掌握程度	10	
	我胜任了小组内的工作	20	
	合计		
小组评价	本小组的本次任务完成质量	30	
	A 的本次任务完成质量	30	
	A 参与小组活动的态度	20	
	A 的合作精神和沟通能力	20	
	合计		
教师评价	A 所在小组的任务完成质量	30	
	A 的本次任务完成质量	30	
	A 对所在小组的参与度	20	
	A 对本次任务的贡献度	20	
	合计		
总评＝自我评价×（ ）%＋小组评价×（ ）%＋教师评价×（ ）%＝			

任务 5.2 可行驶区域的数据可视化

任务 5.2
可行驶区域的
数据可视化

任务导入

想象你正在训练一辆自动驾驶小车，但它总把草坪当马路，或者对着隔离带猛冲——原来是标注数据出了问题！这次，我们要化身“数据侦探”，用可视化工具揭开可行驶区域的秘密。在自动驾驶和智能交通系统的研发中，准确识别可行驶区域是确保行车安全的关键基础。本次任务将基于 BDD100K 数据集，对可行驶区域标注数据进行系统性可视化分析，为模型训练提供数据质量保障。本任务使用 pycocotools 解析 COCO 格式标注文件，基于 Matplotlib 实现多维度数据可视化，结合图像处理技术进行标注结果叠加展示。需要对数据分布特征进行分析，统计“direct”（主路）和“alternative”（辅路）两类标注数据的样本量分布，分析单张图像中标注道路数量的分布规律。通过 matplotlib. patches 可视化多边形标注区域，检测标注异常（如区域断裂、边界偏差等情况）。计算标注区域占图像总面积的比例，对比不同类别标注区域的面积分布特征。

任务信息

项目名称	数据可视化服务	任务名称	可行驶区域的数据可视化
任务目标	知识目标	1. 了解图像可视化的方法； 2. 了解 COCO 工具的使用方法； 3. 掌握折线图的绘制方法； 4. 掌握直方图的绘制方法； 5. 掌握饼图的绘制方法； 6. 掌握在图像中绘制多边形的方法。	
	能力目标	1. 能够进行不同行驶区域的划分； 2. 能够根据数据特点进行图表类型选择； 3. 能够利用工具将可行驶区域呈现出来。	
	素养目标	1. 具备数据敏感性； 2. 具备实践的能力。	
任务描述	对于可行驶区域图像，在完成图像标注后，研究员想了解标注数据的数据分布情况，探索数据的基本信息，并将这些信息在图像中呈现出来。		
任务准备	思考以下问题： 1. 可行驶区域标注数据中有哪几种类别？每个类别下有多少张图像？ 2. 图像上可行驶区域是如何标注的？ 3. 图像中道路数量的分布是怎样的？一张图像最多标记了几条道路？ 4. 探究每个类别的标注覆盖范围。		
实施提醒	考虑如何获取数据集的信息，如何绘制出合适的图表。		

知识准备

5.2.1 折线图

折线图是用直线段将各数据点连接起来而组成的图形，以折线的方式显示数据的变化趋势。它是数据可视化中最常用的图表之一，可以显示随时间变化的连续数据，适用于展示趋势变化（如时间序列、连续变量关系）。

折线图：plt. plot(x,y)，如图 5-8 所示。

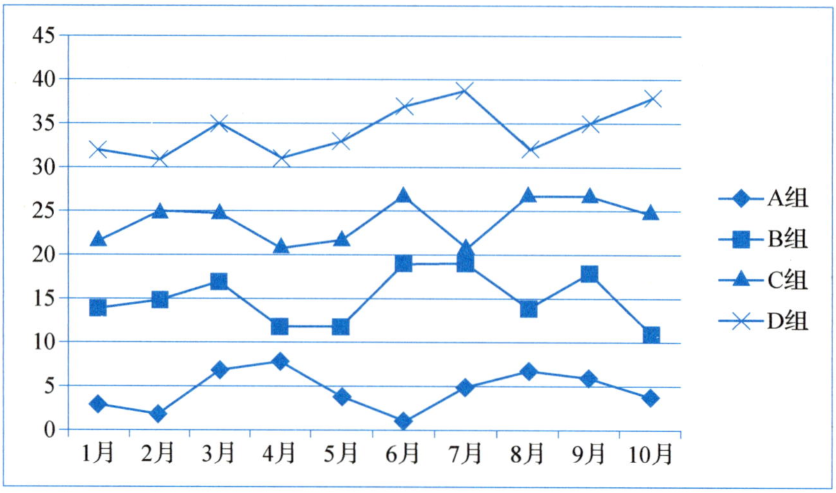

图 5-8 折线图

参数说明：

x：数组/列表，如 [1,2,3]，X 轴数据（时间/类别）。

y：数组/列表，如 [10,20,15]，Y 轴数据（数值指标）。

示例代码如下：

```
import matplotlib.pyplot as plt
x = [1, 2, 3, 4]
y = [10, 15, 13, 18]
plt.plot(x, y,
         color = '# FF6B6B',                # 珊瑚色线条
         linestyle = ' - - ',               # 虚线
         linewidth = 2,                     # 线宽 2 像素
         marker = 'o',                      # 圆形标记
         markersize = 8,                    # 标记大小
         markerfacecolor = 'white',         # 标记填充白色
         markeredgecolor = 'black',         # 标记边框黑色
         label = '2023 年销量')              # 图例标签
plt.legend()                                # 显示图例
plt.show()
```

5.2.2 直方图

直方图，由一系列高度不等的纵向条纹或线段表示数据分布的情况。直方图用于展示连续数据的分布情况，通过将数据分箱（bin）并统计频次，直观反映数据的集中趋势、离散程度和偏态。一般用横轴表示数据的类型，纵轴表示分布情况。直方图可以用

方块的高度来反映数据的差异，只适用于中小规模的数据集，不适用于大规模的数据集。

直方图：用 plt.hist() 函数绘制，如图 5-9 所示。

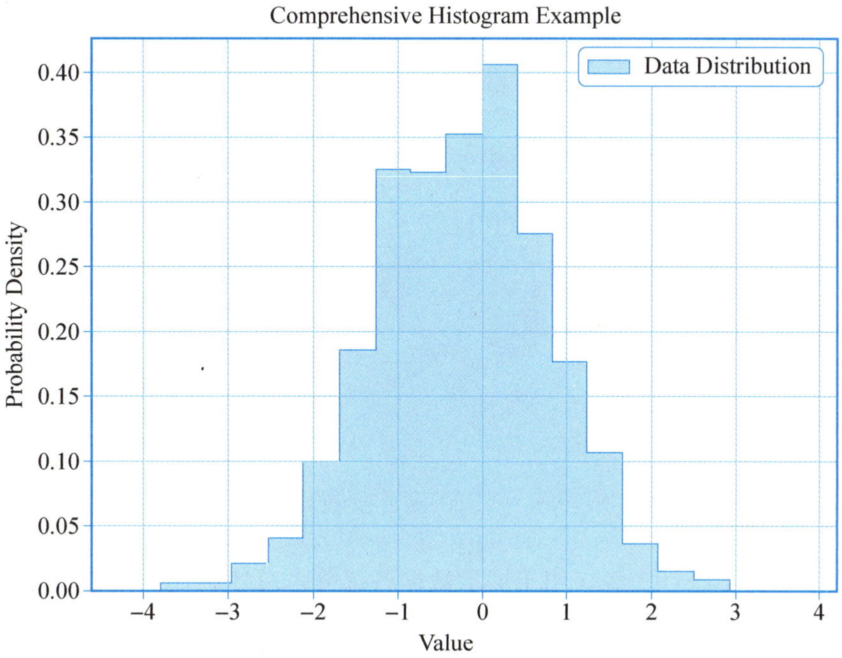

图 5-9　直方图

参数说明：

x：这是一个必需的参数，它代表要绘制直方图的数据。数据可以是一维数组、列表或者序列。

bins：它用来指定直方图的柱子数量。可以是整数，代表柱子的个数；也可以是一个序列，定义了柱子的边界。

range：该参数用于指定数据的范围，只有在这个范围内的数据才会被绘制到直方图中。格式为（min，max）。

density：若设置为 True，则绘制的是概率密度直方图，即柱子的面积总和为 1；若为 False（默认值），则绘制的是频数直方图。

color：用于指定柱子的颜色，可以是颜色名称（如 'red'、'blue'），也可以是 RGB 值。

示例代码如下：

```
import matplotlib.pyplot as plt
import numpy as np
# 生成随机数据
data = np.random.randn(1000)
# 自定义权重
weights = np.ones_like(data) / len(data)
```

```
# 自定义柱子边界
bins = np.linspace( - 4, 4, 20)
# 绘制直方图,综合使用各种参数
plt.hist(data, bins = bins, range = ( - 3, 3), density = True, weights = weights,
         color = 'purple', alpha = 0.6, histtype = 'barstacked', align = 'left',
         orientation = 'vertical', label = 'Data Distribution')
# 设置图表标题和坐标轴标签
plt.title('Comprehensive Histogram Example')
plt.xlabel('Value')
plt.ylabel('Probability Density')
# 添加网格线
plt.grid(True)
# 显示图例
plt.legend()
# 显示图表
plt.show()
```

5.2.3 饼图

饼图是一种圆形统计图表，用于展示数据各部分占总体的比例关系。它将一个完整的圆形分割成多个扇形区域，每个区域的弧长（或面积）代表对应部分的比例大小。

饼图：用 pie( ) 函数绘制，如图 5 - 10 所示。

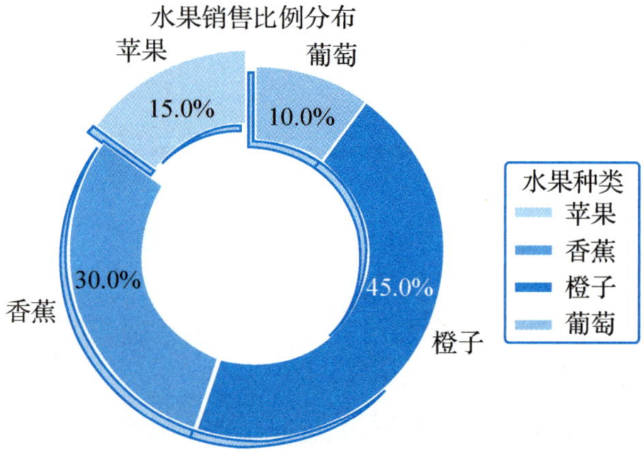

图 5 - 10 饼图

参数说明：

x (array-like)：指定各扇形的数值，构成饼图的数据。可以是列表、数组等序列类型，数值会自动转换为百分比。如 [15,30,45] 表示三个扇形的大小比例为 15 : 30 : 45。

labels (list，默认 None)：为每个扇形添加文本标签。列表长度应与 x 参数一致。如 ['A 组'，'B 组'，'C 组'] 对应三个扇形。

colors (array-like，默认 None)：设置各扇形的颜色。支持颜色名称、十六进制码或 RGB 元组。如 ['gold'，'lightgreen'，'lightcoral']。

explode (array-like，默认 None)：控制扇形偏移突出效果。0 表示不偏移，0.1 表示偏移半径的 10%。(0.1，0，0) 突出第一个扇形。

autopct (str/function，默认 None)：显示百分比数值。字符串格式如'%1.1f%%'显示一位小数。可传入函数自定义显示格式。autopct=lambda p：f'{p：.1f}%'。

shadow (bool，默认 False)：是否添加阴影效果。True 时显示立体阴影效果。

startangle (float，默认 0)：设置起始绘制角度。从 x 轴逆时针旋转计算，90 表示从

12 点方向开始，如 startangle=90。

radius (float，默认 1)：控制饼图半径大小，数值越大图形越大。

wedgeprops (dict，默认 None)：设置扇形属性。

'width'：控制环形图宽度 (0-1)。

'edgecolor'：边框颜色，'linewidth'：边框线宽。如 {'width'：0.4，'edgecolor'：'white'}。

textprops (dict，默认 None)：设置标签文本样式。'color'：文本颜色，'fontsize'：字体大小，'fontweight'：字重。如 {'color'：'white'，'fontsize'：12}。

示例代码如下：

```
import matplotlib.pyplot as plt
plt.pie(
    x = [15,30,45],
    labels = ['A','B','C'],
    colors = ['#ff9999','#66b3ff','#99ff99'],
    explode = (0.1,0,0),
    autopct = '%1.1f%%',
    shadow = True,
    startangle = 90,
    wedgeprops = {'width':0.3,'edgecolor':'white'},
    textprops = {'fontsize':12}
)
plt.title('示例饼图')
plt.show()
```

任务实施

1. 需求分析

对可行驶区域数据可视化。统计数据集数量。获取数据集类别，统计每个类别的图像数量，根据类别选取图像可视化，统计图像道路的分布情况，统计每个类别标注区域覆盖范围。

2. 行驶数据来源

认真阅读表 5-3 中的需求，按照该需求完成数据可视化。

表 5-3　可行驶数据可视化需求表

可视化项目	[可行驶数据可视化]
可视化类型	[图像]
可视化描述	[统计数据集数量。获取数据集类别，统计每个类别的图像数量，根据类别选取图像可视化，统计图像道路的分布情况，统计每个类别标注区域覆盖范围。]

续表

统计工具	[pycocotools]
绘图方法	[matplotlib]

3. 可行驶数据采集

步骤一：可行驶数据集的导入。

（1）导入需要库。

示例代码如下：

```
import numpy as np
import os
import random
from PIL import Image, ImageDraw
import cv2
import matplotlib.pyplot as plt
from matplotlib.collections import PatchCollection
from matplotlib.patches import Polygon
import glob
from pycocotools.coco import COCO
import numpy as np
import skimage.io as io
import pylab
pylab.rcParams['figure.figsize'] = (8.0, 10.0)
```

（2）通过训练集和测试集路径，读取数据，查看数据集数量。

示例代码如下：

```
# 导入训练集
# 训练集图像
TRAIN_IMG_DIR = '/data/3M9FID/EDA_data/images/train/'
# 训练集 mask 图像
TRAIN_MASK_DIR = '/data/3M9FID/EDA_data/masks/train/'
# 训练集 colormap 图像
TRAIN_COL_DIR = '/data/3M9FID/EDA_data/colormaps/train/'
# 训练集 Json 文件
TRAIN_JS_PATH = '/data/3M9FID/EDA_data/polygons/drivable_train.json'
# 导入测试集
# 测试集图像
VAL_IMG_DIR = '/data/3M9FID/EDA_data/images/val/'
# 测试集 mask 图像
VAL_MASK_DIR = '/data/3M9FID/EDA_data/masks/val/'
# 测试集 colormap 图像
VAL_COL_DIR = '/data/3M9FID/EDA_data/colormaps/val/'
# 测试集 Json 文件
VAL_JS_PATH = '/data/3M9FID/EDA_data/polygons/drivable_val.json'
```

```
#查看数据集的数量
train_files = os.listdir(TRAIN_IMG_DIR)
print("Number of train images is {}".format(len(train_files)))
val_files = os.listdir(VAL_IMG_DIR)
print("Number of val images is {}".format(len(val_files)))
```

步骤二：使用 pycocotools 的方法获取类别信息。

（1）首先初始化 COCO 工具。

（2）然后使用 getCatIds（）获取类别 ID 信息，根据类别 ID 使用 loadCats（）方法获取类别信息。

示例代码如下：

```
import numpy as np
import os
#初始化 coco 工具
train_anno = COCO(TRAIN_JS_PATH)
#获取类别信息
cats = train_anno.loadCats(train_anno.getCatIds())
nms = [cat['name'] for cat in cats]
print('COCO 类别:\n{}\n'.format(','.join(nms)))
```

步骤三：统计每个类别的图像数量。

（1）getCatIds（catNms=［］）可以获取类别 ID，参数 catNms 为类别名称，可根据类别名获取类别 ID。

（2）根据类别 ID 获取该类别下所有图像的 ID。

（3）计算图像 ID 的数量，统计图像的数量。

示例代码如下：

```
#获取各个类别图像的数量
category = ['direct', 'alternative']
#将结果存储到列表 num_category 中
num_category = []
#统计每个类别下的图像数量(完成程序)
for cat in category:
    #获得某个类别 ID
    catIds = train_anno.getCatIds(catNms = [cat])
    #根据类别 ID 寻找图像 ID
    imgIds = train_anno.getImgIds(catIds = catIds)
    #统计图像数量
    num_category.append(len(imgIds))
print(num_category)
```

（4）用条形图展示各个类别图像数量。

示例代码如下：

```
# 用条形图展示各个类别图像数量
plt.bar(np.arange(len(num_category)), height = num_category)
plt.xticks(np.arange(len(num_category)), category)
plt.ylabel('number of images')
plt.xlabel('category')
plt.style.use('ggplot')
for index,data in enumerate(num_category):
    plt.text(x = index , y = data + 1 , s = f"{data}" , fontdict = dict(fontsize = 10))
plt.tight_layout()
plt.show()
```

效果如图 5-11 所示。

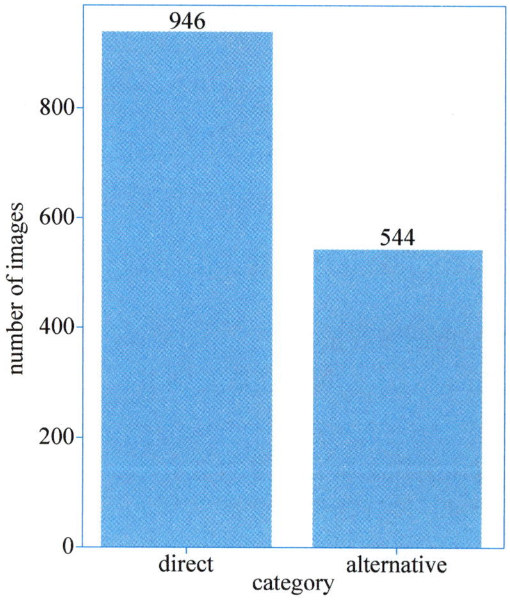

图 5-11　各类别图像数量条形图

步骤四：根据类别选取图片可视化。

(1) 在图像上绘制可行驶区域。先根据图像 ID 和类别 ID 获取对应的标注 ID，再根据标注 ID 获取标注结果，最后使用 showAnns (anns) 方法显示标注结果，参数 anns 为标注信息。

示例代码如下：

```
# 可视化两个类别的图像
catIds = train_anno.getCatIds(catNms = ['direct',"alternative"])
imgIds = train_anno.getImgIds(catIds = catIds )
# 随机读取一张图像
imgid = imgIds[np.random.randint(0,len(imgIds))]
# 读取并显示图像(使用 PIL 库)
img = train_anno.loadImgs(imgid) [0]
I = Image.open(TRAIN_IMG_DIR + img['file_name'])
```

```
plt.axis("off")
plt.imshow(I)
# 显示标注信息(完成程序)
# 根据图像 id 和类别 Id 获取标注 id
annIds = train_anno.getAnnIds(imgIds = imgid,catIds = catIds)
# 根据标注 id 获取标注信息
anns = train_anno.loadAnns(annIds)
# 展示标注信息
train_anno.showAnns(anns)
```

效果如图 5-12 所示。

图 5-12　绘制可行驶区域

(2) 读取标注信息，从标注信息中获取多边形坐标点，利用 Polygon 绘制多边形，利用 PatchCollection 将图形放入画布中。

示例代码如下：

```
def plot_images(imgIds,catIds,nrow = 3, ncol = 3, mask = True):
    fig,ax = plt.subplots(nrow,ncol,figsize = (15,15))
    ax = ax.ravel()
    imgindex = []
    for i in range(nrow * ncol):
        # 随机选取一张图像
        imgid = imgIds[np.random.randint(0,len(imgIds))]
        # 读取图像
        img = train_anno.loadImgs(imgid)[0]
        image = Image.open(TRAIN_IMG_DIR + img['file_name'])
        # 获取图像的标注信息
        annIds = train_anno.getAnnIds(imgIds = imgid,catIds = catIds)
        anns = train_anno.loadAnns(annIds)
        # 绘制图像(完成程序)
        polygons = []
        color = []
        for ann in anns:
            c = "r"
            # 选取坐标点并转换为 numpy 类型
            seg = ann['segmentation'][0]
            poly = np.array(seg).reshape((int(len(seg)/2), 2))
```

```
                # 利用 Polygon 绘制多边形
                polygons.append(Polygon(poly))
                color.append(c)
            # 利用 PatchCollection 将多边形放到画布中
            p = PatchCollection(polygons, facecolor = color, linewidths = 0, alpha = 0.2)
            ax[i].add_collection(p)
            # 显示图像
            ax[i].axis('off')
            ax[i].imshow(image)
# 可视化 direct 的图像
catIds = train_anno.getCatIds(catNms = ['direct'])
imgIds = train_anno.getImgIds(catIds = catIds )
plot_images(imgIds,catIds)
```

效果如图 5－13 所示。

图 5－13　direct 图像

（3）可视化 alternative 的图像。示例代码如下：

```
catIds = train_anno.getCatIds(catNms = ['alternative'])
imgIds = train_anno.getImgIds(catIds = catIds )
plot_images(imgIds,catIds)
```

效果如图 5－14 所示。

步骤五：统计图像中道路的分布情况。

（1）首先统计每张图像有多少个标注信息（多少条可行驶道路）。

示例代码如下：

```
# 用 num_road_pimage 列表记录每张图像上的标注信息个数
num_road_pimage = []
# 统计每张图像有多少个标注信息(完成程序)
# 获取所有图像 ID
imgIds = train_anno.getImgIds()
```

```
# 获取每张图像的标注信息
for imgId in imgIds:
    annIds = train_anno.getAnnIds(imgIds = imgId)
    num_road_pimage.append(len(annIds))
```

图 5-14　alternative 图像

(2) 计算统计结果的最大值，查看一张图像中最多被标记了几条道路。

```
# 计算最大值
max(num_road_pimage)
```

(3) 计算每种标记情况下的图像个数，并可视化。

示例代码如下：

```
# 标注个数去重
total_num_of_road = list(set(num_road_pimage))
print(total_num_of_road)
# 统计每种标注情况对应的图像个数
count_of_imgs = []
for num in total_num_of_road:
    count = num_road_pimage.count(num)
    count_of_imgs.append(count)
print(count_of_imgs)
# 可视化
plt.bar(np.arange(len(total_num_of_road)), height = count_of_imgs)
plt.xticks(np.arange(len(total_num_of_road)), total_num_of_road)
plt.ylabel('number of bounding boxes')
plt.xlabel('number of images')
plt.style.use('ggplot')
for index,data in enumerate(count_of_imgs):
    plt.text(x = index , y = data + 1 , s = f"{data}" , fontdict = dict(fontsize = 10))
plt.tight_layout()
plt.show()
```

效果如图 5－15 所示。

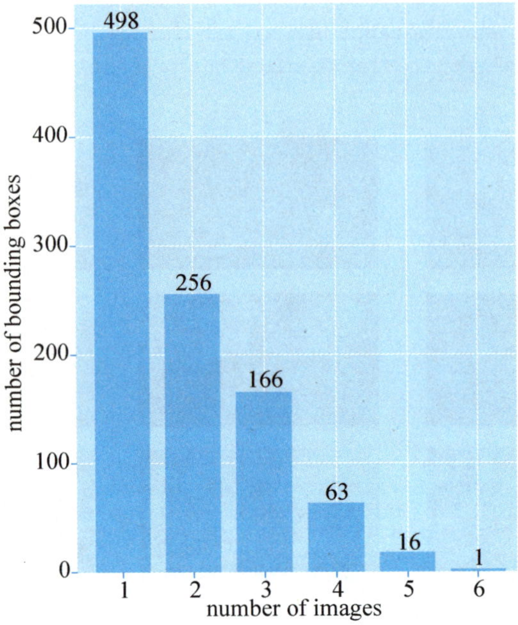

图 5－15 不同类别图像个数

步骤六：统计每个类别下所有图像的标注区域覆盖范围。

（1）根据类别名获取该类别下所有图像 id。

（2）遍历所有图像，根据图像 id 和类别 id 获取该类别下每个图像的标注信息。

（3）获取每个标注信息中的 area 内容（标注区域的像素面积），将其进行存储。

示例代码如下：

```
category = ['direct', 'alternative']
# 字典 square_of_polygons 用于存储注区域的像素面积
square_of_polygons = {}
# 根据类别获取 area 值,并进行存储(完成程序)
for cat in category:
    catIds = train_anno.getCatIds(catNms = [cat])
    imgIds = train_anno.getImgIds(catIds = catIds)
    square_of_polygon = []
    for imgId in imgIds:
        annIds = train_anno.getAnnIds(imgIds = imgId, catIds = catIds)
        anns = train_anno.loadAnns(annIds) [0]
        square_of_polygon.append(anns['area']) # 根据 anns[area]获取面积
square_of_polygons[cat] = square_of_polygon
```

（4）标注区域的像素范围分布可视化。

示例代码如下：

```
# 可视化操作
x1 = np.arange(len(square_of_polygons['direct']))
```

```
y1 = sorted(square_of_polygons['direct'])
x2 = np.arange(len(square_of_polygons['alternative']))
y2 = sorted(square_of_polygons['alternative'])
plt.plot(x1,y1,'ro',color = 'red',label = 'direct')
plt.plot(x2,y2,'ro',color = 'blue',label = 'alternative')
plt.legend()
plt.show()
```

效果如图 5 - 16 所示。

（5）用直方图显示像素分布。

示例代码如下：

```
plt.hist(y1, bins = 20, label = "The area of direct mask")
plt.show()
```

效果如图 5 - 17 所示。

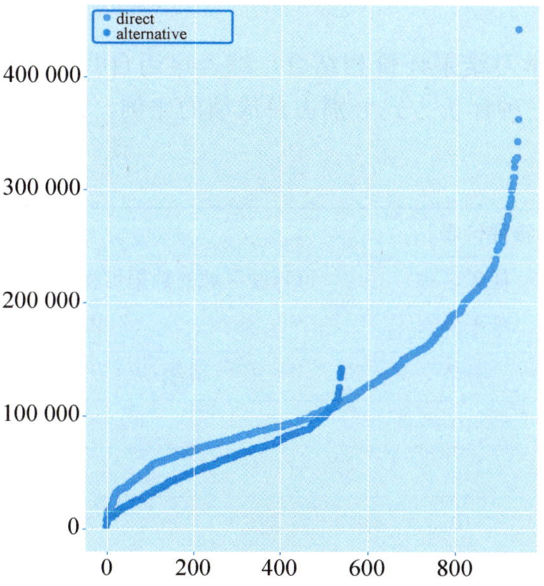

图 5 - 16　不同类别像素范围分布

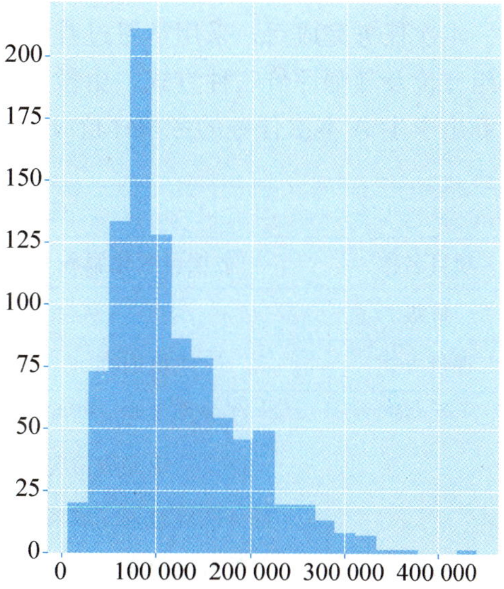

图 5 - 17　像素分布直方图

任务工单

任务名称	可行驶区域的数据可视化
任务目的	通过相关处理工具，编写程序实现可行驶区域数据的可视化。
任务内容	1. 确定和分析需要使用的工具或者编程语言； 2. 确定和分析可行驶区域数据的类型，考虑数据的结构和组成； 3. 实现数据可视化。

续表

第（　　）组	姓名	
	学号	
任务实操	以可行驶区域数据为例，设计该数据可视化的方案	
	使用工具分析	
	可行驶区域数据类型分析	
	可视化方案选择	
	可视化实现	

考核评价

本次任务完成后，采用学习过程评价与学习结果评价相结合，综合运用自我评价、小组评价及教师评价三种方式，由教师确定三种评价方式分别占总成绩的比例，并加权计算出学生 A 本次任务的考核评价分。

任务完成考核评价表			
项目名称	数据可视化服务	任务名称	可行驶区域的数据可视化
班级		学生姓名	
评价方式	评价内容	分值	成绩
自我评价	任务准备完成情况	10	
	课堂讨论完成情况	10	
	任务实施过程完成情况	10	
	任务工单完成情况	40	
	对知识、技能的掌握程度	10	
	我胜任了小组内的工作	20	
	合计		
小组评价	本小组的本次任务完成质量	30	
	A 的本次任务完成质量	30	
	A 参与小组活动的态度	20	
	A 的合作精神和沟通能力	20	
	合计		

续表

教师评价	A 所在小组的任务完成质量	30	
	A 的本次任务完成质量	30	
	A 对所在小组的参与度	20	
	A 对本次任务的贡献度	20	
	合计		
总评＝自我评价×（　　）%＋小组评价×（　　）%＋教师评价×（　　）%＝			

任务 5.3　ASR 标注数据的可视化

任务导入

在语音识别（ASR）、语音合成（TTS）、说话人识别等语音技术的研究与应用中，语音标注数据的可视化分析是确保数据质量、优化模型性能的关键环节，其重要性主要体现在以下几个方面。

任务 5.3 ASR 标注数据的可视化

1. 提升数据质量，优化模型训练

通过可视化分析，可以快速发现标注数据中的异常情况，例如：静音片段（振幅接近零）、背景噪声干扰（非人声信号）、标注错误（如错误的说话人性别标签）。可视化帮助识别低质量数据（如录音失真、设备噪声），从而优化训练数据集，提高模型鲁棒性。

比如在智能客服系统中，可视化分析发现 10%的语音样本含有背景音乐，导致模型误识别。清洗后，识别准确率提升 8%。

2. 理解语音特征，优化算法设计

语音信号具有丰富的声学特征，可视化能直观展示：

振幅（Amplitude）：反映语音能量，用于检测静音、爆音等异常。

基频（Pitch）：区分说话人性别（男声 100～150Hz，女声 200～300Hz）。

音强（Intensity）：判断语音情绪（如愤怒语音通常音强更高）。

比如通过基频分布图，发现某 ASR 模型对女性高音调语音识别较差，针对性增加数据后，性别识别准确率提升 12%。

3. 支持语音技术的关键应用

（1）智能客服质检。

可视化分析通话录音的音强变化，自动标记客户愤怒情绪（>70dB）。

检测静音片段，优化客服响应效率分析。

（2）医疗语音诊断。

通过基频稳定性分析，辅助诊断声带疾病（如声音嘶哑患者的基频波动异常）。

（3）声纹识别。

可视化语谱图和MFCC特征，优化说话人验证系统。

4. 提高标注效率，降低人工成本

标注验证：通过波形图、频谱图快速验证标注准确性。

自动标注辅助：基于可视化规则（如静音检测）预标注数据，减少人工工作量。比如某语音标注平台引入振幅阈值自动检测后，人工标注时间减少30%。

5. 支持学术研究与工业落地

学术研究：可视化帮助发现语音信号的深层模式（如方言的独特频谱特征）。

工业部署：在模型上线前，通过可视化分析确保数据分布符合真实场景。

任务信息

项目名称	数据可视化服务	任务名称	ASR标注数据的可视化
任务目标	知识目标	1. 了解音频数据可视化的方法； 2. 了解音频音基的概念； 3. 掌握振幅图的绘制方法； 4. 掌握音强图的绘制方法。	
	能力目标	1. 能够进行语音数据的分析； 2. 能够根据语音数据特点进行图表类型选择； 3. 能够利用工具将语音数据呈现出来。	
	素养目标	1. 具备数据敏感性； 2. 具备实践的能力。	
任务描述	在完成语音标注后，研究员想了解标注数据的数据分布情况，探索数据的基本信息，并用图表呈现出来。		
任务准备	1. 判断语音振幅； 2. 分析语音是低声、大声或噪声； 3. 通过语音基频分析语音数据输入男声、女声。		
实施提醒	考虑如何获取数据集的信息，如何绘制出合适的图表。		

知识准备

5.3.1 语音振幅

振动物体离开平衡位置的最大距离，叫作振动的振幅。振幅是用来表示振动强弱的物理量，振幅大，则振动强度大；振幅小，则振动强度小。

语音振幅的物理本质为声压波形的瞬时位移量。语音学意义分为以下两类：

(1) 发音部位差异，见表 5-4。

表 5-4 发音类型及特征

发音类型	典型振幅特征
爆破音（/p/，/t/）	瞬时振幅骤升（>0.5）
摩擦音（/s/，/f/）	持续低振幅（0.05～0.2）
元音（/a/，/i/）	稳定高振幅（0.3～0.8）

(2) 病理特征：

声带息肉：振幅波动系数>0.35（正常<0.2）。

构音障碍：爆破音上升时间>50ms（正常 20～30ms）。

5.3.2 音强

音强是描述声音能量强度的物理量，反映声音的响度（Loudness）和能量分布。它是语音信号处理、声学工程和听觉研究中的核心参数之一。音强为 20～50 分贝时属于安静，大声说话为 60～70 分贝，开始感到吵的声音为 70 分贝，开始破坏耳蜗细胞的声音为 105 分贝。音强表示单位面积上通过的声功率，单位为瓦特/平方米（W/m^2）或更常用的分贝（dB）。音强范围见表 5-5。

表 5-5 音强范围

场景	音强（dB）	感知描述
听阈	0	人耳最小可听声
安静房间	30～40	轻微呼吸声
正常对话	50～60	清晰可懂
繁忙街道	70～80	需提高音量
电锯	100～110	疼痛阈值
喷气引擎	120～140	瞬时听力损伤

5.3.3 基频

基频是语音信号最核心的声学特征之一，直接反映声带的振动特性。基频（F0）指声带周期性振动的最低频率成分，单位为赫兹（Hz），决定语音的音高感知（Pitch）。从声学因素分析，男声的平均基频为 125Hz，女声的平均基频为 230Hz。男女声、儿童的基频结构特点见表 5－6。

表 5－6　基频结构特点

人群	谐波结构特点
成年男性	谐波间距窄，能量集中在低频
成年女性	谐波间距宽，高频成分丰富
儿童	谐波密度高，泛音明显

任务实施

1. 需求分析

已经对语音数据进行了标注，现在需要对 ASR 标注数据可视化。判断语音的振幅，分析语音是低声、大声或噪声，通过语音基频分析语音数据输入是男声、女声。

2. ASR 数据来源

认真阅读表 5－7 中的需求，按照该需求完成数据可视化。

表 5－7　ASR 标注可视化需求表

可视化项目	[ASR 标注数据可视化]
可视化类型	[语音]
可视化描述	[绘制振幅，绘制音强折线图，绘制基频折线图]
统计工具	[parselmouth]
绘图方法	[matplotlib]

3. 语音标注数据可视化

步骤一：语音标注数据振幅绘制。

（1）导入必要的库。

```
import parselmouth as pm
import matplotlib.pyplot as plt
import seaborn as sns
```

（2）导入音频文件。

```
sns.set()                                        # 使用 seaborn 的默认设置
plt.rcParams['figure.dpi'] = 100                 # 设置图的分辨率
snd = pm.Sound('data/Biaobei_Demo/000001.wav')
```

(3) 绘制振幅图。

参考代码如下：

```
plt.figure()
plt.plot(snd.xs(), snd.values.T)
plt.xlim([snd.xmin, snd.xmax])
plt.xlabel("time [s]")
plt.ylabel("amplitude")
plt.show() # or plt.savefig("sound.png"), or plt.savefig("sound.pdf")
```

效果如图 5-18 所示。

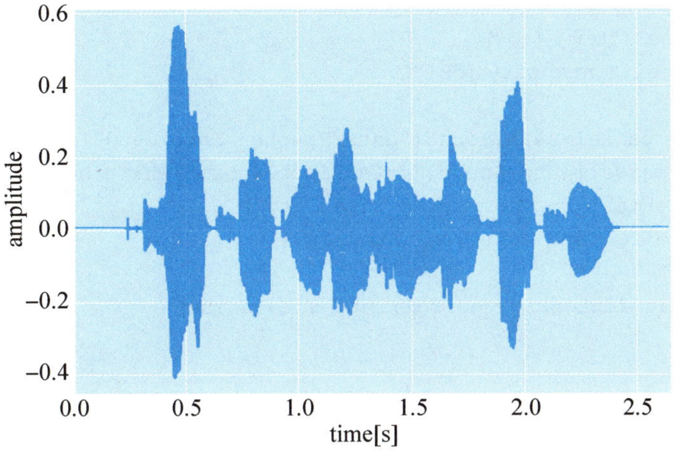

图 5-18 振幅图

步骤二：绘制音强折线图。

(1) 导入必要的库。

```
from turtle import color
import parselmouth
import numpy as np
import matplotlib.pyplot as plt
import seaborn as sns
```

(2) 设置绘图参数。

```
sns.set() # 使用 seaborn 的默认设置
plt.rcParams['figure.dpi'] = 100 # 设置图的分辨率
plt.rcParams['font.sans-serif'] = 'SimHei' # 用来正常显示中文标签
plt.rcParams['axes.unicode_minus'] = False # 用来正常显示负号
```

(3) 读取正常声和白噪声，进行音强绘制。

参考代码如下：

```
#绘制音强
def draw_intensity(intensity_normal, intensity_noise):
    plt.plot(intensity_normal.xs(), intensity_normal.values.T, linewidth = 1,
    color = 'g')
    plt.plot(intensity_noise.xs(), intensity_noise.values.T, linewidth = 1,
    color = 'r')
    plt.grid(True)
    plt.legend(['正常声', '白噪声'], loc = 'upper left')
    plt.xlim([snd_normal.xmin, snd_normal.xmax])
    plt.ylim(0,120)
    plt.xlabel("time [s]")
    plt.ylabel("intensity [dB]")

snd_normal = parselmouth.Sound("data/Biaobei_Demo/000001.wav")
snd_noise = parselmouth.Sound("data/Biaobei_Demo/white_noise.wav")
intensity_normal = snd_normal.to_intensity()
intensity_noise = snd_noise.to_intensity()
plt.figure()
draw_intensity(intensity_normal,intensity_noise)
plt.show()
```

效果如图 5-19 所示。

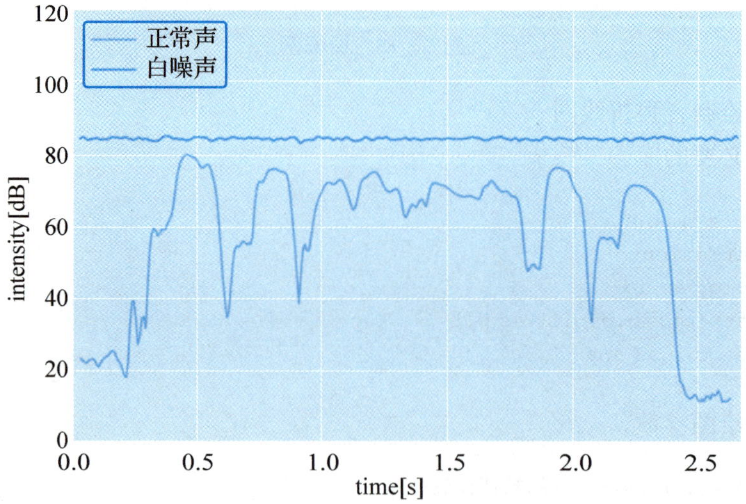

图 5-19　音强图

从图 5-19 中可以看出平滑曲线的音高在 80～90 分贝，这个音频让人感觉吵；幅度大的曲线的音高是 20～80 分贝，大多分布在 50～70 分贝，这个音频多数是大声说话。

步骤三：绘制基频折线图。

（1）导入必要的库。

```
import parselmouth
import numpy as np
import matplotlib.pyplot as plt
import seaborn as sns
```

（2）设置绘图参数。

```
sns.set()                                        # 使用 seaborn 的默认设置
plt.rcParams['figure.dpi'] = 100                 # 设置图的分辨率
plt.rcParams['font.sans - serif'] = 'SimHei'     # 用来正常显示中文标签
plt.rcParams['axes.unicode_minus'] = False       # 用来正常显示负号
```

（3）绘制基频折线图。

示例代码如下：

```
# 绘制基频
def draw_pitch(pitch_male,pitch_female):
    pitch_values_male = pitch_male.selected_array['frequency']
                                                    # 提取选定的基频轮廓
    pitch_values_male[pitch_values_male == 0] = np.nan
                                                    # 用 NaN 代替清音样本
    pitch_values_female = pitch_female.selected_array['frequency']
                                                    # 提取选定的基频轮廓
    pitch_values_female[pitch_values_female == 0] = np.nan
                                                    # 用 NaN 代替清音样本
    plt.plot(pitch_male.xs(), pitch_values_male, 'o', markersize = 2,color = 'b')
    plt.plot(pitch_female.xs(), pitch_values_female, 'o', markersize = 2, col-
or = 'r')
    plt.grid(True)
    plt.legend(['男声', '女声'], loc = 'upper left')
    plt.ylim(0, pitch_male.ceiling)
    plt.xlim([pitch_male.xmin, pitch_male.xmax])
    plt.xlabel("time [s]")
    plt.ylabel("fundamental frequency [Hz]")

snd_male = parselmouth.Sound("data/Biaobei_Demo/maven_male.wav")
snd_female = parselmouth.Sound("data/Biaobei_Demo/maven_female.wav")
pitch_male = snd_male.to_pitch()
pitch_female = snd_female.to_pitch()
plt.figure()
draw_pitch(pitch_male,pitch_female)
plt.show()
```

效果如图 5 - 20 所示。

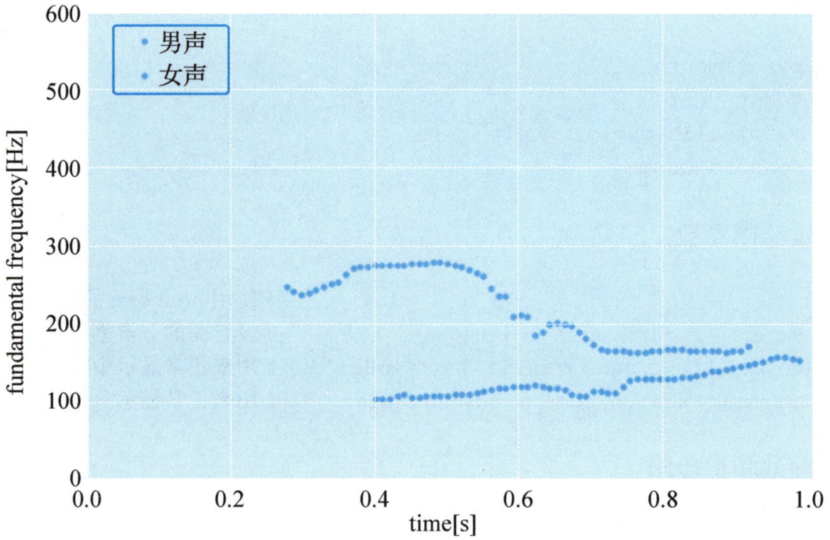

图 5 - 20 基频图

男声的平均基频为 125Hz，女声的平均基频为 230Hz，据此可大致判断图 5 - 20 中，上部的曲线是女声，下部的曲线是男声。

任务工单

<table>
<tr><td>任务名称</td><td colspan="2">ASR 标注数据的可视化</td></tr>
<tr><td>任务目的</td><td colspan="2">通过使用工具，编写程序实现语音标注数据的可视化。</td></tr>
<tr><td>任务内容</td><td colspan="2">1. 确定和分析需要使用的工具或者编程语言；
2. 确定和分析数据的类型；
3. 实现语音数据的可视化。</td></tr>
<tr><td rowspan="2">第（ ）组</td><td>姓名</td><td></td></tr>
<tr><td>学号</td><td></td></tr>
<tr><td rowspan="5">任务实操</td><td colspan="2">以语音标注数据为例，设计其可视化方案</td></tr>
<tr><td>使用工具分析</td><td></td></tr>
<tr><td>语音数据分析</td><td></td></tr>
<tr><td>数据可视化方案选择</td><td></td></tr>
<tr><td>数据可视化实践</td><td></td></tr>
</table>

考核评价

本次任务完成后，采用学习过程评价与学习结果评价相结合，综合运用自我评价、小组评价及教师评价三种方式，由教师确定三种评价方式分别占总成绩的比例，并加权计算出学生 A 本次任务的考核评价分。

任务完成考核评价表			
项目名称	数据可视化服务	任务名称	ASR 标注数据的可视化
班级		学生姓名	
评价方式	评价内容	分值	成绩
自我评价	任务准备完成情况	10	
	课堂讨论完成情况	10	
	任务实施过程完成情况	10	
	任务工单完成情况	40	
	对知识、技能的掌握程度	10	
	我胜任了小组内的工作	20	
	合计		
小组评价	本小组的本次任务完成质量	30	
	A 的本次任务完成质量	30	
	A 参与小组活动的态度	20	
	A 的合作精神和沟通能力	20	
	合计		
教师评价	A 所在小组的任务完成质量	30	
	A 的本次任务完成质量	30	
	A 对所在小组的参与度	20	
	A 对本次任务的贡献度	20	
	合计		
总评＝自我评价×（　　）%＋小组评价×（　　）%＋教师评价×（　　）%＝			

项目总结

本项目旨在让学生和读者理解数据可视化的意义和实现方法，以图像、音频等不同数据类型的标注数据可视化为例，通过设置三个任务分别完成票据图像数据可视化、可视化行驶区域数据可视化和语音数据可视化，让学生掌握针对不同类型的数据所采用的数据可视化的方法，了解数据的特征和数据可视化的要求，能够熟练运用数据可视化工具高质量地完成数据可视化任务。

项目总结记录表			
项目名称	数据可视化服务		
班级		学生姓名	
任务	重要知识点记录	实施过程中遇到的问题及解决方式	
任务 5.1			
任务 5.2			
任务 5.3			
项目自我总结：			

任务拓展

本项目学习了数据可视化的方法和实现。假设现在要实现公司销售员销售额的对比分析，需要什么可视化工具？使用什么类型的图形来对比？

课后练习

1. 单项选择题

(1) 以下哪种图表最适用于展示数据随时间的变化趋势？(　　)

A. 饼图　　B. 散点图　　C. 折线图　　D. 条形图

(2) 当需要展示多个类别数据的对比关系时，最适合使用哪种图表？(　　)

A. 折线图　　B. 散点图　　C. 饼图　　D. 雷达图

(3) 以下哪个工具不是专门用于数据可视化的？(　　)

A. Excel　　B. Tableau　　C. Photoshop　　D. Power BI

(4) 当需要展示数据的分布情况时，最适合使用哪种图表？(　　)

A. 折线图　　B. 散点图　　C. 直方图　　D. 饼图

2. 判断题

(1) 在进行可行驶区域数据可视化时，不需要考虑数据的准确性和完整性。(　　)

(2) 可行驶区域数据可视化只能用于展示数据，不能用于数据分析。(　　)

(3) 在可行驶区域数据可视化中，交互式图表可以提高用户的参与度和理解力。(　　)

(4) 可行驶区域数据可视化只能使用专业的可视化工具来实现。(　　)

项目 6

行为分类综合实践

项目导入

1. 项目背景及需求

人体行为分类与识别在计算机视觉中是一个极具吸引力和前沿性的研究问题。通过识别图像或视频中的人体姿态和动作，可以实现运动捕捉，检测动作是否规范，纠正运动姿态；可以实现人机交互，控制虚拟人物的行为；可以检测一些特殊行为，如在社区、商场里摔倒检测、危险动作检测等。

要实现人体行为分类与识别有多种方法，本项目对其中一种方法即基于骨骼关键点的人体行为分类，根据人体骨骼关键点的位置信息训练人体行为分类模型，主要对社区中出现的摔倒、行走和下蹲动作进行分类识别。

本项目中了解基于骨骼关键点的行为分类模型训练过程，为骨骼关键点检测模型和行为分类模型训练提供可用数据集。

2. 项目分解

- 根据行为分类的数据采集需求文档采集数据集；
- 根据行为分类的数据处理需求文档完成视频数据裁剪和格式转换操作；
- 根据骨骼关键点数据集标注需求文档完成人体骨骼关键点标注任务，训练出骨骼关键点检测模型；
- 根据人体行为分类数据集标注需求文档完成人体行为分类标注任务，处理训练数据，训练出人体行为分类模型；
- 对标注数据进行可视化处理，获取更多的标注数据信息。

3. 职业岗位介绍

- 研发基于骨骼关键点的人体姿态估计和行为识别算法；
- 优化 2D/3D 关键点检测模型（如 OpenPose、MediaPipe 等）；
- 设计并实现时空行为分类模型（如 ST-GCN、LSTM、Transformer 等）；
- 开发多模态融合方案（结合 RGB、深度、IMU 等传感器数据）；
- 部署轻量化模型到边缘设备（如摄像头、移动端）。

项目目标

1. 知识目标

- 了解基于骨骼关键点的行为分类模型训练过程；
- 掌握视频裁剪的方法；
- 掌握视频格式转换的方法；
- 了解关键点标注的方法，掌握利用标注工具 labelbee 完成关键点标注的方法；
- 了解行为分类训练数据集的处理方法；
- 了解 pkl 文件的作用。

2. 技能目标

- 能根据要求完成视频裁剪任务和视频格式转换；
- 分析标注需求，能根据标注需求确定标注方法，合理规划标注任务，高质量完成标注与质检；
- 能根据要求将人体关键点信息存储到 pkl 文件中，完成模型训练；
- 能灵活使用 pycocotools 库和 matplotlib 库完成标注数据可视化；
- 能根据可视化任务的需求编写 Python 程序，提升 Python 编程能力；
- 能总结模型训练的过程，将其迁移至其他任务中，为其他任务提供数据解决方法；
- 分析问题，确定问题的解决方法，利用 Python 程序实践该方法，提升问题解决的能力。

3. 素养目标

- 培养勇于探索、敢于创新的精神；
- 培养生命安全意识。

任务 6.1 行为分类的数据采集

任务 6.1
行为分类的
数据采集

任务导入

某社区居住的老人和小孩较多，发生摔倒后若救助不及时将发生难以预料的结果，因此该社区需要借助人工智能技术实时识别社区的人体行为，重点识别行走、蹲下、摔倒三种行为。

本任务要求对视频中的行为进行分类识别。为了实现行为分类识别功能，我们的主要任务是为该模型训练提供可训练的数据，可将该任务拆分为三个阶段性任务，如图 6－1 所示。

视频数据采集 → 视频数据处理 → 视频数据标注

图 6－1　任务流程

任务信息

项目名称	行为分类综合实践	任务名称	行为分类的数据采集
任务目标	知识目标	1. 了解行为分类的任务背景与项目需求； 2. 了解 2 个行为开源数据集。	
	能力目标	1. 能够对行为分类的数据采集需求进行分析，了解采集规则与采集方法； 2. 能够利用手机等拍照设备完成行为数据集的采集。	
	素养目标	1. 培养对个人隐私的保护意识，维护社会公正和个人尊严，树立正确的隐私观念； 2. 培养社会责任感。	
任务描述	通过本任务的实施，使学生了解 2 个开源数据集，学会自行搜索符合要求的数据集。能根据项目需求制定行为数据采集要求，设计数据采集方法。		
任务准备	查阅资料，提前了解行为分类公开数据集的相关情况。		
实施提醒	查阅利用设备采集行为数据需要注意哪些方面。		

知识准备

6.1.1　行为视频开源数据集 JHMDB

JHMDB（Joint-annotated Human Motion DataBase）是一个用于动作识别研究的视频数据集。

数据集来源：它是 HMDB51 数据集的子集，由 Hue Ihan Jhuang 等人在“Towards Understanding Action Recognition”研究中提出。数据来源于数字化电影和 YouTube 视频。

数据规模：包含 960 个视频序列，涵盖 21 种动作类别。

数据标注：每个视频片段都经过人工标注，提供了精确的动作边界和关键点信息。此外，还包含每帧的光流（Puppet Flow）、分割掩码（Puppet Mask）、关节位置（Joint Positions）、动作标签（Action Label）以及元标签（Meta Label，包括相机运动、可见身体部位、相机视点、人数、视频质量等信息）。

应用领域：主要用于动作识别、姿态估计、基于骨架的动作识别、视频分割等计算机视觉任务的研究。

JHMDB 为相关领域的研究提供了高质量的标注数据，有助于推动动作识别等技术的发展和进步。

JHMDB 中共有 21 类人体行为，包括坐、跑、推、走、跳等行为，每个视频中只有一种行为。

官网：http：//jhmdb. is. tue. mpg. de/dataset。

6.1.2 行为视频开源数据集 NTU

NTU 数据集由新加坡南洋理工大学（Nanyang Technological University）的研究人员创建，旨在为人体行为识别等相关研究提供丰富且具有代表性的数据资源，推动该领域的算法发展和技术进步。使用多个深度摄像头从不同角度同时采集数据，能够捕捉到人体在三维空间中的动作信息。这种多视角的采集方式可以更全面地记录人体行为，为后续的分析提供丰富的细节。同时，还记录了每个动作的相关元数据，如受试者的身份、动作的时间戳等。该数据集仅用作科学研究，需要申请后才能使用。

数据量：该数据集规模庞大，包含大量的行为视频数据。

动作类别：涵盖 60 种不同的人体动作类别，包括常见的日常活动如行走、跑步、跳跃，以及一些特定的动作如拳击、踢腿、挥手等。

样本数量：包含超过 56 000 个样本，这些样本由 40 名不同的受试者在不同的场景和条件下完成各种动作时采集得到。

多模态信息：不仅包含传统的视频图像信息，还提供深度信息以及骨骼关节点信息等多模态数据。这使得研究人员可以从不同的角度对人体行为进行分析和理解，例如可以利用骨骼关节点的运动轨迹来更准确地识别动作。

场景多样性：采集场景包括室内和室外等多种环境，增加了数据的复杂性和真实性，更贴近实际应用中的各种场景，有助于提高行为识别算法的泛化能力。

应用领域：主要应用于人体行为识别、动作分析、姿态估计等计算机视觉和人工智能领域的研究。例如，研究人员可以利用该数据集训练深度学习模型，以实现对视频中人体动作的自动识别和分类，或者开发基于人体姿态分析的健康监测系统、智能安防系统等应用。

NTU 数据集在行为视频分析领域具有重要的影响力，许多研究成果都是基于该数据集进行实验和验证的。它为相关领域的研究提供了一个标准的测试平台，促进了不同研究团队之间的比较和交流，推动了整个领域的快速发展。

NTU 数据集包含多个种类的动作，其中包括 82 种日常行为动作，12 种与健康相关的动作，26 种双人相互动作。视频录制采用了多个角度的摄像机进行拍摄。

官网：https：//rose1. ntu. edu. sg/dataset/actionRecognition/。

任务实施

1. 数据采集需求分析

阅读表 6－1，分析采集需求，思考如何进行数据采集。

表 6－1　行为分类数据的采集需求

数据采集项目	[行为分类]
采集类型	[视频数据]
采集数据集描述	[视频中需包含一种行为]
采集数量	[至少 30 个视频]
采集方法	摄像头拍摄、开源数据集

（1）数据采集范围。

- 需要采集三种行为，分别是走路、摔倒与蹲下。
- 每个视频中只能包含一种行为，每种行为至少采集 10 个视频。

（2）数据采集方式。

- 摄像头拍摄。
- 开源数据集。
- 其他资源，如截取影视资源中的视频行为。

（3）视频格式要求。

- 视频时长：每个视频不多于 30 秒。
- 视频格式：mov、mp4、avi 等视频格式。

（4）采集规则及示例。

- 采集的视频需要清晰，人体主体需要明显，人体主体不能过大，不能占满整个视频画面，如图 6－2 所示。

视频中能包含整个人体躯干，能准确分辨走路、摔倒和蹲下三种行为。

- 网络采集的视频数据内不能包含卡通人物样本。如图 6－3 所示。

图 6－2　视频采集需求

图 6－3　卡通人物

（5）人工拍摄采集注意事项。

- 人群类别：不限人群（男、女、小孩、老人皆可）。

- 拍摄场景：不限场景。
- 拍摄角度：正面、侧面、俯仰角均可，但要求能拍摄到整个人体。
- 图像内包含人物实例数量：1 个。
- 拍摄光线：自然光、灯光（非逆光）。
- 拍摄方法：手机拍摄采用横拍的方法。

2. 行为分类数据采集

按照采集需求，使用手机设备拍摄符合要求的视频。

（1）分组合作，每种行为拍摄 10 个视频。

（2）拍摄场景尽量选择空旷的区域，能将整个人体拍摄进去。

（3）使用手机横拍，拍摄过程中保持设备稳定。

任务工单

任务名称	行为分类的数据采集	
任务目的	了解 2 个开源数据集，学会自行搜索符合要求的数据集；能根据项目需求制定行为数据采集要求，设计数据采集方法。	
任务内容	1. 能根据项目需求制定视频采集要求，设计数据采集方法； 2. 了解行为分类检测开源数据集，学会自行搜索符合要求的数据集。	
第（　　）组	姓名	
	学号	
任务实操	行为分类的视频数据采集	
	行为分类任务背景	
	数据采集需求分析	
	行为分类数据采集	
	采集注意事项	
	采集注意事项	
	采集注意事项	

考核评价

本次任务完成后，采用学习过程评价与学习结果评价相结合，综合运用自我评价、小组评价及教师评价三种方式，由教师确定三种评价方式分别占总成绩的比例，并加权计算出学生 A 本次任务的考核评价分。

任务完成考核评价表			
项目名称	行为分类综合实践	任务名称	行为分类的数据采集
班级		学生姓名	
评价方式	评价内容	分值	成绩
自我评价	任务准备完成情况	10	
	课堂讨论完成情况	10	
	任务实施过程完成情况	10	
	任务工单完成情况	40	
	对知识、技能的掌握程度	10	
	我胜任了小组内的工作	20	
	合计		
小组评价	本小组的本次任务完成质量	30	
	A 的本次任务完成质量	30	
	A 参与小组活动的态度	20	
	A 的合作精神和沟通能力	20	
	合计		
教师评价	A 所在小组的任务完成质量	30	
	A 的本次任务完成质量	30	
	A 对所在小组的参与度	20	
	A 对本次任务的贡献度	20	
	合计		
总评＝自我评价×(　　)%＋小组评价×(　　)%＋教师评价×(　　)%＝			

任务 6.2 行为分类的数据处理

任务导入

行为分类的数据处理是计算机视觉任务中的核心环节，其意义在于为模型训练提供高质量的数据基础。通过系统清洗原始数据，可消除噪声干扰和错误标注，确保数据纯净度；标准化处理则统一数据格式与维度，提升模型训练效率。数据增强技术能模拟多样场景，如光照变化、视角转换，增强模型泛化能力，使其更适应复杂的真实环境。此外，有效数据处理不仅优化模型性能，更推动技术落地，如智能监控中的异常

任务 6.2
行为分类的
数据处理

行为识别、运动分析中的动作纠正，均依赖于此。它为人机交互、健康监护等领域注入技术活力，助力实现更智能、精准的应用服务。

任务信息

项目名称	行为分类综合实践	任务名称	行为分类的数据处理
任务目标	知识目标	1. 理解行为分类处理需求，并根据处理需求完成数据处理。 2. 了解视频裁剪的原因和方法，并利用 Python 程序完成裁剪。 3. 了解视频格式转换的方法，利用 Python 代码完成视频格式转换。	
	能力目标	1. 具备分析行为分类任务需求的能力，确保数据质量满足算法要求。 2. 掌握视频裁剪的核心概念，熟悉不同裁剪场景的应用策略，能基于 Python 编程实现视频片段截取、尺寸调整及构图优化，提升视频处理的精准度与效率。 3. 能编写 Python 脚本实现多格式互转、参数配置及批量处理，保障视频兼容性与传输效率。	
	素养目标	1. 强调数据收集、整理、分析的全过程体验，培养学生的实际操作能力。 2. 强调数据真实性、隐私保护，例如在统计过程中不泄露个人信息，这与行为分类中可能涉及的敏感数据处理原则相通。	
任务描述	本任务旨在对行为相关原始数据进行全面梳理。清洗数据以去除噪声和错误值，按行为类别精准标注，将数据划分成训练、验证和测试集，进行归一化等预处理，为行为分类模型训练提供高质量、适配的数据。		
任务准备	登录平台，打开“任务 2：行为分类的数据处理”项目。		
实施提醒	确保数据来源广泛且具有代表性，涵盖各种行为场景和主体，避免数据偏差。		

知识准备

6.2.1 视频裁剪

1. 视频裁剪的要求

（1）将视频变短，降低模型训练时视频处理的难度（如将一个 10 秒的视频裁剪为 5 秒视频）。

（2）裁剪掉视频中与行为无关的准备动作，可以避免后期行为分类出现模糊不清的情况。

2. 视频裁剪的方法

(1) 可以使用视频裁剪工具。如剪映、lossless-cut 等，如图 6-4 所示。

图 6-4　视频裁剪

(2) 使用 Python 程序进行裁剪，需指定裁剪起始点和终点。

6.2.2　视频格式转换的方法（使用 ffmpeg）

两种方法均可，都能实现视频格式转换，数据处理需求中并没有要求视频编码格式。如图 6-5 和 6-6 所示。

(1) !ffmpeg -itest.mp4 -c copy output1.avi。

```
Stream mapping:
  Stream #0:0 -> #0:0 (copy)
  Stream #0:1 -> #0:1 (copy)
Press [q] to stop, [?] for help
frame=  317 fps=0.0 q=-1.0 Lsize=    5018kB time=00:00:13.23 bitrate=3106.2kbits/s
video:4855kB audio:125kB subtitle:0kB other streams:0kB global headers:0kB muxing overhead: 0.773963%
```

图 6-5　视频格式转换方法一

该转换方法不转码，直接复制视频流，因此转换更快。

(2) !ffmpeg -itest.mp4 output2.avi。

```
Stream mapping:
  Stream #0:0 -> #0:0 (h264 (native) -> mpeg4 (native))
  Stream #0:1 -> #0:1 (aac (native) -> mp3 (libmp3lame))
Press [q] to stop, [?] for help
frame=  317 fps= 37 q=31.0 Lsize=    1196kB time=00:00:13.25 bitrate= 739.4kbits/s
video:959kB audio:207kB subtitle:0kB other streams:0kB global headers:0kB muxing overhead: 2.514023%
```

图 6-6　视频格式转换方法二

h264、mpeg4 为不同的视频编码格式。该转换方法会进行编码转换，需要一些转换时间。

任务实施

步骤一：阅读表 6-2，后续将按照该需求进行视频处理。

表 6-2 行为分类数据的处理需求

数据处理项目	[行为分类]
数据处理类型	[视频数据]
数据处理目标	[裁剪视频中的行为，并修改视频格式]
处理与清洗工具	[视频裁剪工具、python 脚本处理]

裁剪出视频中三种行为片段（行走、蹲下、摔倒），保证单个视频中只有某一种行为。统一视频格式，将视频格式转换为 avi 格式。

视频裁剪规则：

（1）视频中若出现多种行为，可将不同的行为视频裁剪成多个视频，每个视频中只有一种行为。

（2）视频中如果有重复动作，需要将每个重复动作单独进行裁剪形成独立的视频。

（3）裁剪掉录制视频中出现的与该行为无关的准备动作，如站立、跑等。

（4）裁剪掉视频中不完美的动作，如行为不明显、身体占满整个屏幕等。

步骤二：打开项目“任务 2：行为分类视频处理”，运行“视频格式转换”的程序，对 videos 目录中的视频进行格式转换。

（1）待处理视频存储在“引用数据集”的 videos 目录中，运行程序，批量进行视频格式转换。

（2）将转换好的视频存储至 aiv_videos 中。

（3）思考程序中是如何进行批量处理的。

步骤三：运行“视频裁剪”部分的程序，对 avi_videos 目录中的视频进行裁剪。

（1）avi_videos 中存储了转换了格式的视频，查看视频，在表 6-3、表 6-4、表 6-5 中记录裁剪信息。

表 6-3 裁剪信息记录 1

裁剪片段	裁剪后视频名	开始时间（秒）	结束时间（秒）
蹲下片段			
蹲下片段			
行走片段			

表 6-4 裁剪信息记录 2

裁剪片段	裁剪后视频名	开始时间（秒）	结束时间（秒）
摔倒片段			

表 6-5 裁剪信息记录 3

裁剪片段	裁剪后视频名	开始时间（秒）	结束时间（秒）
行走片段			
摔倒片段			

- 需要从 1.avi 中裁剪出 2 个“蹲下”动作片段，1 个“行走”动作片段。
- 需要从 2.avi 中裁剪出 1 个“摔倒”片段。
- 需要从 3.avi 中裁剪出 1 个“行走”片段和 1 个“摔倒”片段。

(2) 修改视频名选择需要处理的视频，根据裁剪的片段写入裁剪后的视频名。如图 6-7 所示。

选择待处理的视频，并确定裁剪后的视频名

```
# 待处理的视频名称（可进行修改）
input_name = "1.avi"
# 待处理的视频地址
input_video = input_path+input_name

# 裁剪后的视频名（可进行修改）
output_name = "1_squat1.avi"  # 视频格式与待处理的视频格式一致

# 保存视频的地址
output_video = output_path+output_name
```

图 6-7　选择视频

(3) 调整开始时间和结束时间，运行程序裁剪视频。如图 6-8 所示。

通过调整开始和结束的时间来裁剪视频
时间单位为秒

```
# 开始时间
start = 4.0
# 结束时间
stop = 7.0
#裁剪过程
cap = cv2.VideoCapture(input_video)  # 打开视频文件
fps = cap.get(cv2.CAP_PROP_FPS)  # 获得视频文件的帧率
width = cap.get(cv2.CAP_PROP_FRAME_WIDTH)  # 获得视频文件的帧宽
height = cap.get(cv2.CAP_PROP_FRAME_HEIGHT)  # 获得视频文件的帧高


# 创建保存视频文件类对象
fourcc = cv2.VideoWriter_fourcc(*'XVID')
out = cv2.VideoWriter(output_video, fourcc, fps, (int(width), int(height)))

# 计算视频长度/s
# 设置帧读取的开始位置
cap.set(cv2.CAP_PROP_POS_FRAMES, start * fps)
pos = cap.get(cv2.CAP_PROP_POS_FRAMES)  # 获得帧位置
while (pos <= stop * fps):
    ret, frame = cap.read()  # 捕获一帧图像
    out.write(frame)  # 保存帧
    pos = cap.get(cv2.CAP_PROP_POS_FRAMES)

cap.release()
out.release()
print("裁剪完毕")
```

图 6-8　裁剪视频

任务工单

任务名称	行为分类的数据处理
任务目的	本任务旨在对行为相关原始数据进行全面梳理。清洗数据以去除噪声和错误值，按行为类别精准标注，将数据划分成训练、验证和测试集，进行归一化等预处理，为行为分类模型训练提供高质量、适配的数据。
任务内容	1. 分析视频数据处理需求； 2. 了解视频裁剪、格式转换的方法； 3. 利用 Python 程序完成视频裁剪与格式转换。

续表

第（　　）组	姓名	
	学号	
任务实操	行为分类的数据处理	
	处理注意事项	
	处理注意事项	
	处理注意事项	
	处理注意事项	
	处理注意事项	
	处理注意事项	

考核评价

本次任务完成后，采用学习过程评价与学习结果评价相结合，综合运用自我评价、小组评价及教师评价三种方式，由教师确定三种评价方式分别占总成绩的比例，并加权计算出学生 A 本次任务的考核评价分。

任务完成考核评价表			
项目名称	行为分类综合实践	任务名称	行为分类的数据处理
班级		学生姓名	
评价方式	评价内容	分值	成绩
自我评价	任务准备完成情况	10	
	课堂讨论完成情况	10	
	任务实施过程完成情况	10	
	任务工单完成情况	40	
	对知识、技能的掌握程度	10	
	我胜任了小组内的工作	20	
	合计		
小组评价	本小组的本次任务完成质量	30	
	A 的本次任务完成质量	30	
	A 参与小组活动的态度	20	
	A 的合作精神和沟通能力	20	
	合计		

续表

教师评价	A 所在小组的任务完成质量	30	
	A 的本次任务完成质量	30	
	A 对所在小组的参与度	20	
	A 对本次任务的贡献度	20	
	合计		
总评＝自我评价×（　　）%＋小组评价×（　　）%＋教师评价×（　　）%＝			

任务 6.3　行为分类的数据标注

任务导入

数据标注在行为分类中扮演着至关重要的角色，它是连接原始数据与智能模型的桥梁，为机器学习算法提供了可理解的语义信息。通过对视频或图像中的人体行为进行精细标注，如行走、跳跃、跌倒等动作类别及其时空特征，标注数据为模型训练提供了带有明确标签的样本，使算法能够学习不同动作的关键特征与模式。高质量的标注不仅能提升模型分类的准确性和鲁棒性，还能规范研究领域的标准，减少因主观理解差异导致的数据偏差，确保不同研究成果的可比性。此外，标注数据作为评估模型性能的基准，通过对比预测结果与真实标签，帮助研究者发现模型的不足并进行针对性优化，推动算法在智能监控、医疗康复、体育训练等实际场景中的落地应用。可以说，数据标注是行为分类任务的核心基础，其质量直接决定了模型的泛化能力和应用价值。

任务 6.3
行为分类的
数据标注

任务信息

项目名称	行为分类综合实践	任务名称	行为分类的数据标注
任务目标	知识目标	1. 理解基于骨骼关键点的行为分类模型训练的流程； 2. 掌握利用标注工具 labelbee 完成标点的方法； 3. 掌握视频分类标注的方法； 4. 掌握利用骨骼关键点模型获取视频中人体行为关键点的方法。	

续表

<table>
<tr><td rowspan="2">任务目标</td><td>能力目标</td><td>1. 能够依据给定的行为分类标准，准确识别视频或图像中的动作，并进行精确标注；
2. 具备对标注后的数据进行初步处理与分析的能力，能从数据中提取有价值的信息，为后续模型训练提供支持；
3. 在标注过程中，面对复杂动作难以判断类别、标注工具出现故障等问题，能够迅速分析问题产生的原因并解决。</td></tr>
<tr><td>素养目标</td><td>1. 在标注过程中严格遵守相关法律法规与行业规范，妥善处理涉及个人隐私或敏感信息的数据，不泄露、不滥用标注数据；
2. 养成严谨、细致、负责的工作习惯，认真对待每一个标注任务，确保标注结果的准确性与可靠性。</td></tr>
<tr><td>任务描述</td><td colspan="2">本任务需要对给定视频或图像序列中的人物行为进行精确分类，标注动作所属类别，如行走、奔跑、跳跃等，确保标注准确、一致，遵循既定标注规范，按时高质量完成标注，助力动作识别模型训练。</td></tr>
<tr><td>任务准备</td><td colspan="2">1. 确认是否安装 labelbee 软件，若未安装，提前下载数据标注工具 labelbee。
2. 在平台上下载“人体行为分类-标注数据集（骨骼关键点）”和“人体行为分类-标注数据集（行为视频）”。</td></tr>
<tr><td>实施提醒</td><td colspan="2">查阅进行行为分类的数据标注时要注意哪些问题。</td></tr>
</table>

知识准备

以下学习骨骼关键点数据集标注需求。

1. 标注内容

标注需求如表 6-6 所示。

表 6-6 骨骼关键点数据集标注需求

标注项目	[骨骼关键点检测]
标注类型	[图像中人体骨骼关键点]
标注数据集描述	[共 30 张图像，图像场景中包含至少一个人体]
待标注目标	[需要标注出图像中人体的 17 个骨骼关键点]
标注工具	[labelbee]
交付数据格式	[labelbee 格式]
误差范围	[质检合格率为 100%]

2. 标注要求

需要标注出人体的 17 个关键点，其标注属性如表 6－7 所示。

表 6－7　标注属性

序号	人体部位	标注属性	序号	人体部位	标注属性
1	鼻子	nose	10	左手腕	left_wrist
2	左眼	left_eye	11	右手腕	right_wrist
3	右眼	right_eye	12	左髋	left_hip
4	左耳	left_ear	13	右髋	right_hip
5	右耳	right_ear	14	左膝	left_knee
6	左肩	left_shoulder	15	右膝	right_knee
7	右肩	right_shoulder	16	左脚踝	left_ankle
8	左肘	left_elbow	17	右脚踝	right_ankle
9	右肘	right_elbow			

注意：在标注时，标注属性不可写错，骨骼关键点需要标注在关节点处（能活动的关节点），其人体关键点位置，如图 6－9 所示。

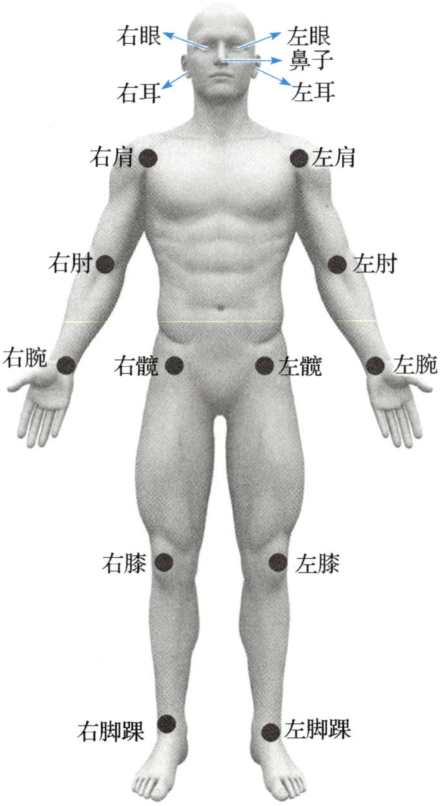

图 6－9　人体关键点位置图

图像中人体的像素值大于 30×80 需要标注，小于 30×80 则不需要标注，如图 6－10 所示。

图 6－10 标注图像

如某个关键点被其他物体遮挡或看不见，则不需要标注，如图 6－11 所示，左手臂和左耳朵的关键点看不见，不需要标注。

常见的遮挡情况：头发遮挡，携带物体遮挡，其他人的身体部位遮挡，环境中的物体遮挡等；身体的衣物不算作遮挡物，可根据动作、距离判断关键点位置，如走路时，膝盖弯曲的地方为膝盖关键点。

标注方法建议：

建议使用 labelbee 软件进行分步标注，首先利用矩形框标记人体位置，筛选出需要标注的人体区域，然后在此基础上使用标点方法标记出关键点。

图 6－11 标注图像

任务实施

1. 需求分析

步骤一：下载数据集“人体行为分类-标注数据集（骨骼关键点）”，观察其中的待标注的图像数据。

步骤二：认真阅读“骨骼关键点数据集标注需求”中的标注要求，后续需按照该需求完成标注。

步骤三：在 labelbee 上建立多步骤项目“骨骼关键点标注”，导入待标注的图像，熟悉标注操作。

（1）提前下载数据集-“人体行为分类-标注数据集（骨骼关键点）”，其中共包含 30 张人体图像。

（2）将待标注的图像文件夹作为“图片文件夹”，新建 annos 文件夹作为“结果文件夹”。

（3）首先建立“目标检测（矩形框）”任务，对原图进行拉框标注操作，注意使用原图作为数据源。

（4）然后建立“标点”任务，对目标检测的结果进行标点操作，注意数据源选择目标检测（矩形框），并参考标注需求文档填写属性名称。

（5）可以利用一张图片熟悉标注操作与标点的快捷键（标点、选中点、删除点）。

2. 骨骼关键点标注与质检

步骤一：小组内分工合作，按照骨骼关键点数据集标注需求，利用 labelbee 软件标注数据集。

（1）在 30 分钟内完成 30 张图像数据集标注，可 2 名学生分工标注，完成后将标注结果（与图片名对应的 json 文件）合并到一个文件夹中。

（2）不可手动修改图像名和生成的 json 文件。

（3）将在标注过程中遇到的“没有预想到的情况”记录在需求文档的“其他注意事项”中。

步骤二：进行数据质检。新建“骨骼关键点质检”项目，将图像文件夹与合并后的标注结果文件夹添加到项目中，按照如下要求进行质检。

质检流程：

（1）邀请其他组的学生作为质检员，对本组的标注数据进行质检。

（2）质检员根据质检要求完成质检，并记录质检结果。

（3）若质检不通过，需要重新标注，然后进行下一次质检。

质检要求：

（1）由于数据集较少，质检员需要检查所有图像，每一张图像都必须标注完整、正确，合格率需要为 100%；若合格率未达到 100%，记录为未通过质检。

（2）若图像中出现错标、漏标、多标，记录为不合格。常见错误有：属性名错误；有人体未被标注；关键点部位错标、漏标、多标；关键点左右标反。

质检结果：

第一次：质检合格率为________%，是/否通过质检。（若第一次未通过质检，则需第二次质检，以此类推。）

第二次：质检合格率为________%，是/否通过质检。

3. 骨骼关键点检测模型训练

步骤一：打开某一张图片的标注结果，观察 json 文件格式，思考下列问题：

（1）json 文件中如何体现多步骤标注？

（2）关键点信息在 json 是如何存储的？

步骤二：打开项目“任务 3 骨骼关键点模型-划分数据集”，将 labelbee 标注结果文件夹与图像文件夹上传至”项目文件”目录中。

（1）可将图像文件夹（images）与标注结果文件夹（annos）放入“keypoints”文件夹中。

（2）在“项目文件”中选择“上传目录”操作，将“keypoints”上传至平台。

步骤三：打开 data_split. ipynb 文件，运行程序，划分数据集，并生成对应的 COCO 格式的 json 文件。

（1）注意标注文件夹地址，可根据实际情况修改地址。

（2）将图像数据和标注结果划分为训练集与测试集，并存储在个人空间中，其数据存储结构如图 6-12 所示。

（3）运行程序，将 lablbee 格式的 json 文件转换为 COCO 格式的 json 文件。如图 6-13 所示。

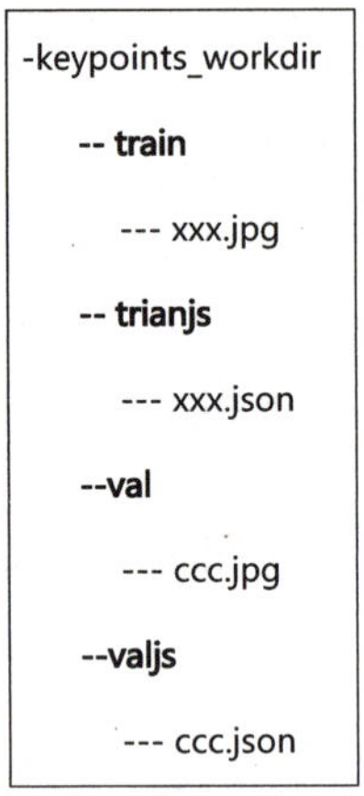

图 6-12　数据存储结构图

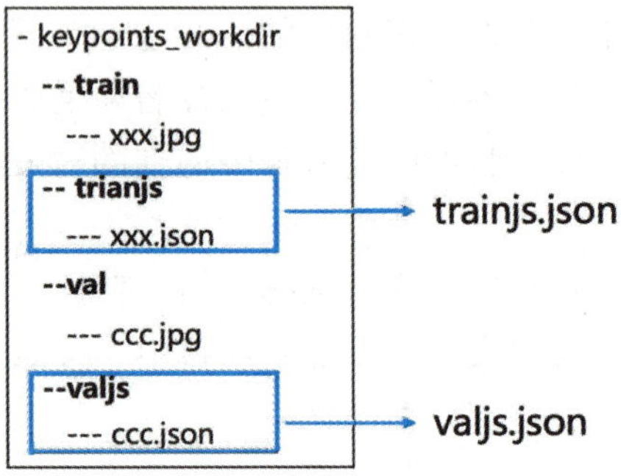

图 6-13　文件格式转换

（4）下载测试集对应的 json 文件（valjs. json），解析文件内容。

步骤四：打开项目“任务 3 骨骼关键点模型-模型训练”，依次运行程序，训练模型，等待模型训练完成。

步骤五：运行“模型测试”程序，选择不同的图片，测试模型检测效果。

（1）项目文件中“images”存储了多张测试图像，也可以利用网络上的图像进行测试。

（2）总结模型测试过程。

4. 人体行为分类标注与质检

步骤一：认真阅读“人体行为分类数据集标注需求”中的标注要求，根据该需求完成分类标注。如表 6-8 所示。

表 6-8　人体行为分类数据集标注需求

标注项目	[人体行为分类]
标注类型	[人体行为]
标注数据集描述	[共 126 个视频，每个视频里包括一个行为]
待标注目标	[需要对视频中的行为进行分类]
标注工具	[手动标注]
交付数据格式	[视频文件]
误差范围	[质检合格率为 100%]

（1）在平台上下载“人体行为分类-标注数据集（行为视频）”，查看视频中的行为。

（2）分析如何实现分类标注。

标注范围：

- 每一个视频中只有一种行为。
- 对摔倒、蹲下、行走三种行为视频进行分类标注。

标注规则：

- 需要将不同的行为视频放入“fall_down”“squat_down”“walk”三个不同文件夹中。
  - 将摔倒行为视频放入“fall_down”文件夹中。
  - 将蹲下行为视频放入“squat_down”文件夹中。
  - 将行走行为视频放入“walk”文件夹中。
- 视频名需要包含不同类别的标签：walk 对应标签 A001，squat_down 对应标签 A002，fall_down 对应标签 A003。
  - 修改“walk”文件夹中的视频的名称，修改为“原视频名 A001. avi”。
  - 修改“squat_down”文件夹中的视频的名称，修改为“原视频名 A002. avi”。
  - 修改“fall_down”文件夹中的视频的名称，修改为“原视频名 A003. avi”，如原视频名为 S001C001P001R001. avi，修改为 S001C001P001R001A003. avi。

步骤二：按照标注需求进行手动标注，对视频进行分类。

（1）建立“fall_down”“squat_down”“walk”三个不同文件夹，查看每一个视频，根据视频内容将视频移动到相应的文件夹中。

（2）请在 20 分钟内完成手动标注。

步骤三：进行实时质检，对手动标注的结果进行质检。

质检流程：

（1）邀请其他学生作为质检员，对标注结果进行质检。

（2）质检员根据质检要求完成质检，并记录质检结果。

（3）若质检不通过，需要重新进行分类，然后进行下一次质检。

质检要求：

由于数据集较少，质检员需要检查三个文件夹中的每一个视频，每一个视频都必须分类正确，合格率需要为 100%；若合格率未到 100%，记录为质检不通。

质检结果：

第一次：质检合格率为________%，是/否通过质检。（若第一次未通过质检，则需第二次质检，以此类推。）

第二次：质检合格率为________%，是/否通过质检。

步骤四：打开“任务 3：人体行为关键点检测”项目，将手动分类好的视频上传至项目文件目录下，运行“1_rename_videos. ipynb”文件，完成程序批量修改视频名的操作。

（1）直接运行文件中的程序，修改视频名称，让视频名包含不同类别的标签。

（2）实时质检：运行成功后，可自行检查文件夹中的视频名是否带有标签信息。

（3）阅读修改视频名的程序，理解其修改逻辑。

5. 人体行为关键点检测

步骤一：运行“任务 3：人体行为关键点检测”项目，“2_data_split. ipynb”文件，将标注好的数据集划分为训练集与测试集。

（1）注意标注好的数据集地址。

（2）将标注好的数据集划分为训练集与测试集，并存储在个人空间中，仍然保持不同类别视频文件保存在不同文件夹中，其数据存储结构如图 6－14 所示。

```
|--- action_workdir
    |--- train
        |--- fall_down
        |--- squat_down
        |--- walk
    |--- test
        |--- fall_down
        |--- squat_down
        |--- walk
```

图 6－14　数据存储结构表

步骤二：打开“3_generate_pkl_single_video. ipynb”文件，运行单个视频处理程序，检测出视频图像帧中的人体骨骼关键点。

（1）从训练集或者测试集中任意选择一个视频，检测出该视频的人体骨骼关键点。

（2）运行“第一步：提取视频帧”中的程序，使用 tools. py 中的 extract_frame（）方法抽取视频的所有帧（可以打开 tools. py 查看该方法），尝试回答下列问题：

- 该视频有多少帧图像？
- 抽取的图像帧存储在哪里？

（3）运行“第二步：人体检测”中的程序，使用 tools. py 中的 detection_inference（）方法检测每一帧图像上的人体位置。

- 查看第 1 帧图像上的人体位置坐标；
- 解析人体位置坐标并输出结果。

（4）运行“第三步：提取人体关键点”中的程序，使用 tools. py 中的 pose_inference（）方法检测每一帧图像上的人体骨骼关键点。

- 查看第 1 帧图像上的人体骨骼关键点；
- 解析检测结果。

步骤三：运行“3_generate_pkl_single_video. ipynb”文件中保存为 pkl 文件的程序，将 pkl 文件保存至项目文件中。

（1）运行‘第四步：保存成 pkl 格式‘中的程序，生成 pkl 文件，回答如下问题：

- pkl 文件中有哪些字段？
- 如何保存 pkl 文件？

（2）运行“第五步：视频可视化”中的程序，使用 tools. py 中的 vis_skeleton（）方法完成视频可视化。

步骤四：运行“4_merge_pkl_video. ipynb”中批量处理训练集视频和测试集视频，根据数据集的划分情况将 pkl 文件复制到指定文件夹中。

（1）引用数据集中存储了处理好的 pkl 文件。如图 6－15 所示。

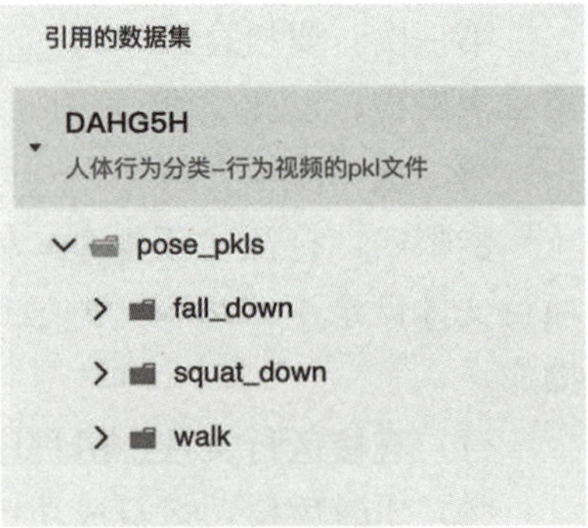

图 6－15　pkl 文件

（2）这些 pkl 文件是调用 tools. py 文件中的 ntu_pose_extraction（）函数进行批量处理完成的。可自行尝试编写批量处理程序。

（3）根据划分数据集的结果将引用数据集中的 pkl 文件复制到指定文件夹中。如图 6 - 16 所示。

```
| --- action_workdir
    | --- train
        | --- fall_down
        | --- squat_down
        | --- walk
        | --- pkls
            | --- fall_dwon
            | --- squat_down
            | --- walk
    | --- test
        | --- fall_down
        | --- squat_down
        | --- walk
        | --- pkls
            | --- fall_dwon
            | --- squat_down
            | --- walk
```

图 6 - 16 复制到指定文件夹

步骤五：运行“4_merge_pkl_video.ipynb”中“合并骨骼关键点信息”的程序，分别合并训练集 pkl 文件和测试集 pkl 文件。

（1）train.pkl 和 test.pkl 中如何存储训练集数据和测试集数据？为什么要合并 pkl 文件？

（2）总结从视频文件到生成 train.pkl 和 test.pkl 的流程。

6. 人体行为分类模型训练

步骤一：打开“任务 3：行为分类模型训练”项目，运行模型训练程序，训练行为分类模型。

步骤二：运行“模型测试”和“可视化预测结果”的程序，完成模型测试与预测结果可视化。

（1）总结模型测试流程，尝试重新写出这部分函数。

（2）使用不同的视频进行测试，查看测试结果。

（3）视频预测的结果准确吗？是否存在一定问题？

任务工单

任务名称	行为分类的数据标注	
任务目的	通过本任务的实施，旨在为各类涉及动作分析的技术研发提供准确、规范的数据基础，使学生对视频或图像中的动作进行细致分类与标记，让机器学习模型能够学习到不同动作的特征，进而实现精准的动作识别、行为理解等功能，助力安防、医疗、体育等多领域发展。	
任务内容	1. 掌握利用标注工具 labelbee 完成标点的方法，并根据需求文档完成人体区域标注和骨骼关键点标注； 2. 掌握视频分类标注的方法，并能根据标注需求完成标注； 3. 掌握利用骨骼关键点模型获取视频中人体行为关键点的方法。	
第（ ）组	姓名	
	学号	
任务实操	行为分类的数据标注	
	标注关键步骤	
	标注关键步骤	
	标注关键步骤	
	标注关键步骤	
	标注关键步骤	
	标注关键步骤	

考核评价

本次任务完成后，采用学习过程评价与学习结果评价相结合，综合运用自我评价、小组评价及教师评价三种方式，由教师确定三种评价方式分别占总成绩的比例，并加权计算出学生 A 本次任务的考核评价分。

任务完成考核评价表			
项目名称	行为分类综合实践	任务名称	行为分类的数据标注
班级		学生姓名	
评价方式	评价内容	分值	成绩
自我评价	任务准备完成情况	10	
	课堂讨论完成情况	10	
	任务实施过程完成情况	10	
	任务工单完成情况	40	
	对知识、技能的掌握程度	10	
	我胜任了小组内的工作	20	
	合计		
小组评价	本小组的本次任务完成质量	30	
	A 的本次任务完成质量	30	
	A 参与小组活动的态度	20	
	A 的合作精神和沟通能力	20	
	合计		
教师评价	A 所在小组的任务完成质量	30	
	A 的本次任务完成质量	30	
	A 对所在小组的参与度	20	
	A 对本次任务的贡献度	20	
	合计		
总评＝自我评价×（ ）％＋小组评价×（ ）％＋教师评价×（ ）％＝			

任务 6.4 行为分类的数据可视化

任务导入

本任务聚焦于人体行为分类数据可视化，旨在通过分析骨骼关键点标注和行为分类数据，掌握计算机视觉中的数据可视化关键技术。任务分为两大模块：

(1) 骨骼关键点数据可视化：使用 COCO 格式标注数据 (trainjs. json)，通过 pycocotools 库实现关键点标注的可视化，统计标注分布（每图像标注人数、分辨率、标注框覆盖范围），并区分两步标注（标注框 vs 关键点）的差异。

任务 6.4
行为分类的数据可视化

(2) 行为分类数据可视化：基于视频行为数据集（train. pkl），统计三类行为（行走、下蹲、摔倒）的视频数量与帧数分布，结合 MoviePy 库实现带关键点的视频可视化展示。

通过本任务的学习，学生将掌握骨骼关键点标注数据的统计分析与可视化呈现，以及视频行为分类数据的处理与展示技巧。这些能力将为学生后续开展计算机视觉模型训练、数据质量评估及实际应用开发奠定坚实基础，同时培养其数据驱动的分析思维和工程实践能力。

任务信息

项目名称	行为分类综合实践	任务名称	行为分类的数据可视化
任务目标	知识目标	掌握使用 pycocotools 库和 matplotlib 库完成标注数据可视化的方法。	
	能力目标	1. 能根据可视化任务的需求编写 Python 程序，提升 Python 编程能力； 2. 能根据任务场景分析可视化需求，选择可视化方法，使用合适的工具完成可视化需求。	
	素养目标	1. 通过行为分类数据的可视化，能有针对性地采取预防措施，提高自身的安全意识，学会保护自己和他人的生命安全，体现对生命安全的尊重和关爱； 2. 体会科技进步对生活带来的积极影响。	

续表

任务描述	使用 pycocotools 库和 matplotlib 库完成行为分类标注数据可视化任务。
任务准备	熟悉 matplotlib 基本绘图技巧，掌握 numpy 处理数据的方法。
实施提醒	掌握不同标注格式文件的异同。

知识准备

6.4.1 数据可视化需求

本任务需要可视化骨骼关键点标注结果与行为分类标注结果。

（1）标注图像中的人体骨骼关键点。

- 在图像上显示骨骼关键点标注信息。
- 统计图像中的关键点标注的分布情况，即每张图像上标注了多少个人体。
- 统计标注图像的分辨率分布情况。
- 统计标注框的覆盖范围（标注阶段为两步标注，通过标注框筛选符合要求的人体）。

（2）对视频中的行为分类。

- 可视化不同类别的视频。
- 统计不同类别的视频数量。
- 统计不同类别的视频总帧数。

6.4.2 骨骼关键点标注数据可视化

1. 数据集来源

数据可以直接使用引用数据集（人体行为分类-数据可视化），其中存储了人体骨骼关键点标注数据，也可以使用标注阶段生成的数据。如图 6-17 所示。

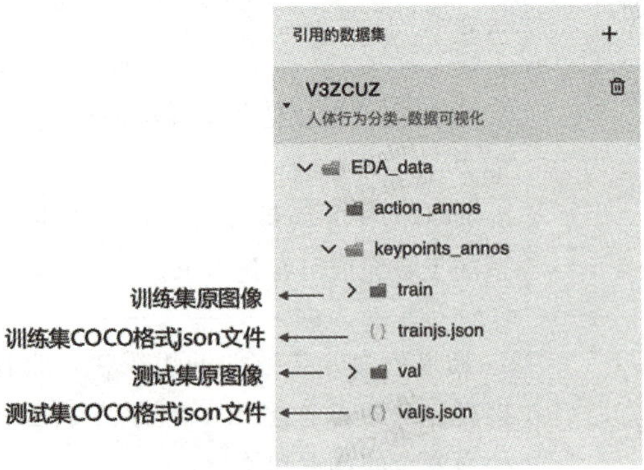

图 6-17 数据集来源

2. 数据集类别

数据集中只有一个类别：Person。可以使用 pycocotools 方法获取类别信息或者查看 Json 文件信息。如图 6－18 所示。

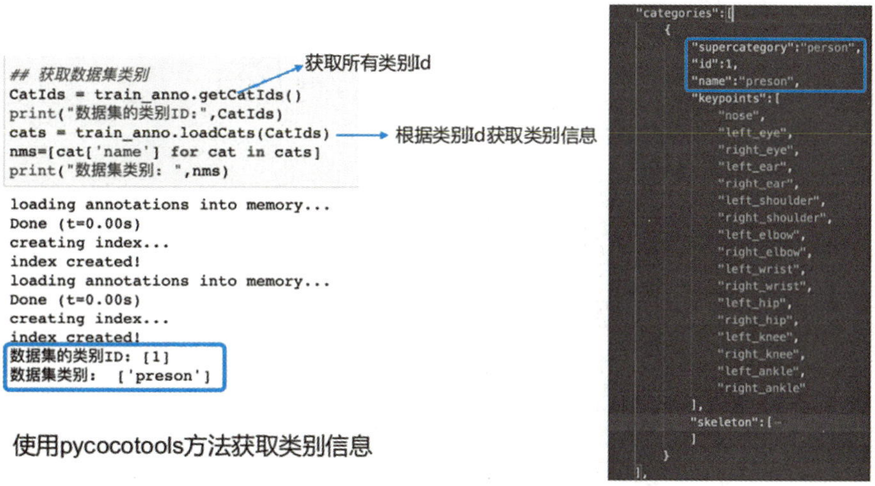

图 6－18　获取类别信息及查看 Json 文件

3. pycocotools 库的常用方法（见表 6－9）

表 6－9　pycocotools 库常用方法

方法	说明
getImgIds(imgIds=[],catIds=[])	获取图像 id（可选参数为 imgIds，catIds）。 若设置 catIds 参数，则可以根据类别 id 获取该类别下的图像 id。
loadImgs(ids=[])	根据图像 id 获取图像信息。
getCatIds(catNms=[])	获取类别 id（主要参数 catNms），可根据类别名获取类别 id。
loadCats(ids=[])	根据类别 id 获取类别信息。
getAnnIds(imgIds=[],catIds=[])	获取标注 id（主要参数 imgIds，catIds），可根据图像 id、类别 id 获取标注 id。
loadAnns(ids=[])	根据标注 id 获取标注信息。
showAnns(anns)	显示标注信息。

- getImglds(catIds=[1])获取所有图像的 id；
- getAnnIds(imglds=[],catIds=[1])根据图像 id 获取标注 id；
- 由于 VID-json 与 MOT-json 只有一个类别，可以省略 catIds=[1]参数。

4. 关键点标注数据

图像中有不同的标记人数，统计图像中关键点标注的分布情况，包括：

- 图像中最多有多少条标注信息；
- 有哪几种标记情况，每种标记情况下有多少张图像。

5. 统计标注信息

统计标注信息可以用两种方法，一种是统计每张图像标注信息的个数；另一种是统计每张图像中哪些人标注了骨骼关键点。

（1）统计每张图像标注信息的个数。

通过获取每一张图像的标注 id，有多少个标注 id，就有多少个标注信息。这种方法统计图像上所有标注信息，包括有标注框标注，无关键点标注的人体。满足条件的标注信息见图 6-19，可视化效果如图 6-20 所示。

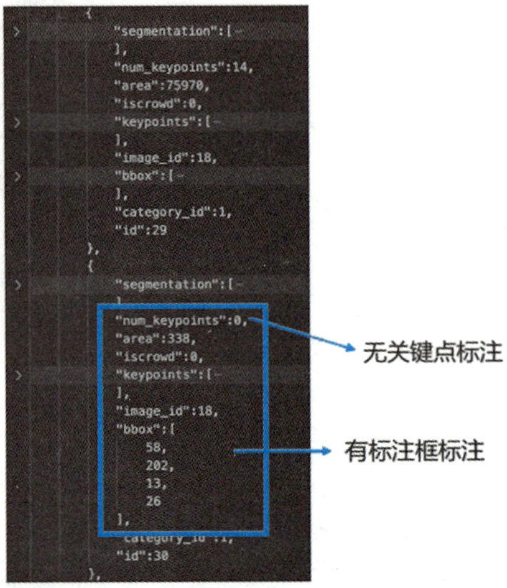

图 6-19　标注信息符合的条件

图 6-20　统计每张图片标注信息个数

示例代码如下：

```
#统计每张图上标注信息的个数
imgIds = train_anno.getImgIds()
num_anns = []
for imgId in imgIds:
annIds = train_anno.getAnnIds(imgIds = imgId,catIds = [1]) num_anns.append(len
(annIds))
print ( "每张图像上标注信息个数:",num_bbx)
#统计每种标记情况下的图像数量
total_num_of_anns = list (set  (num_anns))
```

```
print ( "统计标注分布情况:",total_num_of_anns)
count_of_imgs = []
for num in total_num_of_anns:
count = num_anns.count(num)
count_of_imgs.append(count)
print ( "每种标记情况下的图像数量:",count_of_imgs)
```

（2）统计每张图中哪些人标注了骨骼关键点。

这种方法统计每张图中哪些人标注了骨骼关键点，需要过滤掉无关键点标注的标注信息。需要过滤掉的标注信息见图 6-21。

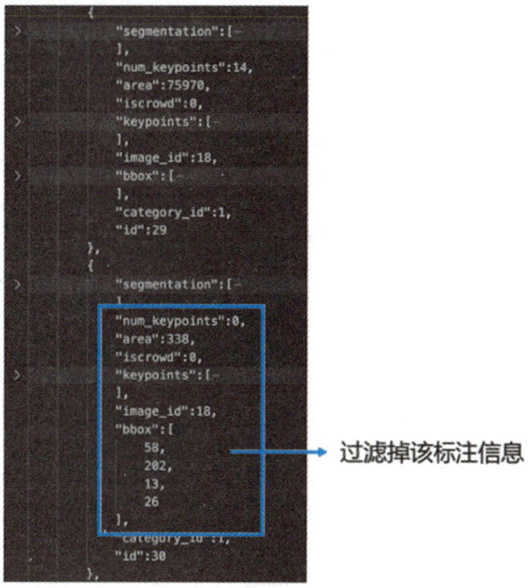

图 6-21　需过滤掉的标注信息

6. 统计图像分辨率和像素覆盖范围

（1）图像分辨率。

图像分辨率是描述图像细节程度的重要指标，范围非常广泛，从极低分辨率的图标到超高分辨率的专业摄影和科学成像都有。

常见图像分辨率范围：

1）标准显示分辨率。

标清（SD）：640×480（0.3MP）到 720×480（0.35MP）。

高清（HD/720p）：1 280×720（0.9MP）。

全高清（FHD/1 080p）：1 920×1 080（2.1MP）。

2K/QHD：2 560×1 440（3.7MP）。

4K/UHD：3 840×2 160（8.3MP）。

8KFUHD：7 680×4 320（33.2MP）。

2）数码摄影。

智能手机：12MP（4 000×3 000）到 108MP（12 000×9 000）。

入门级数码相机：16～24MP（4 928×3 264 到 6 000×4 000）。

专业单反/无反：24～50MP（6 000×4 000 到 8 688×5 792）。

中画幅相机：50MP～150MP（8 280×6 208 到 14 204×10 652）。

3）专业/工业应用。

医学成像：可达 100MP 以上。

卫星图像：可达 1 000MP（如 WorldView-3 卫星的 32 000×32 000）。

天文摄影：复合图像可达十亿像素级别。

4）低端/特殊用途。

图标/表情符号：16×16 到 256×256。

老式游戏：如任天堂 FC 为 256×240。

电子墨水屏：通常 800×600 到 1 600×1 200。

（2）像素覆盖范围。

计算像素覆盖范围，对于标准的矩形标注框（通常表示为［x_min，y_min，x_max，y_max］或［x_center，y_center，width，height］），可以直接计算面积。

示例代码如下：

```
def calculate_bbox_area(bbox):
    """
计算矩形标注框的像素覆盖面积
    bbox 格式:[x_min, y_min, x_max, y_max]
    """
    width = bbox[2] - bbox[0]
    height = bbox[3] - bbox[1]
    return width * height
bbox = [50, 50, 150, 200]  # x_min, y_min, x_max, y_max
area = calculate_bbox_area(bbox)
print(f"标注框覆盖的像素面积:{area} 像素")
```

最小像素覆盖范围：常见数据集的最小标注要求见表 6－10。

表 6－10　常见数据集最小标注要求

数据集	最小标注要求
COCO	32×32 像素
Pascal VOC	约 20×20 像素
Cityscapes	高度≥10 像素的物体

6.4.3　行为标注数据可视化

1. 数据集来源

数据直接使用引用数据集（人体行为分类-数据可视化），其中存储了人体行为视频分类标注数据以及 pkl 文件，也可以使用标注阶段生成的数据。如图 6－22 所示。

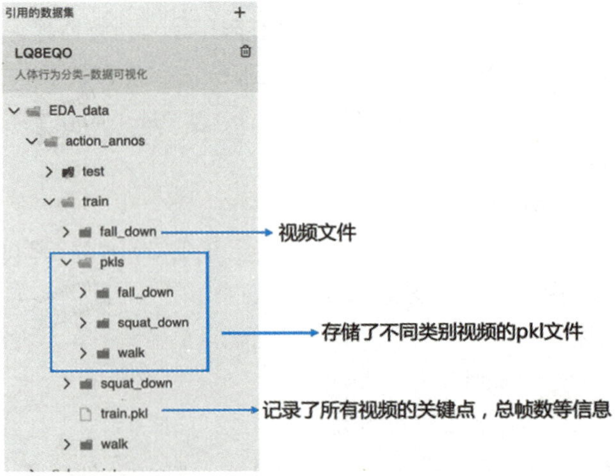

图 6－22　pkl 文件示意图

2. 统计不同类别视频数量

（1）分别统计三个视频文件夹中的视频数量。如图 6 - 23 所示。

（2）分别统计三个 pkl 文件夹中的 pkl 文件数量。如图 6 - 24 所示。

（3）读取 train. pkl 文件，统计不同类别的视频数量（注意 pkl 文件格式）。如图 6 - 25 所示。

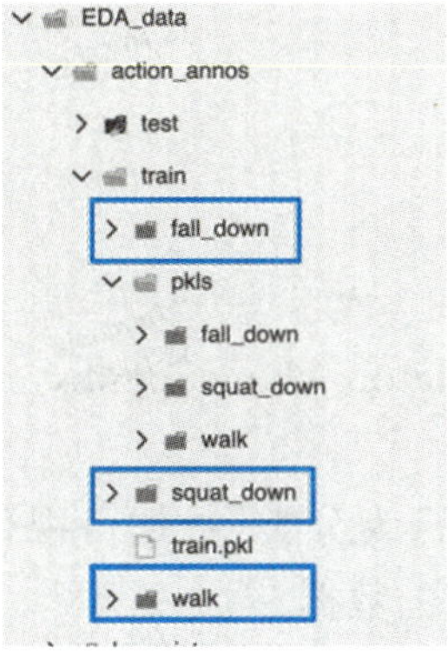

图 6 - 23　三个行为视频文件夹

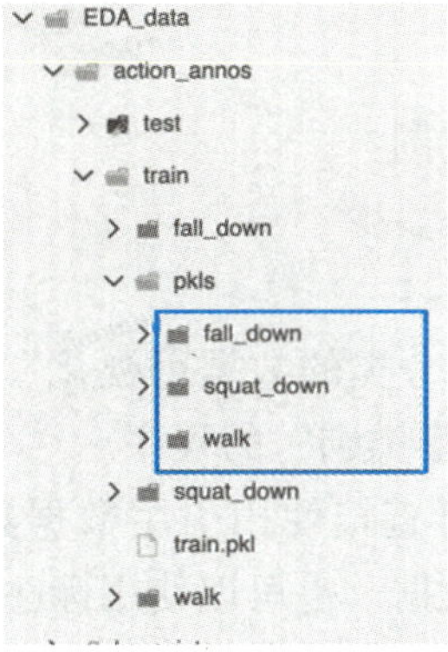

图 6 - 24　pkls 中的三个文件

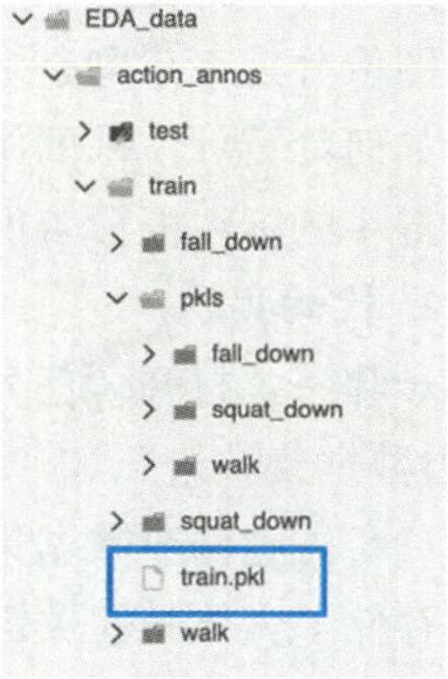

图 6 - 25　train. pkl 文件

train. pkl 文件以字典的形式存储每个视频的信息，并以列表形式存储所有的字典，如图 6 - 26 所示。

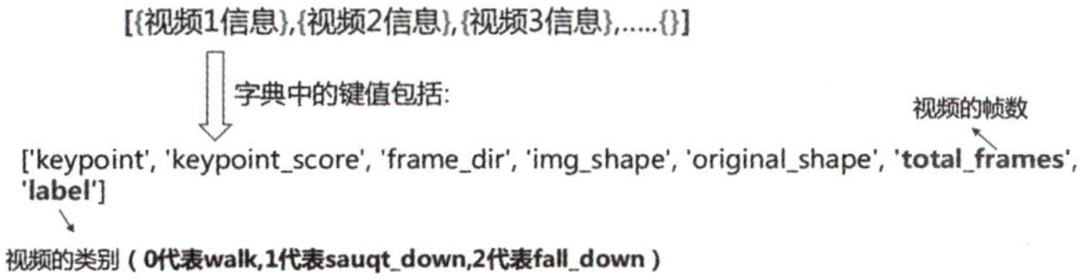

图 6 - 26　train. pkl 文件中的视频信息

6.4.4　MoviePy 视频编辑库

MoviePy 允许用户通过编程方式完成各种视频处理操作。该库基于 FFmpeg 和 ImageMagick 构建，为常见的视频编辑任务提供了简单易用的接口。适合需要批量处理或自动化视频任务的场景。图 6 - 27 所示为利用 MoviePy 库显示人体行为视频中关键点，显示标题。

图 6 - 27　利用 MoviePy 库显示关键点

任务实施

1. 课堂讨论

回顾 pycocotools 相关方法，思考如何获取该类别下所有图像信息和标注信息。

如何计算图像的分辨率?

图像分辨率范围是多少?

如何计算标注框的像素覆盖范围?

最小的标注框覆盖像素范围是多少?

2. 代码实现

步骤一：打开“任务 4：行为分类的数据可视化”中的 skeleton_show.ipynb，运行“查看数据集数量”和“获得数据集类别”的程序。

(1) 注意修改数据集地址，可直接使用引用数据集（人体行为分类-数据可视化），其中存储了人体骨骼关键点标注数据，也可以使用标注阶段生成的数据。

(2) 运行程序，回答如下问题：

数据集中有哪些类别?

回顾 pycocotools 相关方法，思考如何获取该类别下所有图像信息和标注信息。

步骤二：完成“选取图像可视化”部分的程序，可视化图像上的关键点信息。

提示：可以使用 showAnns（anns）方法，参数 anns 为标注信息。

步骤三：运行“统计图像上标注信息的个数”部分的程序，阅读并理解程序的实现过程。

(1) 理解程序逻辑，尝试重新写一遍程序。

(2) 运行可视化程序，可视化统计结果。

步骤四：参考“第一种方法”的程序，完成“第二种方法”部分的程序，并将结果进行可视化。

(1) 过滤标注信息中 num_keypoints 等于 0 的标注信息。

(2) 可在“统计图像上标注信息的个数”的程序基础上进行修改。

(3) 对比第一种方法与第二种方法可视化结果的差异。

步骤五：运行“统计图像的分辨率”和“统计标注框的像素覆盖范围”的程序，阅读并理解程序。

(1) 程序中是如何计算图像的分辨率的?

(2) 图像分辨率范围是多少?

(3) 程序中如何计算标注框的像素覆盖范围?

(4) 最小的标注框覆盖像素范围是多少?

步骤六：任选一种方法，在“video_show.ipynb”文件中完成程序，统计不同类别的视频数量。

(1) 统计不同类别的视频数量。

(2) 利用条形图进行可视化。

步骤七：完成程序，读取 train. pkl 文件中的内容，统计不同类别的视频帧数。

（1）计算每个类别中的最大总帧数和最小总帧数。

（2）统计每个类别的视频总帧数，并用条形图进行可视化。

提示：可以通过 label 的值区分类别，通过 total_frames 的值获取视频的帧数。

步骤八：阅读并运行“可视化不同类别的视频”程序，对不同类别的视频进行可视化展示。

任务工单

<table>
<tr><td>任务名称</td><td colspan="2">行为分类的数据可视化</td></tr>
<tr><td>任务目的</td><td colspan="2">1. 分析行为分类数据可视化需求；
2. 根据可视化需求对数据进行可视化处理；
3. 回顾 pycocotools 库的使用方法，读取处理数据；
4. 利用 matplotlib 库进行条形图的绘制。</td></tr>
<tr><td>任务内容</td><td colspan="2">1. 完成可视化操作，对骨骼关键点标注数据进行可视化处理，分析可视化结果；
2. 完成可视化操作，对行为分类数据进行可视化处理，分析可视化结果。</td></tr>
<tr><td rowspan="2">第（　　）组</td><td>姓名</td><td></td></tr>
<tr><td>学号</td><td></td></tr>
<tr><td rowspan="7">任务实操</td><td colspan="2">行为分类的数据可视化</td></tr>
<tr><td>行为分类数据可视化需求</td><td></td></tr>
<tr><td>pycocotools 库的使用方法</td><td></td></tr>
<tr><td>行为分类数据绘制</td><td></td></tr>
<tr><td>注意事项</td><td></td></tr>
<tr><td>注意事项</td><td></td></tr>
<tr><td>注意事项</td><td></td></tr>
</table>

考核评价

本次任务完成后，采用学习过程评价与学习结果评价相结合，综合运用自我评价、小组评价及教师评价三种方式，由教师确定三种评价方式分别占总成绩的比例，并加权计算出学生 A 本次任务的考核评价分。

任务完成考核评价表			
项目名称	行为分类综合实践	任务名称	行为分类的数据可视化
班级		学生姓名	
评价方式	评价内容	分值	成绩
自我评价	任务准备完成情况	10	
	课堂讨论完成情况	10	
	任务实施过程完成情况	10	
	任务工单完成情况	40	
	对知识、技能的掌握程度	10	
	我胜任了小组内的工作	20	
	合计		
小组评价	本小组的本次任务完成质量	30	
	A 的本次任务完成质量	30	
	A 参与小组活动的态度	20	
	A 的合作精神和沟通能力	20	
	合计		
教师评价	A 所在小组的任务完成质量	30	
	A 的本次任务完成质量	30	
	A 对所在小组的参与度	20	
	A 对本次任务的贡献度	20	
	合计		
总评＝自我评价×（　　）%＋小组评价×（　　）%＋教师评价×（　　）%＝			

项目总结

本项目通过行为分类数据的采集、处理、标注以及可视化操作，完成基于骨骼关键点的人体行为分类，通过分析视频中的人体姿态和动作，实现对特定行为（如摔倒、行走、下蹲）的自动识别。该技术可应用于检测社区、商场中的摔倒、危险动作等异常行为，评估运动姿态规范性，辅助训练纠正，驱动虚拟角色或机器人模仿人体动作等。通过本项目的学习，学生掌握行为分类数据的采集处理标注和可视化方法并能够熟练运用工具实现。

项目总结记录表			
项目名称	行为分类综合实践		
班级		学生姓名	
任务	重要知识点记录	实施过程中遇到的问题及解决方式	
任务 6.1			
任务 6.2			
任务 6.3			
任务 6.4			
项目自我总结：			

任务拓展

阅读以下材料，举例说明行为分类数据在其他哪些领域有着应用。

公共安全：可实时监控人群密度，预防踩踏事故；识别异常行为，如徘徊、聚集、打架等，提前预警潜在安全威胁。

零售管理：分析顾客的行为路径、停留时间和关注商品，帮助优化商品摆放和营销策略，提高销售转化率。

医疗健康：在老年人护理中，监测日常活动，检测异常情况如跌倒，及时提供帮助和报警。在医学与生物学研究中，可分析实验动物的行为，助力理解神经科学、药物研发和疾病机理。

教育领域：分析学生的学习行为，如在线学习平台的互动数据、作业提交时间、学习时长等，识别学习障碍、预测学业成绩下降的风险，并及时采取个性化干预措施。

课后练习

1. 单项选择题

(1) 下列哪行代码可以实现视频格式的转换，将 mp4 格式转换为 avi 格式？（　　）

A. !ffmpeg -i test.mp4 -c copy test.avi

B. !ffmpeg -i test.avi -c copy test.mp4

C. !ffmpeg -i test.avi test.mp4

D. !ffmpeg test.avi -i test.mp4

（2）labelbee 中哪个快捷键可以删除选中的点？（　　）

A. 

B. Ctrl + 

C. 右击 

D. Space

（3）骨骼关键点标注时需要进行哪几步标注？（　　）

A. 标点标注-标注框标注

B. 标注框标注-标点标注

C. 标注框标注-文本标注

D. 文本标注-标注框标注

（4）下列哪个方法可以加载 pkl 文件？（　　）

A. mmcv. loads()

B. mmcv. dumps()

C. mmcv. dump()

D. mmcv. load()

2. 判断题

（1）骨骼关键点标注时必须使用标注框标注。（　　）

（2）在标注阶段每个人体都需要标注 17 个骨骼关键点。（　　）

（3）pkl 文件中只能存储字典。（　　）

（4）在标注阶段，若图像中只利用矩形框标注了人体位置，未标注关键点，则标注结果中不会记录该人体的标注信息。（　　）

3. 简答题

请简要描述行为视频的处理流程，即根据视频内容生成 pkl 文件的过程。

参考文献

［1］ 刘鹏，张燕．数据标注工程［M］．北京：清华大学出版社，2019.

［2］ 李俊翰，付雯．大数据采集与爬虫［M］．北京：机械工业出版社，2020.

［3］ 刘宇宙．Python 实战之数据分析与处理［M］．北京：电子工业出版社，2020.

［4］ 安俊秀，等．Python 大数据处理与分析［M］．北京：人民邮电出版社，2021.

［5］ 付丽琴，魏中龙．数字技术基础与应用［M］．北京：中国人民大学出版社，2023.

图书在版编目（CIP）数据

数据服务实践 / 段晓亮，侯佳丽，马玲主编.
北京 ：中国人民大学出版社，2025.6. --（新编 21 世纪
高等职业教育精品教材）. -- ISBN 978-7-300-34159-0
Ⅰ. TP274
中国国家版本馆 CIP 数据核字第 20257T435X 号

2024 年北京经济管理职业学院优质教材遴选培育与建设
新编 21 世纪高等职业教育精品教材 · 电子与信息类
数据服务实践
主　编　段晓亮　侯佳丽　马　玲
副主编　付丽琴　朱　宁　邢亚英
Shuju Fuwu Shijian

出版发行	中国人民大学出版社		
社　　址	北京中关村大街 31 号	**邮政编码**	100080
电　　话	010－62511242（总编室）		010－62511770（质管部）
	010－82501766（邮购部）		010－62514148（门市部）
	010－62511173（发行公司）		010－62515275（盗版举报）
网　　址	http://www.crup.com.cn		
经　　销	新华书店		
印　　刷	天津鑫丰华印务有限公司		
开　　本	787 mm×1092 mm　1/16	**版　　次**	2025 年 6 月第 1 版
印　　张	16.25	**印　　次**	2025 年 6 月第 1 次印刷
字　　数	366 000	**定　　价**	49.00 元